气候智慧型农业系列丛书

气候智慧型麦稻与麦玉作物生产技术手册

QIHOU ZHIHUIXING MAIDAO YU MAIYU ZUOWU
SHENGCHAN JISHU SHOUCE

董召荣　李向东　张瑞　李成玉　编著

中国农业出版社
北京

图书在版编目（CIP）数据

气候智慧型麦稻与麦玉作物生产技术手册／董召荣
等编著 . —北京：中国农业出版社，2020.12（2021.6 重印）
（气候智慧型农业系列丛书）
ISBN 978 - 7 - 109 - 27594 - 2

Ⅰ.①气…　Ⅱ.①董…　Ⅲ.①气候变化－影响－小
麦－栽培技术－技术手册②气候变化－影响－玉米－栽培技
术－技术手册　Ⅳ.①S512.1 - 62②S513 - 62

中国版本图书馆 CIP 数据核字（2020）第 236079 号

中国农业出版社出版
地址：北京市朝阳区麦子店街 18 号楼
邮编：100125
丛书策划：王庆宁
责任编辑：刘昊阳　　文字编辑：徐志平
版式设计：王　晨　　责任校对：赵　硕
印刷：中农印务有限公司
版次：2020 年 12 月第 1 版
印次：2021 年 6 月北京第 2 次印刷
发行：新华书店北京发行所
开本：787mm×1092mm　1/16
印张：20.75
字数：410 千字
定价：88.00 元

本书编写委员会

主　　编：董召荣　李向东　张　瑞　李成玉

副 主 编：方保停　宋　贺　张德奇　车　钊　杨　程
　　　　　董　萧

编写人员（按姓氏笔画排序）：

万　馨　　王汉芳　　王成雨　　王恒亮　　车　钊

方保停　　付　迪　　吕和平　　朱英华　　朱德泉

刘天学　　阮新民　　孙笑梅　　李成玉　　李向东

杨　程　　杨万祥　　杨占平　　肖升涛　　时艳华

何超波　　沈　玮　　宋　贺　　张　瑞　　张国彦

张德奇　　陈　莉　　邵运辉　　武晓燕　　罗诗峰

赵　霞　　柯　健　　秦　峰　　奚业文　　高新菊

唐　杉　　唐中兴　　唐保军　　黄　婷　　黄绍敏

崔靖宇　　葛　羚　　董　萧　　董召荣　　程红建

詹梅梅

序 | PREFACE

每一种农业发展方式均有其特定的时代意义，不同的发展方式诠释了其所处农业发展阶段面临的主要挑战与机遇。在气候变化的大背景下，如何协调减少温室气体排放和保障粮食安全之间的关系，以实现减缓气候变化、提升农业生产力、提高农民收入三大目标，达到"三赢"，是21世纪全世界共同面临的重大理论与技术难题。在联合国粮食及农业组织的积极倡导下，气候智慧型农业正成为全球应对气候变化的农业发展新模式。

为保障国家粮食安全，积极应对气候变化，推动农业绿色低碳发展，在全球环境基金（GEF）支持下，农业农村部（原农业部，2018年4月3日挂牌，更名为农业农村部）与世界银行于2014—2020年共同实施了中国第一个气候智慧型农业项目——气候智慧型主要粮食作物生产项目。

项目实施5年来，成功地将国际先进的气候智慧农业理念转化为中国农业应对气候变化的成功实践，探索建立了多种资源高效、经济合理、固碳减排的粮食生产技术模式，实现了粮食增产、农民增收和有效应对气候变化的"三赢"，蹚出了一条中国农业绿色发展的新路子，为全球农业可持续发展贡献了中国经验和智慧。

"气候智慧型主要粮食作物生产项目"通过邀请国际知名专家参与设计、研讨交流、现场指导以及组织国外现场考察交流等多种方式，完善项目设计，很好地体现了"全球视野"和"中国国情"相结合的项目设计理念；通过管理人员、专家团队、企业家和农户的共同参与，使项目实现了"农民和妇女参与式"的良好环境评价和社会评估效果。基于项目实施的成功实践和取得的宝贵经验，我们编写了"气候智慧型农业系列丛书"（共12册），以期进一步总结和完善气候智慧型农业的理论体系、计量方法、技术模式及发展战略，讲好气候智慧型农业的中国故事，推动气候智慧型农业理念及良好实践在中国乃至世界得到更广泛的传播和应用。

作为中国气候智慧型农业实践的缩影，"气候智慧型农业系列丛书"有较强的理论性、实践性和战略性，包括理论研究、战略建议、方法指南、案例分析、技术手册、宣传画册等多种灵活的表现形式，读者群体较为广泛，既可以作为农业农村部门管理人员的决策参考，又可以用于农技推广人员指导广大农民开展一线实践，还可以作为农业高等院校的教学参考用书。

气候智慧型农业在中国刚刚起步，相关理论和技术模式有待进一步体系化、系统化，相关研究领域有待进一步拓展，尤其是气候智慧型农业的综合管理技术、基于生态景观的区域管理模式还有待于进一步探索。受编者时间、精力和研究水平所限，书中仍存在许多不足之处。我们希望以本系列丛书抛砖引玉，期待更多的批评和建议，共同推动中国气候智慧型农业发展，为保障中国粮食安全，实现中国 2060 年碳中和气候行动目标，为农业生产方式的战略转型做出更大贡献。

编　者

2020 年 9 月

前 言 | FOREWORD

为适应气候智慧型主要粮食作物生产项目实施的要求，我们组织相关专家编写了中国气候智慧型农业系列培训教材，本书是其中之一，涵盖了气候智慧型农业发展理念与模式、气候智慧型稻田种植模式与技术、气候智慧型旱地种植模式与技术、稻田绿色种养模式与关键技术等内容。本书主要介绍了在适应气候变化、固碳减排和保证作物产量前提下，小麦-水稻和小麦-玉米种植模式的作物品种选用、提高播种质量、秸秆机械化还田、精准施肥、病虫草害绿色防控、防灾减灾等技术。本书体系完整，技术简明，语言简练，通俗易懂，具有较强的针对性和实用性。

本书编写得到了农业农村部生态与能源总站、安徽农业大学、河南省农科院小麦研究所，以及安徽省、河南省等地有关部门的积极支持，在此一并表示感谢！

由于时间仓促，可能存在不足之处，欢迎广大农民和农业科技工作者提出宝贵意见，以便臻善。

编 者

2020 年 9 月

目 录 CONTENTS

第三部分　气候智慧型旱地种植模式与技术

第四章　　　　　　　　　　　　　　　　　　179

旱地作物病虫草害绿色防控技术

第五章　　　　　　　　　　　　　　　　　　217

农机农艺融合与保护性耕作技术

第四部分　稻田绿色种养模式与关键技术

第一章　　　　　　　　　　　　　　　　　　231

稻田综合种养技术与模式

第二章　310
稻田高效种植模式与关键技术

第一部分

气候智慧型农业发展与培训成效

第一章
气候智慧型农业发展理念与模式

一、气候智慧型农业的概念

气候智慧型农业（Climate Smart Agriculture）是通过能源结构变化、投入品组成调整、生物多样性利用等方法，在持续提高农业生产力、增强农业对自然灾害及气候变化抵抗能力的同时，能很好地适应气候变化、减缓农业温室气体排放、增强粮食安全和可持续发展的农业生产体系（图 1-1）。农业生产活动是非二氧化碳温室气体甲烷（CH_4）和氧化亚氮（N_2O）等的主要排放源之一，其排放量至少占全球人类源的温室气体排放总量的 1/5，主要来源于毁林造田以及畜牧业、种植业。气候智慧型农业在全球气候变化加剧的条件下，提出农业既要被动适应气候的变化，

图 1-1　气候智慧型农业的概念

也要主动减少对气候的不利影响。气候智慧型农业主要有 3 个目标：①可持续地增加农业生产力和农民收入；②提高农田应对气候变化的弹性与适应性；③减少农业系统的温室气体排放，增强碳封存能力，最终达成农业系统增产、抗逆与减排。

气候智慧型农业技术主要包括：①改变种植时间，采用耐热抗旱品种，培育新品种；②改变种养结构，发展保护性农业（少免耕、覆盖和轮作），推广节水灌溉技术和农林复合种植模式；③将气候预测与种植计划有机结合，提高区域农业多样性，向非农生计来源转移等。

二、气候智慧型农业的意义

1. 气候智慧型农业是减缓全球气候变化的现实需要

全球气候变化已成为不争的事实，人类活动向大气中排放过量的 CO_2、CH_4 和 N_2O 等温室气体是导致气候变化的重要原因之一，解决气候变化问题的根本措施就是减少人为温室气体排放或增加对大气中温室气体（主要是 CO_2）的吸收。政府间气候变化专业委员会（Intergovernmental Panel on Climate Change，IPCC）第 4 次评估报告表明，农业是温室气体的主要排放源之一。据估计，农业温室气体占全球总排放量的 13.5%，与交通运输温室气体排放量相当，更值得关注的是，全球范围内农业排放 CH_4 占由于人类活动造成的 CH_4 排放总量的 50%、N_2O 占 60%，如果不实施有效的固碳减排技术和额外的农业政策，预计到 2030 年，农业 CH_4 和 N_2O 排放量将会比 2005 年分别增长 60% 和 35%～60%。控制农业温室气体排放对减缓全球气候变化具有重要作用，尤其是在未找到控制工业 CO_2 排放替代技术前的最近 20～30 年，农业减排成为减缓大气 CO_2 浓度升高的关键。

2. 气候智慧型农业是确保粮食安全的重要举措

中国是一个粮食生产大国，生产了占世界总产量 40% 左右的粮食，但是农业发展在很大程度上是依靠增加各种农业投入品。进入 2000 年以来，中国年氮肥用量达到 2 000 万吨（折纯），氮肥消费总量为世界第一，约占全球总量的 30%。据估算，1994—2005 年，农业活动 N_2O 的排放总量从 78.6 万吨增长到 93.8 万吨，增长了 19.3%，而同期的粮食产量增长率远远低于这个数字。可见，中国农业生产活动基数大、增长快，如果没有相应的减排措施，农田温室气体排放量也会相应地迅速增大。增加农田土壤中的碳库储量被视为一种非常有效的温室气体减排措施。增加土壤有机碳含量不仅能提高土地生产力以保证粮食安全，而且能够增加农田土壤对碳的截获、减缓温室气体排放，被认为是一项双赢策略。中国政府高度重视气候变化，中国面临确保粮食安全前提下巨大的减排压力。因此，必须采取行动积极应对气候变化，农业生产减排和土壤固碳责无旁贷。

3. 气候智慧型农业是减少农田温室气体排放的战略选择

我国目前农作水平较低，农田固碳减排也存在巨大潜力。中国有 18 亿亩*耕地，土壤有机碳库尤其是主要农业区表层土壤有机碳库比较贫乏，全国耕地平均有机碳含量低于世界平均值的 30% 以上，低于欧洲 50% 以上。据研究，我国农田固碳潜力为 22 亿～30 亿吨碳，增汇减排总量每年可达 468 亿吨碳，约相当于我国当前每年碳排放总量的 6%。2010 年，中国农业灌溉用水量为 3 500 亿米^3，有效利用率仅为 50%，而发达国家的灌溉用水有效利用率在 80% 以上。中国农药的有效利用率仅为 30%，也远远低于发达国家水平。全国农田氮肥当季利用率仅为 30% 左右，如果氮肥利用率提高 1 个百分点，全国就可减少氮肥生产的能源消耗 250 万吨标准煤。推广稻田间歇灌溉可减少单位面积稻田 CH_4 排放 30%；推行缓释肥、长效肥料可减少农田 N_2O 排放 50%～70%。可见，只要技术合理，农田固碳减排潜力巨大。

鉴于国内外农业固碳减排的现状，在吸取和借鉴发达国家的经验和教训的同时，应在实践中不断探索适合我国不同区域特点的固碳减排技术方法。通过在项目区实施化肥减量、农药减量、保护性耕作、节水灌溉工程与有机肥管理等，宣传与培训当地种植户与种粮大户、种养企业、农民合作社，采用各种化肥减量施用、农药减量施用、保护性耕作等技术示范，推广先进的农业温室气体减量技术及土壤有机碳提升技术，降低农业生产成本、提高农民收益，形成良性的农业化肥与农药施用模式、保护性耕作模式，从农业的实际生产需要的角度来减少农业温室气体排放，并让农业生产者自觉执行。在安徽省和河南省部分地区进行农业固碳减排试点与示范，推广新技术与宣传理念，并提出可以推广的模式，为我国乃至世界的农业固碳减排提供可行的经验。

三、世界气候智慧型农业的应用与发展

气候智慧型农业的概念由联合国粮食及农业组织（FAO）于 2010 年首先提出，是一种在气候变化背景下指导农业系统改革和调整的方法，用来有效支持农业可持续发展和保障粮食安全。在联合国粮食及农业组织、世界银行、各国政府、非政府组织以及私人公司资金的支持下，气候智慧型农业在近年来得到了快速的发展。2014 年 6 月，非洲气候智慧型农业联盟成立，其目标是在 2021 年前支持撒哈拉以南非洲地区 600 万农户实施气候智慧型农业，以提高农业生产效率，增强农业应对气候变化的弹性与适应性。2014 年 9 月，气候智慧型农业全球联盟成立，第一批成员包括 18 个国家、32 个机构，该联盟制订了相应的发展目标和行动计划，包括可持续、公平地提高农业生产率和收入、增加粮食系统和农业生计的弹性、减少农业温室气体排放等内

---

* 亩为非法定计量单位，1 亩≈667 米^2。——编者注

容。同时成立了北美气候智慧型联盟，其主要目的是为北美地区农场主及其价值链伙伴联合提供开发改善农业生产系统弹性方法的平台，减缓和适应气候变化，增加未来气候变化风险下的农业弹性。全球环境基金（Global Environment Facility，GEF）围绕《联合国气候变化框架公约》的目标，设置了气候变化重点领域并划拨专项资金，用于支持全球发展中国家开展减缓与适应气候变化方面的研究，以减少温室气体的排放、改善当地经济及其环境条件并创造效益、实现发展中国家能源市场转型，气候智慧型农业也是其资助的主要方向之一。世界银行（World Bank，WB）正致力于培育气候智慧型农业，在世界银行《气候变化行动计划》中，承诺为1亿人建立早期预警系统，协助至少40个国家制订气候智慧型农业投资计划，并继续开发和主流化相关项目产出的测量和指标，将温室气体排放纳入相关项目中去。2015年12月启动的"千分之四全球土壤增碳计划"（The "4/1000 initiative：Soils for food security and climate"），将改善粮食安全、农业适应气候变化和减缓气候变化作为其主要解决的问题。目前全球有30多个国家（主要是撒哈拉以南的非洲国家和发展中国家）积极倡导发展气候智慧型农业。澳大利亚、美国、加拿大等发达国家也对智慧型农业兴趣十足，采用轮耕、休耕增强土壤的固碳能力，在农田的周围保留农业湿地，间隔耕种成为一种减碳防虫的好经验。2016年美国农业部发布了气候智慧型农业执行路线图，用以帮助美国农民、农场主及林场主对气候变化做出响应，保障减排温室气体、增强土壤碳储量，并扩展农业部门可再生能源的生产。欧洲各国在气候智慧型农业的实践过程中以发挥农业生态系统的服务功能为主导，更注重整合高新技术，在提高生产效率的同时，增强农业系统的弹性和节能减排效果。拉丁美洲在气候智慧型农业的实践过程中，将发展农林复合生态系统和降低畜牧业温室气体排放摆在首要位置。中国在农业应对气候变化方面，通过实施保护性耕作、实施化肥农药使用量零增长行动、开展秸秆综合利用、强化农业生产抗灾减灾、加大草原保护与恢复、推动农村沼气转型升级、推广省柴节煤炉灶炕、开发农村太阳能和微水电、开展渔业节能减排技术试验示范等适应气候变化和减少温室气体排放。

2014年9月24日由美国主导在纽约成立了国际气候智慧型农业联盟，第一批成员包括18个国家（美国、加拿大、英国、法国、荷兰、西班牙、墨西哥、尼日利亚、日本、菲律宾、越南等）32个机构。国际气候智慧型农业联盟主要推广气候智慧型农业技术，以持续提高粮食产量，增强农业应对气候变化的适应性与弹性，减少温室气体排放。美国还建立了包括大学、州政府和企业等在内的合作与科研平台，为气候智慧型农业技术革新提供支撑；协助农民采用高效的水灌溉系统来节约用水和能源，减少温室气体排放；开展健康土壤项目，增加有机物质植物和土壤生物。加拿大根据地形，使用人工系统来提高水的使用效率和防止土壤侵蚀，通过改变耕作制度、使用不同的作物品种等措施来适应新的气候变化；通过执行农用地造林制度，充分发挥森林系统吸纳温室气体的作用。美国、加拿大等国还在气候智慧型农业发展中采用轮耕、休耕和推广秸秆还田等措施来增强土壤固碳能力，提高应对气候变化的弹性。

欧洲农业发达，农业结构较为合理。在实施气候智慧型农业的过程中，其注重发挥农业的生态服务功能，通过改善农业基础设施，提高生产者适应气候变化的能力，以达到农业适应气候变化与减排的政策目标。欧洲各国注重整合高新技术应用到具体实践中，例如，法国利用农业模型、遥感技术与网络技术等前沿技术的结合，精细化管理农业生产；荷兰将水培作物的副产品转化为有机肥料施于农田替代化学肥料等。瑞士实施能源交易政策，鼓励农民将农业副产品运输到能源工厂生产燃气换取化肥；挪威把枯枝和秸秆转化为生物碳用作土壤肥料施用，既增加土壤碳储量，也减少温室气体排放。

拉丁美洲在气候智慧型农业的实践中重点发展农林复合生态系统和降低畜牧业温室气体排放。巴西南部地区推行热带雨林种植可可、咖啡等耐荫性经济作物，在保护雨林结构的前提下，生产出具有较高经济价值的产品，改善农民收入；通过向畜牧业主提供低息贷款用于改善养殖条件，来提高畜牧业生产效率，降低畜牧业发展过程中温室气体排放。阿根廷、智利、萨尔瓦多等国广泛采用林牧复合生态模式发展农畜牧业生产，减少森林砍伐和水土流失，在保障粮食、木材、畜产品等生产的同时较好地维持土壤肥力，增加土壤固碳，控制水土流失，达到增强农业系统弹性与减少温室气体排放的作用。

澳大利亚在发展气候智慧型农业方面主要通过农田与草地的耕作与种植模式的优化来提高土壤固碳、减少温室气体排放，采取的主要措施包括：将多余农地转换为自然生态系统，提升碳储量；在农地上栽种生物质能源替代部分化石能源，采用作物轮作及改良施肥等措施降低碳排放量及提升碳储量；在减少 N_2O 的排放上，通过精确定位施肥，即在氮肥流失量最小的时候对作物施肥，提高氮肥利用率；通过免耕套种不同类型草种保持草地长时间覆盖（100％时间覆盖）和全面覆盖（100％地面覆盖），实现一年循环生长，减少土地裸露，防止水土流失，增加土壤固碳。

2012 年联合国粮食及农业组织和欧盟委员会宣布通过了总额为 530 万欧元的项目，帮助马拉维、赞比亚等非洲国家实现向气候智慧型农业的转型，世界银行在 2016 年发布了《非洲气候商业计划》，批准 1.11 亿美元用于发展尼日尔气候智慧型农业项目，该项目将直接惠及约 50 万农民和农牧民。此外，非洲国家联盟也成立了非洲气候智慧型农业联盟，该联盟致力于帮助撒哈拉以南非洲国家的 600 万农户实行气候智慧型农业，以提高农业生产效率，增强农业应对气候变化的弹性与适应性。目前该联盟已经在多个国家开展了农田养分管理优化、畜牧业减排增效以及气候指数保险等方面的研究与应用，取得了很大的成效。

四、气候智慧型农业的模式

2014 年 9 月，由中华人民共和国农业部与世界银行共同实施、全球环境基金资助的"气候智慧型主要粮食作物生产项目"在北京启动，项目选定中国有代表性的粮食主产区——安徽省怀远县和河南省叶县作为项目示范区，通过引进国际气候智慧型农业理念和技术，重点开展减排固碳的关键技术集成与示范建立的，高产高效低排放的农业生产新模式，提高化肥、农药、灌溉水等投入品的利用效率，增加农田土壤碳储量，减少作物系统碳排放。探索粮食生产如何在保障产量目标和农民收入不减少的同时，做好农业节能减排工作，减少农业生产对产地环境和大气环境的影响，走出一条适合我国国情的环境友好型农业可持续发展之路。

气候智慧型农业的实质是通过政策与制度创新、生产方式转变、管理技术优化，建立部门协调、资源高效、经济合理、固碳减排的生产模式，获得粮食安全、气候适应和固碳减排"三赢"。气候智慧型农业不是一种特定的具有普适性的农业技术或实践，而是一种发展理念和发展模式。气候变化威胁着农业生产的稳定性和生产力，要保障粮食安全需要农业生产系统有更高的生产力，需要有效应对气候、生态、社会经济风险，建立更高效率的自然资源管理系统和更有弹性的生产系统，并且能够增加碳汇和减少单位农产品的碳排放量产生显著减排效果。气候智慧型农业主要有以下几种模式：

1. 固碳减排模式

固碳减排模式是通过固碳减排关键技术集成与示范建立的，高产高效低排放的农业生产新模式。该模式提高化肥、农药、灌溉水等投入品的利用效率，增加农田土壤碳储量，减少作物系统碳排放。我国农业固碳减排单项技术已经相对成熟。

种植业中，在化肥减量方面，如氮肥运筹优化技术、种植制度优化技术、缓控释新型肥料技术、土壤改良技术等，在粮食主产区已开展推广工作，并在部分区域取得显著的效果；在农药减量方面，研究发展的趋向已由化学农药防治转向非化学防治或低污染的化学防治；在改善灌溉方式方面，推行交替灌溉、间歇性灌溉、晒田、即时灌溉等；在土壤处理方面，利用硝化抑制剂、脲酶抑制剂等抑制土壤硝化作用，提高氮肥利用率；在农田固碳方面，积极示范应用秸秆还田、保护性耕作、有机肥增施与地力提升等技术。畜牧业中，在减少动物肠道发酵 CH_4 排放方面，推广秸秆青贮、氨化，合理调配日粮精粗比，使用营养添加剂等；在减少粪便处理中的温室气体排放方面，创新利用沼气工程回收、覆盖露天贮存、粪便堆肥处理等技术。同时，通过提高动物生产性能和改善畜舍结构减少温室气体排放。水产养殖中，利用立体种养、养殖环境改善、高效增氧、人工免疫、在线监测、工厂化养殖等技术和模式，实现水产养殖节能减排。

2. 减灾避灾模式

在全球气候变化的背景下，干旱、低温、洪涝、高温等极端气象灾害事件频发。减灾避灾模式是提高农田作物减灾防灾能力的系列农业措施集成。减灾避灾主要技术包括：①气象灾害预警技术；②避灾耐灾作物品种选育与筛选技术，如耐低温小麦品种、耐涝玉米品种、耐高温玉米品种等的选育与筛选；③作物灾前预防与灾后补救技术，如作物抗低温产品的研发与应用；④作物灾后补种技术，如旱灾或涝后补种鲜食玉米；⑤气候适应性种植技术，如在灌溉条件差的水田或易涝旱地发展旱稻。

3. 农田综合种养及农牧结合技术与模式

农田综合种养及农牧结合模式是指通过调整农田系统结构种植业调整，提高农田生产力，增加农民收入。

农田综合种养技术与模式：包括稻鸭综合种养技术与模式、稻虾综合种养技术与模式、稻鱼综合种养技术与模式、稻蟹综合种养技术与模式、稻鳅综合种养技术与模式、稻鳖综合种养技术与模式、稻蛙综合种养技术与模式等。

农牧结合技术与模式：是指在畜牧大县发展饲用玉米、饲用油菜、饲用大麦等，包括饲用作物品种筛选技术、饲用作物青贮技术、畜禽粪便无害化处理及利用技术等。

五、气候智慧型农业项目实施主要内容

气候智慧型农业项目实施要依照以下4个标准。①共赢：处理粮食安全、农业发展、气候变化三者错综复杂关系的挑战，建立相应的应对策略和适应能力，构建有弹性的管理体系和技术体系，创建协同效应和实现共赢。②因地制宜：可以根据特定国情或特定的社会、经济和环境确立相应的实施策略与技术模式；优先考虑如何通过服务、知识、资源、金融产品和市场等途径提高和改善生计（尤其对小农户）。③利益协调：注重各行业之间的交互关系和不同利益相关者的需求，协调部门关系和各方利益；要在争取努力实现的众多目标中选择优先要完成的任务目标，在不同利益的取舍上做出相应决策；④制度创新：努力通过政策、金融投资和制度安排等途径，吸引更多团体一起合作创造有利环境；要充分认识到农民的文化水平相对不高的现状，要在政策、策略、行为和动机方面有适当的解决方案。气候智慧型农业项目实施主要内容包括生产系统优化与技术改进、制度优化与政策改进、资金筹措与支持。

1. 生产系统优化与技术改进

围绕气候智慧型农业高产、集约化、弹性、可持续和低排放目标，探索提高生产系统整体效率、应变能力、适应能力和减排潜力的可行途径。在剖析当前生产系统发

展气候智慧型农业的制约因素及其原因基础上，提出可行的优化途径与相应技术支撑。建立中国气候智慧型农业技术和理论体系。虽然"气候智慧型农业"的概念提出时间并不长，但许多国家早已尝试和应用具体的减排固碳模式来应对气候变化，像澳大利亚的高效减排多低碳农业发展模式，又如生态农业、有机农业、绿色农业。应将这些农业发展模式按照气候类型及农业结构，梳理成不同区域应对气候变化的具体技术模式，综合形成中国气候智慧型农业技术体系。同时，应对应相应技术模式，建立中国气候智慧型农业监测方法学和标准，构建中国气候智慧型农业理论体系。

2. 制度优化与政策改进

国家层面的政策与行动计划：综合考虑农业发展、适应和减缓气候变化，制订国家应对气候变化行动计划及相关推进政策。

部门协调与相关利益者联合行动：围绕目标任务集成资源管理，部门协调一致推进，激励各方共同参与。

体制改革与机制创新：制定从生产到销售的相关法规和标准；推进信息快速传播与资源共享；改进农业技术推广服务机制和培养农民参与的能力；进行融资和保险制度改革。

3. 资金筹措与支持

资金筹措是目前国际气候智慧型农业发展及项目实施的瓶颈所在。气候智慧型农业本质上也属于农业的可持续转型发展，需要相应的投资来支撑，资金筹措是非常重要的基础支撑。目前只有全球环境基金和世界银行生物碳基金考虑了土壤固碳。应建立规范的监测、报告、核查制度，探索发展气候智慧型农业的快速融资渠道和融资机制，确保相关行动的快速启动及可持续开展。

图 1-2 为生态沟渠。

图 1-2　生态沟渠

第二章

气候智慧型主要粮食作物生产项目技术培训与服务实施

第一节 气候智慧型主要粮食作物生产项目概况

一、项目背景

随着国际社会对气候变化、温室气体减排和粮食安全的日趋重视，农田土壤固碳减排技术研究得到了科学界的空前关注。中国以占世界不足 10% 的耕地养活了占世界约 20% 的人口，在农业生产中普遍采用的过度依赖增加各种农业投入品的发展模式，已难以应对中国所面临的人口增加、耕地及水资源不足、水土流失、自然灾害、环境污染和气候变化等多方面挑战，而且这种生产模式显然是不可持续的。我国华北、东北和华东等粮食主产区承担着保障粮食安全的重任，其粮食作物播种面积和粮食产量分别占全国粮食作物总面积和总产量的 63% 和 67%。同时，粮食主产区也面临着有机碳损失严重、固碳迫切以及氮肥施用量大、温室气体节能减排潜力巨大的现实情况。因此，推广应用粮食主产区保障粮食产量前提下的节能与固碳技术，并进行示范与减排效果评价，可以提高土壤肥力和生产力、减缓土壤温室气体的排放，是我国保持农业可持续发展的战略选择。

为解决中国农业生产中普遍存在的高投入、低利用率问题，更好地借鉴国际经验，广泛开展国际合作，农业农村部通过世界银行向全球环境基金申请了"气候智慧型主要粮食作物生产项目"（WB Pro No. 144531/GEF Pro No. 5121）。本项目由农业农村部组织实施，选择中国有代表性的两个粮食主产区——河南省和安徽省，针对三大作物（小麦、玉米、水稻）、两类典型种植模式（小麦-玉米两熟和小麦-水稻两熟），开展作物生产减排增碳的关键技术集成与示范、配套政策的创新与应用、公众知识的拓展与提升等活动，提高化肥、农药、灌溉水等投入品的利用效率和农机作业效率，减少作物系统碳排放，增加农田土壤碳储量。通过技术示范与应用、政策创新以及新知识普及，建立气候智慧型作物生产体系，增强项目区作物生产对气候变化的适应能力，推动中国农业生产的节能减排，为世界作物生产应对气候变化提供成功经验和典范。

气候智慧型主要粮食作物生产项目包括以下 3 个部分：①气候智慧型农业示范；②政策创新和知识管理；③项目管理。其中，政策创新和知识管理将重点围绕通过提高生产力和收入确保粮食安全、适应气候变化以及促进减缓气候变化的总体目标，通过优化政策和制度设计、集成相关部门资源优势，探索建立协调粮食增产与农民增收、固碳减排与适应能力提升的政策措施和技术途径。宣传推广气候智慧型农业技术及理念，交流分享气候智慧型农业项目经验，探索学习国内外气候智慧农业知识。

二、实施气候智慧型主要粮食作物生产项目可行性

1. 项目将产生显著的社会经济效益，资金、人力投入有保障

目前，农业生产中温室气体排放和粮食安全等问题已经引起了各级政府部门的高度重视。本项目在解决这些问题的同时，也将为地方和国家带来显著的社会经济效益。在地方层面，项目将显著改善当地生产环境条件，减少农药、化肥过量施用对人体健康的威胁与伤害。在国家层面，项目的成功实施将帮助中国农业行业确定有效的技术措施，建立可持续的、健康的、可在种植制度类似地区推广的粮食生产模式。这些工作将使中国在有限的土地资源、水资源的基础上，提高粮食生产安全。在全球层面，本项目将贡献于农业生产方面气候变化的全球对话。因此，本项目将会得到中国政府在资金、人力、物力等方面的大力支持。

2. 农业固碳减排技术成熟，专家团队支撑能力雄厚

中国作为农业大国，农业科研发展取得了长足的进步。以中国农业大学、中国农业科学院为首的农业科研机构，在农业固碳减排的各项技术研究中均取得多项研究成果。在化肥减量方面，可采用氮肥运筹优化技术、种植制度优化技术、缓控释新型肥料技术、土壤改良技术等，这些技术在粮食主产区已经开展了推广工作，并在部分区域取得了显著的效果。在农药减量方面，研究发展的趋向已由化学农药防治技术转向非化学防治技术或低污染的化学防治技术；在改善灌溉方式上，间歇灌溉、晒田、节水灌溉等已得到广泛应用。为了使项目顺利推进，项目办邀请了国内外专家组成项目顾问团队，其专业领域覆盖了与本项目密切相关的方方面面，项目在技术上有雄厚的支撑力量。

3. 技术方案设计统筹兼顾，具备可操作性

为保障本项目的顺利实施，项目由政府组织管理，以项目建设单位为实施主体，以科技机构作为技术创新和集成示范的支撑单位，采取灵活的协作方式，加强项目的组织、管理和实施。项目技术方案设计统筹兼顾，采用化肥减量技术、农药减量控害技术、保护性耕作技术、机械耗能节约技术等，调整种植制度，改善灌溉方式，研究

提出农田碳汇监测、记录和评估方法，大力提升粮食生产中温室气体减排能力，提高农业生产效益。此外，通过政策机制和能力建设，消除粮食生产中低排放技术在政策、制度方面的障碍，并通过建立信息传播平台，提高公众的相关知识、技术和意识。

4. 具备建立补贴激励机制的成功经验

让农民看到节能减排技术能够产生经济效益或其他利益，是低排放技术推广的关键。本项目中，中国地方政府具有统一性的特点，地方机构和相关部门都按照共同的程序工作，机构间的交流比较协调，有利于建立激励机制适应的行政管理环境。此外，中国曾经在推动沼气发展、土壤保持和控制污染方面具有一些类似的建立激励机制的经验，经过各级政府数年的试验和示范，这种成功的模式已经推广到许多省份，并被成千上万的农户接受。

5. 各级项目办积极配合，项目区群众支持度不断上升

本项目是一个示范项目，主要在安徽怀远县和河南叶县开展实施。经过近 3 年时间的筹备，尤其是经历了世界银行组织的项目鉴别、准备、预评估、评估等多个阶段，各级项目办对项目的目标日益清晰，任务更加明确；项目区政府参与积极性非常高，在政策环境、配套资金上大力支持并承诺一定要按项目要求做好实际工作，为项目落地不惜人力、物力、财力，项目要求的配套资金坚决到位；项目区群众对其的认知和了解程度不断加深，各实施主体对项目的支持度不断上升，为项目的顺利实施打下了坚实基础。

三、气候智慧型农业项目实施主要内容

气候智慧型农业项目围绕水稻、小麦、玉米三大作物，在中国粮食主产区安徽省和河南省建立示范区，开展作物生产减排增碳的关键技术集成与示范、配套政策的创新与应用、公众知识的拓展与提升等活动，以提高化肥、农药、灌溉水等投入品的利用效率和农机作业效率，减少作物系统碳排放，增加农田土壤碳储量。通过新技术示范、政策创新和公众意识提高，建立气候智慧型作物生产体系，增强项目区作物生产对气候变化的适应能力，推动中国农业生产的节能减排行动，为世界作物生产应对气候变化提供成功经验和技术典范。

气候智慧型农业项目在安徽省怀远县和河南省叶县建立气候智慧型主要粮食作物生产示范县，在项目实施第五年达到示范面积共 6.7 万公顷，示范区单位面积氮肥用量减少 15%～20%，农田灌溉和耕作能耗减少 10%～15%，单位产量碳排放减少20%～30%。通过提高秸秆还田率和应用保护性耕作技术，土壤有机碳含量提高10%～15%，农田碳汇增加 1 万～1.4 万吨。

四、气候智慧型农业在中国的发展趋势

1. 气候智慧型农业要在乡村振兴战略的引领下，与国家相关农业项目融合发展

实施乡村振兴战略是顺应全国亿万农民的新期盼和满足农业农村发展新需求的重大部署，是"三农"工作的总抓手。在乡村振兴战略的引领下，全国各地将围绕着绿色、可持续、生态文明的农业发展理念实施大量先进的农业项目，例如种养结合循环农业示范工程，秸秆综合利用项目，化肥、农药减量行动和面源污染治理，耕地轮作休耕制度试点等工程。这些工程既符合我国新时代农业发展的理念，又与气候智慧型农业理念有着异曲同工之处，是我国先进农业发展理念与世界先进农业理念接轨的代表，对气候智慧型农业的开展也是重要契机。气候智慧型农业项目是先进和复杂的农业工程，如能借助实施乡村振兴战略的东风，深度融入全国乡村振兴战略中，将极大促进多层级大范围的资源整合，对满足项目的配套、保证充足资金、调动人员积极性、保障项目方案顺利实施和实现项目经济社会效果最大化具有重要意义。

2. 气候智慧型农业项目要坚持以农民为中心的理念

气候智慧型农业强调增加农业生产，促进农民收入，积极为减少贫困做贡献，体现了国际项目对弱势群体一贯的扶持态度。我国的农业发展也注重农民增收和改善农民生活，在当前农民增收面临着知识技能缺乏、农产品价格低、生产方式落后等制约的形势下，只有遵循以农民为中心的发展思想，尊重农民的意愿，维护农民的利益，发挥农民的主体作用，才能够真正激发农民参与项目的积极性，调动农民的合作热情。

气候智慧型农业项目实施过程中，涉及农户补贴方面的资金要及时足额发放给农户，要尽可能地压缩农户配合项目开展的开支，最大限度地保障农户的经济利益。要有针对性地开展农民培训，给真正有需要的农民提供技术指导，培训内容要有针对性，不拘泥于形式，力求实效。要注重扩大项目受益群体覆盖面和影响力，特别要照顾农民中的弱势群体，给予其切实的帮助。

3. 气候智慧型农业开展中要积极构建科学高效的合作机制

气候智慧型主要粮食作物生产项目的实施过程，涉及环球基金、世界银行、农业农村部、合作社和农户等众多的参与部门和主体。项目实施协调难度大，部门间权利和目标的差异，以及沟通信息的不对称等问题都会降低项目实施效率。如果在尊重国际合作基本原则下灵活地对接各地的丰富实践，建立起密切的合作团队，不同层面的参与主体共同组成工作组，协同开展工作，那么，对于提高管理效率、优化资金使用、强化监测评价等都有推动作用；能更加科学促进项目开展，有利于动态调整；能够增加项目调整的灵活性和可操作性，进而提高工作效

率，降低成本费用，提升项目实施水准，使各主体能够获得更多的收益，实现多方共赢。

4. 气候智慧型农业既要借鉴好的国际经验，也要充分尊重我国农业发展实际

气候智慧型农业在全球多个国家的丰富实践，为我国气候智慧型农业发展提供了宝贵的经验，比如政策支持体系的建立、新品种的研发、新的耕种模式创新等对我国都有较好的借鉴作用。要选择性地借鉴、吸收国际先进经验，也要清楚不同国家农业条件的差异，充分认清我国农业发展的特殊性和复杂性。

我国地域广阔，地形、气候、海拔差距极大，发展农业生产的自然特征差距大，各地区的经济条件、交通区位条件、农业科技水平、农业生产水平也都存在差异，农业生产多样化特征十分明显。要始终尊重我国是人口大国和粮食需求大国的最大实际，在气候智慧型农业发展中，以国际总的目标原则为指导，根据不同的地区特点采取不同的方案开展实践活动，为我国农业发展满足国家粮食安全需求、适应气候变化、减少环境污染和生态文明发展做出贡献。气候智慧型主要粮食作物生产项目作为气候智慧型农业试点在我国开展实践探索时，既借鉴国际先进经验，也充分结合我国农业发展实际，在两个项目区内取得了积极的进展和成效。目前项目将进入新的发展阶段，气候智慧型农业试点必将在我国取得更大成果，为气候智慧型农业在我国更广泛地示范推广提供范例。我们要更重视项目管理模式和经验的总结，并不断加大对后续项目人员、资金和管理等方面的支持力度，为推动气候智慧型农业发展和我国农业的可持续发展做更多探索，为实现乡村振兴贡献力量。

第二节 气候智慧型农业面临的挑战与困难

一、气候智慧型农业项目面临的挑战

1. 试点项目内容多、周期长，部分操作难度较高

气候智慧型主要粮食作物生产项目涉及开展作物生产减排增碳的关键技术集成与示范、配套政策的创新与应用、公众知识的拓展与提升等活动，项目内容多，要求相对宽泛，解释范围较大，部分内容的衡量指标和技术标准不够具体。项目中的测土配方施肥、机械高效施肥、土地优化平整、农药"一喷三防"等内容与农村地区地块较为零散、家庭单位化生产、农业劳动力素质偏低和农民不足够重视农业收入等基层现实情况的适应性不够。试点项目实施周期长，实施中有规划、评估、调整、验收等多个流程，参与农户达到几千户，村民万余人。任务重、流程多、人员广等在一定程度上加大了项目的实施难度。

2. 项目的参与主体多，管理协调难度较大

气候智慧型农业项目实施过程中涉及环球基金、世界银行、农业农村部、财政

部、多级项目办以及各分包、咨询专家等领导或参与主体，在具体的项目实施过程中还需要乡镇政府、村"两委"、农业企业和农户等共同参与配合。项目的参与主体多，涉及部门组织广，管理协调难度大，运行效率会在层级传递的过程中有一定程度的降低，使调动配套资源的合作效率相对下降。组织管理的高难度不利于发挥组织的农业生产的示范引领作用，不利于充分发挥组织的经济社会影响力。

3. 农民参与度偏低，对新理念接受程度较低

在中国城镇化加速的背景下，大量农村青壮年人口外流，改变了农村人口结构，使得我国女性村民占农村劳动力的60%以上，老年人和妇女成为农业生产的主力军，这些群体对农业新理念和新技术的关注度较低，对项目的理解和接受有一定的滞后性。加之家庭经营收入占农户总收入的比重不断降低，农民对种地收益的期望值不断下降，而实施项目对农户的直接经济收益的促进有限，所以无论是开展课堂培训还是田间指导，充分调动参与农户积极性的难度都较大。

二、气候智慧型农业项目面临的困难

1. 农业传统种养方式不利于气候智慧型农业项目推广

现阶段，农业生产仍多沿用传统方式。种植领域，在一定区域内，把作物视为具有均匀生产条件的对象，采用统一的耕地、播种、灌溉、施肥、用药等农艺措施进行管理，很少能够兼顾作物的不同特征，而是盲目投入、过量施肥用药，在增加生产成本的同时，对自然生态环境承载度产生巨大压力。畜牧生产多重视短期收益回报，较少关注饲料生产加工、动物粪便处理等环节可能对生态环境带来的破坏性影响。农业传统种养方式如果得不到根本转变，将不利于气候智慧型农业项目在中国的大力推广。

2. 农业基础建设滞后阻碍气候智慧型农业发展

在国家支农惠农措施强力推动下，农业基础设施建设不断取得新进展。但受底子薄、欠账多等因素影响，农村气象、农田水利、农业信息化等基本建设仍未得到根本好转，农业抗风险能力整体偏弱，防灾减灾水平仍然不高，发展气候智慧型农业存在诸多障碍。中国多数气象部门由于技术、设备等原因农村气象预报能力较差，对突发性灾害天气的防灾减灾能力薄弱；农业气象服务仍未完善，缺乏农业生产所需的全面天气预报与气象监测创新，各地气象预报、监测及评估合作还很欠缺。在一些地区，农田水利设施仍沿用20世纪60年代修建的基础设施，灌溉设施水平、排洪泄涝能力远不能满足农业发展需求。另外，农业信息化建设缓慢，农村信息孤岛依然存在，与气候智慧型农业发展要求相距甚远。

3. 农业技术进步迟缓拖延气候智慧型农业转型

农业技术进步受到投入、人才、机制等多方面因素影响，导致技术进步速度与气候智慧型农业发展不相匹配。近年来，国家"三农"投入力度不断加大，但农业科技投入强度仍然不高是不争的事实，农业科技人才总量不足和结构不合理现象仍然并存，农业技术推广领域推广人员学历低、知识固化老化、年龄及性别结构有问题等现象仍然相当普遍。同时，人才培养、招录、运用机制不灵活，运行不畅。由于长期的城乡二元结构，中国农业对优秀人才的吸引力仍旧不足。确保农业人才进得来、用得起、留得住的相关体制机制仍不健全。农业投入、人才、机制等问题使得科技研发、推广和综合运用不能适应农业发展现实需求，并拖延气候智慧型农业在中国的转型升级。

第三节　气候智慧型主要粮食作物生产项目技术培训与服务

一、技术培训与服务的目标

依据"项目"的技术培训与服务咨询合同（合同编号：CSA-C-17 和 CSA-C-19），通过开展技术培训与服务、技术咨询与指导和技术服务能力的建设，以提升项目区及其周边地区生产者的知识水平，提高他们对新技术和新生产模式的接受能力。重点培训农户、种植大户、农民合作社成员、村干部和农业技术人员等，通过技术示范与应用、政策创新以及新知识普及，增强项目区作物生产对气候变化的适应能力，推动中国农业生产的节能减排，为世界作物生产应对气候变化提供成功经验和典范。

二、技术培训与服务的内容

依托县、乡镇、村三级服务培训平台，在作物生产的关键时期和农闲阶段，聘请有关专家分别采用集中授课、田间培训、异地培训、媒体宣传等多种形式，进行技术服务与培训活动。

1. 土肥优化管理技术培训

（1）灌溉与施肥技术田间培训　依托村级培训平台，在作物播种前和生育期间，结合田间实际操作，进行技术培训、指导服务。

（2）水肥技术、知识培训与咨询　聘请相关领域专家和生产能手，进行集中授课，传授气候智慧型农业关键技术，普及减缓气候变化的相关知识，提高生产者的环境保护意识和技术水平。

2. 植保技术服务与培训

（1）植保信息服务与咨询　主要进行项目区内水稻、小麦和玉米等作物的病虫草害的信息服务、植保知识普及、新型喷药机具的示范，以及面向农民的植保技术咨询等工作。

（2）植保技术培训与指导　在小麦、水稻和玉米播种前和生育期间，就主要作物病虫害的危害和防治，进行技术培训和指导服务等。

3. 农机农艺技术服务与培训

（1）农机农艺技术指导与咨询　主要进行项目区内的农机作业、农艺管理等技术指导与咨询。

（2）农机农艺知识培训与宣传　在小麦、水稻和玉米播种前及生育期间，就作物主要耕作栽培技术环节，进行管理技术和耕作技术等专题培训，并在田间进行实地指导咨询服务。

项目技术培训见图1-3。

图1-3　项目技术培训

第四节　物联网在气候智慧型农业中的研究与应用

一、物联网在作物生产中的应用

气候智慧型农业与物联网结合，可以通过传感器收集农业环境变化和植物生命信息，实现农作物科学管理和调控。与传统农业技术相比，气候智慧型农业物联网技术可以远程实时监测农田土壤环境和作物生长发育状况，为作物科学管理提供帮助，提升农业精准管理水平，增强农业适应气候变化能力，增加作物产量，减少农业温室气体排放，实现固碳减排目标。

1. 在土壤环境监测中的应用

土壤环境参数包括土壤湿度、温度、养分、水分和盐度等。作物的生长发育离不开土壤的养分和水分供给，土壤养分和水分等环境参数信息的快速准确提取对作物生产尤为重要。目前种植业利用物联网进行土壤湿度监测应用比较广泛，通过传感器监测农田土壤湿度，将获取的数据上传终端，通过数学模型分析灌溉渗透率、水分流失率，并据此精准确定灌溉时期、频率和灌溉量等，能节约水资源及人力、物力，达到丰产、减排的目标。曹成茂等（2001）通过传感器和自动控制技术，实现蔬菜大棚内土壤温度、湿度的远程监测并自动灌溉，节约灌溉水 15%～20%。德国博世公司的智能灌溉系统在西班牙的果园和菜园中大规模应用，可节约灌溉水 20%。徐俐琴等的研究表明，通过监测土壤养分和湿度进行水肥一体化灌溉，可使草莓复合肥使用量亩降低 12.5 千克，亩节约成本 50 元。

我国生产氮、磷、钾肥的排放系数较高，提高肥料利用率可以减少生产肥料产生的碳排放量。氮肥是作物生长发育不可缺少且影响明显的营养元素，传统土壤氮含量测定方法为实验室的化学分析方法或光谱分析方法，耗时长且成本高；近年来，应用传感器进行田间快速测定土壤氮含量成为研究热点，皮婷婷以土壤介电常数为基础，结合驻波比法设计了土壤氮含量传感器。

2. 在气象灾害预警中的应用

我国农业气象灾害多发，每年干旱、洪涝、冰雹、霜冻等气象灾害使超过 5 亿亩的农田受灾，灾害损失占国民生产总值的 3%～6%。通过网络和短信息服务（SMS）接收来自气象部门的气象灾害预警信息可快速获取农田所在地区气象信息。对于特定区域农田，可使用装置了相应传感器的田间气象站进行精准和及时的灾害预警。夏于等使用温度传感器、湿度传感器和风速传感器观察天气变化并将其用于研究小麦干热风的形成。强化农村地区的气象基础设施建设，实现准确、快速传播预警信息，有助于应对突发的气象变化，完成智能化、自动化的抵御气象灾害的预警-控制系统。

3. 对农作物生长情况监测的应用和研究

（1）对病虫害的监测和预警 据估计，每年全球因病虫害导致的粮食减产量占粮食总产量的 18%～20%，造成约 4 700 亿美元的损失。为控制病虫危害，我国农药使用量逐年上升。2019 年，我国农药使用量已达 224.5 万吨，我国单位耕地面积农药使用量为世界平均水平的 2.5 倍。农药过量使用不仅造成环境污染，还会在农药制作过程中增加碳排放。

利用物联网技术进行农业病虫害的预警和预测预报，精准绿色防控，可降低农业病虫危害风险，农药的减量化可以保护生态环境，减少碳排放。目前对于害虫数目和种类的监测手段日趋成熟，例如使用摄像头周期性在田间拍照并利用图形处理技术计算害虫种类及密度，或在监测点释放昆虫性激素，通过统计昆虫撞击监测点传感器产生的信号估计害虫数目。此外，基于遥感技术进行农业病虫害观测的方法得到应用，在病虫害的侵袭下农作物产生的生理状态变化会表现为其遥感图像不同波段上吸收和反射特性的变化，通过对农田遥感图像的处理分析可进行虫灾的预警和监控。近年来，随着物联网技术在有害生物分子定量检测等方面的广泛应用，作物病虫草害的检测预警信息化、智能化水平快速提升。2019 年 12 月，我国首个作物病虫草害监测预警研究中心"西北农林科技大学作物病虫草害监测预警研究中心"成立，标志着我国作物病虫草害监测预警研究工作再上新台阶。目前，我国在应用物联网技术、构建水稻等主要粮食作物重大病虫害跨境跨区域监测预警体系、实施信息共享、开展联合预警、形成重大病虫害监测预警网络体系方面取得重要进展，提高了主要粮食作物重大病虫害预警防控能力，对保障国家粮食安全发挥了重要技术支撑作用。

（2）对农作物生长表相的监测 物联网用于农作物生长表相特征信息的研究和应用范围颇广。观测维度包括叶片湿润时间、冠层温度、病虫害情况等，涉及的技术包括遥感技术、光谱分析技术等，观测的结果可以反映作物生长情况和病害情况。其他作物生长数据如茎秆强度、叶面积指数、根系射线成像图、植株含水量等的测量需在实验室内完成，对于这些数据的监测工作暂时还未实现直接接入农业物联网。

（3）对农作物信息素和激素水平的监测 农作物信息素和激素水平的监测多基于传感器或遥感技术。魏青等（2020）使用无人机遥感技术分析了冬小麦冠层的叶绿素含量，从而反映作物的光合作用水平；使用光谱技术检测了油菜叶片中的氮、磷、钾元素含量，反映植物的生长情况。龚斌等使用电化学生物传感器检测植物细胞分裂素的水平，反映植物组织分化和生长情况。农作物信息传感器是农业传感器领域的研究热点，中国、美国和德国等均在进行三磷酸腺苷、植物胁迫应激信号、细胞色素、植物生长素等作物信息传感器的研发，关键技术包括图像处理技术、微电机技术、荧光技术和热成像技术等。

二、物联网在气候智慧型农业中应用存在的问题

1. 农业物联网的硬件和维护成本

农业物联网需要大量硬件支持，如感知层的射频设备、传感器等，网络层的蓝牙模块、ZigBee 模块等数据传输设备，作业层的各类自动作业设备等，装备和维护成本较高，资金投入不足是制约气候智慧型农业物联网发展的重要原因。目前农业物联网的应用集中于国家、高校、企业的示范项目区中，降低农业物联网技术成本、提高农民对其认知了解是农业物联网大面积推广应用的关键。可以在各个乡镇开展农业物联网的试点和科普，使农民了解农业物联网对于增产和解放劳动力的帮助。同时，农业物联网可以实现节能减排的效果，符合国家战略规划，应提高气候智慧型农业物联网的战略地位，制定政策补贴农业物联网建设，提升农民积极性。

2. 农村地区技术人员缺乏

随着城市化水平的提高，我国农村劳动力尤其是有一些文化水平的农民离开农村，导致农村农业劳动力的文化水平不高，农民对新技术的关注度和接受能力低，这严重制约了农业物联网技术的推广和应用。2016 年，我国农业生产经营人员共计

3.14亿人，其中仅1.2%为大专以上学历。需要熟悉信息、自动化等技术的人才去控制和维护农业物联网系统。针对我国目前农村人才不足的情况，建议开展农业与信息技术、自动化技术、气象学等学科的交叉学科人才培养，在高校中开展相关专业课程，并在基层对务农人员开展技术培训。

3. 农业传感器设备的局限

农业传感器作为农业互联网中获取、感知农业环境和动植物信息的设备，是农业互联网关键的组成部分。受制于高端传感器的核心部分如光栅、激光器等的精度、耐用度等指标，农业传感器的研发还有很长的路要走，特别是土壤养分传感器、动物病毒传感器、农业植物信息传感器等的研发和应用。此外，农业传感器经常在较恶劣的工作环境（如水浸、高温、低温和大风等）中使用，传感器的质量、工作稳定性和性价比也有待提高。

4. 农业物联网通信技术的局限

常见的农业物联网通信技术有WIFI、GPRS、ZigBee、蓝牙、WIMAX等，这些技术存在覆盖范围和终端功耗难以两全的问题。同时，农业传感器信息的传输往往通过将传感器集成在终端设备实现。然而，由于欠缺统一的设计标准，可能出现终端设备无法提供传感器工作环境的情况，导致传感器无法正常工作。

5. 数据库资源不足

农业物联网需通过监测环境信息和动植物信息并做出判断，调整种植方法和饲养方法，达到增产、节能和适应气候变化的目标。当前，由于农业数据库资源不足，往往难以根据数据库中的数据做出科学的判断，会出现只监测不决断的情况。建议由政府部门牵头，制定数据共享规范，完善数据共享机制，对农业数据进行收集和整合。

6. 缺少智能作业设备

目前，我国对大荷载无人机植保系统、智能农机类产品、智能农业机器人等设备的研究还有局限性，特别是针对田间复杂环境的智能农机类产品，易出现决断后不作业情况，或出现只能通过传统人力进行低效率工作的情况。应加大对于拥有自主知识产权的智能农业设备的研发投入，提高农业作业的精度和效率。

7. 标准体系建设匮乏

国内农业物联网的技术标准尚不完善，导致物联网在农业领域的规范化发展受限。农业传感器设计缺乏标准，导致传感器集成困难，可靠性也难以保证。数据接收和处理层缺少统一的开发标准，不利于数据共享，导致数据库资源匮乏。针对目前我国农业物联网存在的技术标准不足导致传感器集成困难，可靠性、耐用性低，数据难以聚合共享的情况，应尽快推进技术标准制定，建立产品质量标准和数据传输标准，使农业物联网的方方面面有标准可循。

三、前景展望

农业物联网可以通过科学作业和精确作业增加农产品产量，减少农业排放，加强农业生产应对气候变化和极端天气的能力，非常契合气候智慧型农业的概念，也符合我国可持续发展的发展理念。随着科技发展，会有更多的传感器技术、智能作业技术和农业知识模型融入农业物联网中。因此，加大农业物联网的推广力度、推动农业物联网的发展有着重大意义。

第二部分

气候智慧型稻田种植
模式与技术

第一章
气候智慧型水稻生产技术

第一节　气候智慧型麦茬水稻精确栽培技术

一、激光土地平整技术

稻田整地的原则一般要做到田平（田表整洁无杂草、残茬）、泥熟（上烂下实不壅泥）、水浅（寸水不露墩，寸水棵棵到）。秸秆还田情况下，更要强调提高整地质量，机插稻要求全田高低差不超过 3 厘米，表土上烂下实。土地精细平整是发展节水农业、提高农田土壤质量和水稻产量的基础。常规机械平地设备一般由推土机、铲运机和刮平机组成，但由于受平地设备自身缺陷和人工操作精度较低等因素制约，平整精度较差。基于激光控制技术、全球定位系统（GPS）和地理信息系统（GIS）、先进机械制造技术等构建的激光控制农田土地精细平整技术的推广应用，可显著改善田面微地形条件，大幅度提高地面灌溉条件下的灌溉效率与灌水均匀度，获得显著的节水、增产、省工等效果，提高土地利用率。

激光平地作业现场见图 2-1。

图 2-1　激光平地作业现场

激光平地设备系统由激光发射器、激光接收器、控制箱、液压机构、刮土铲等组成。激光平地设计主要包括以下几方面：

1. 确定相对高程

运用水准仪对平整农田的地形进行测量，将网格间距确定在5~10米，测量该农田各点处的相对高程。

2. 建立激光源

首先，放置激光发射器，要确保激光束平面高于欲平农田内任何物体，以便平地机具上的激光接收器有效接收激光束。其次，激光发射器的安放位置要根据农田面积大小来确定，当一般场地跨度超过300米时，要将激光发射器放置于场地中间；当场地跨度不超过300米时，要将激光发射器放于场地周边。

3. 确定平地机具平地基准

平地机具刀口落地后，调整激光接收器高度，当接收器中心控制点与激光控制平面同位时，此点即为此次作业的平地基准。

4. 平地作业

在平地作业时，平地机具运行要有规律，尽量减少空载。可以从地块边沿四周向里平整或采用对角线等方式平整，以减少油耗，降低成本，提高工效。若地块高度差很大，可用粗激光平地机（每次可挖深10~20厘米，带2个铲挖运斗）先平一遍，再用精激光平地机平整。

二、品种选用技术

1. 麦茬稻品种选择基本要求

选用通过国家或安徽省品种审定委员会审定、种子质量符合国家标准的麦茬稻品种。麦茬稻全生育期135~150天，要求其株型紧凑，根系发达，生物量适中，收获系数较高，中抗白叶枯病、纹枯病、稻瘟病、稻曲病以上，感光性较强，分蘖中等，抗倒性较强，是穗型较大的高产优质中熟或迟熟水稻品种。

2. 沿淮及江淮麦茬稻品种简介

（1）徽两优6号（审定编号：国审稻2012019）

① 选育单位。安徽省农业科学院水稻研究所。

② 亲本来源。1892S×扬稻6号。

③ 品种特征特性、产量、抗性和品质。

A. 品种特征特性。两系籼型杂交中稻。株高118.5厘米，剑叶中长，叶片较宽、挺直，穗着粒较密，有顶芒。全生育期平均135天。每穗总粒数173.2粒，结实率80.8%，千粒重27.3克。

B. 产量。2009年参加长江中下游中籼迟熟组区域试验，平均亩产583.2千克，比对照Ⅱ优838增产6.3%；2010年续试，平均亩产572.7千克，比对照Ⅱ优838增产6.4%。两年区域试验平均亩产578.0千克，比对照Ⅱ优838增产6.4%。2011年生产试验，平均亩产604.2千克，比对照Ⅱ优838增产8.2%。

C. 抗性。稻瘟病综合指数5.7级，穗瘟损失率最高级9级，白叶枯病7级，褐飞虱9级，高感稻瘟病、褐飞虱，感白叶枯病。

D. 品质。主要指标：整精米率58.8%，长宽比2.9，垩白粒率33%，垩白度6.9%，胶稠度76毫米，直链淀粉含量14.7%。品质符合部颁三级食用稻品质标准。

（2）两优688（审定编号：国审稻2010010）

① 选育单位。福建省南平市农业科学研究所、福建省农业科学院水稻研究所。

② 亲本来源。SE1S×南恢8。

③ 品种特征特性、产量、抗性和品质。

A. 品种特征特性。两系籼型杂交中稻。株高130.3厘米，株型略散，长势繁茂，叶色淡绿，熟期转色好。全生育期平均135.5天，比对照Ⅱ优838长0.9天。每穗总粒数152.0粒，结实率82.3%，千粒重29.8克。

B. 产量。2008年参加长江中下游中籼迟熟组品种区域试验，平均亩产607.6千克，比对照Ⅱ优838增产5.3%（极显著）；2009年续试，平均亩产585.1千克，比对照Ⅱ优838增产6.7%（极显著）。两年区域试验平均亩产596.4千克，比对照Ⅱ优838增产6.0%。2009年生产试验，平均亩产576.4千克，比对照Ⅱ优838增产6.5%。

C. 抗性。稻瘟病综合指数4.7级，穗瘟损失率最高级7级；白叶枯病7级；褐飞虱7级。抽穗期耐热性弱。

D. 品质。主要指标：整精米率57.4%，长宽比2.8，垩白粒率78%，垩白度19.9%，胶稠度60毫米，直链淀粉含量22.4%。

（3）C两优华占（审定编号：国审稻2015022）

① 选育单位。湖南金色农华种业科技有限公司。

② 亲本来源。C815S×华占。

③ 品种特征特性、产量、抗性和品质。

A. 品种特征特性。两系籼型杂交中稻。株高112.5厘米，株型松散适中，长势繁茂，分蘖力强，叶片宽、长，稃尖紫色，短顶芒。全生育期136.1天，比对照丰两优四号短1.8天。每穗总粒数199.6粒，结实率81.2%，千粒重23.0克。

B. 产量。2013年参加长江中下游中籼迟熟组区域试验，平均亩产643.9千克，比对照丰两优四号增产7.7%；2014年续试，平均亩产639.6千克，比丰两优四号增产9.7%；两年区域试验平均亩产641.8千克，比丰两优四号增产8.7%。2014年生产试验，平均亩产633.9千克，比丰两优四号增产7.4%。

C. 抗性。稻瘟病综合指数 3.4，穗瘟损失率最高级 5 级；白叶枯病 7 级；褐飞虱 9 级。抽穗期耐热性中等；中感稻瘟病，感白叶枯病，高感褐飞虱。

D. 品质。主要指标：整精米率 66.8%，长宽比 3.1，垩白粒率 19%，垩白度 3.4%，胶稠度 80 毫米，直链淀粉含量 13.8%。

（4）隆两优华占（审定编号：国审稻 20170008）

① 选育单位。湖南隆平高科种业科学研究院有限公司、中国水稻研究所。

② 亲本来源。隆科 638S×华占。

③ 品种特征特性、产量、抗性和品质。

A. 品种特征特性。两系籼型杂交中稻。株高 121.1 厘米，株型松散适中，长势繁茂，分蘖力强，叶片宽、长，稃尖紫色，短顶芒。全生育期 140 天，比对照丰两优四号长 2 天。每亩有效穗数 18.1 万穗，每穗总粒数 193.0 粒，结实率 81.9%，千粒重 23.8 克。

B. 产量。2013 年参加长江中下游中籼迟熟组区域试验，平均亩产 649.3 千克，比对照丰两优四号增产 8.3%；2014 年续试，平均亩产 644.0 千克，比丰两优四号增产 8.4%；两年区域试验平均亩产 646.7 千克，比丰两优四号增产 8.4%。2014 年生产试验，平均亩产 625.9 千克，比丰两优四号增产 6.5%。

C. 抗性。稻瘟病综合指数 2.2，穗瘟损失率最高级 5 级；白叶枯病 5 级；褐飞虱 7 级；抽穗期耐热性中等；中感稻瘟病，中感白叶枯病，感褐飞虱。

D. 品质。主要指标：整精米率 66.0%，长宽比 3.1，垩白粒率 6%，垩白度 1.1%，胶稠度 83 毫米，直链淀粉含量 14.2%。

（5）晶两优华占（审定编号：国审稻 20176071）

① 选育单位。袁隆平农业高科技股份有限公司、中国水稻研究所、湖南亚华种业科学研究院。

② 亲本来源。晶 4155S×华占。

③ 品种特征特性、产量、抗性和品质。

A. 品种特征特性。两系籼型杂交中稻。株高 115.5 厘米，株型适中，生长势较强，植株整齐，分蘖力强，叶姿直立，叶鞘绿色，稃尖秆黄色，无芒，叶下禾，后期落色好。全生育期 138.5 天，比对照丰两优四号长 1.2 天。每亩有效穗数 15.8 万穗，每穗总粒数 200.4 粒，结实率 85.5%，千粒重 22.8 克。

B. 产量。2014 年参加长江中下游中籼迟熟组绿色通道区域试验，平均亩产 677.8 千克，比丰两优四号增产 8.0%；2015 年续试，平均亩产 748.4 千克，比丰两优四号增产 13.9%；两年区试平均亩产 713.1 千克，比丰两优四号增产 11.4%。2016 年生产试验，平均亩产 603.0 千克，比丰两优四号增产 11.4%。

C. 抗性。稻瘟病综合指数两年分别为 2.1、2.7，穗瘟损失率最高级 3 级；白叶枯病 7 级；褐飞虱 7 级；中抗稻瘟病，感白叶枯病，感褐飞虱。

D. 品质。主要指标：整精米率 66.4%，长宽比 3.1，垩白粒率 13%，垩白度 3.0%，胶稠度 81 毫米，直链淀粉含量 14.1%。

（6）深两优 5814（审定编号：国审稻 2009016）

① 选育单位。国家杂交水稻工程技术研究中心清华深圳龙岗研究所。

② 亲本来源。Y58S×丙 4114。

③ 品种特征特性、产量、抗性和品质。

A. 品种特征特性。两系籼型杂交中稻。株高 124.3 厘米，株型适中，叶片挺直，谷粒有芒。全生育期 136.8 天，较对照Ⅱ优 838 长 1.8 天。每亩有效穗 17.2 万穗，每穗实粒数 171.4 粒，结实率 84.1%，千粒重 25.7 克。

B. 产量。2007—2008 年参加长江中下游迟熟中籼组品种区试，两年区域试验平均亩产 587.19 千克，比对照Ⅱ优 838 增产 4.22%；2008 年生产试验，平均亩产 537.91 千克，比对照Ⅱ优 838 增产 2.16%。

C. 抗性。稻瘟病综合指数 3.8 级，穗瘟损失率最高 5 级；白叶枯病 5 级；褐飞虱 9 级。

D. 品质。主要指标：整精米率 65.8%，长宽比 3.0，垩白粒率 13%，垩白度 2.0%，胶稠度 74 毫米，直链淀粉含量 16.3%，达到国家《优质稻谷》标准二级。

（7）武运粳 27 号（审定编号：苏审稻 201209）

① 选育单位。江苏（武进）水稻研究所、江苏中江种业股份有限公司。

② 引种单位。安徽皖垦种业股份有限公司。

③ 亲本来源。嘉 45/武运粳 7 号×武运粳 21 号。

④ 品种特征特性、产量、抗性和品质。

A. 品种特征特性。中熟中粳常规稻。2009—2010 年参加江苏省品种区试，株高 92.4 厘米，株型较紧凑，群体整齐度好，叶色较绿，分蘖力较强，抗倒性强，落粒性中等，后期转色好。全生育期 145.4 天，较对照徐稻 3 号迟 2 天。每亩有效穗 21.5 万穗，每穗实粒数 116.7 粒，结实率 92.8%，千粒重 26.4 克。

B. 产量。江苏省区试两年平均亩产 600.51 千克，较对照徐稻 3 号增产 3.06%，2009 年较对照增产不显著，2010 年较对照增产显著，2011 年生产试验平均亩产 624.09 千克，较对照镇稻 88 增产 7.4%。

C. 抗性。感穗颈瘟，中感白叶枯病，高感纹枯病，抗条纹叶枯病。

D. 品质。主要指标：整精米率 69.4%，垩白率 30%，垩白度 1.8%，胶稠度 80.0 毫米，直链淀粉含量 17.2%，达国标三级优质稻谷标准。

（8）南粳 9108（审定编号：苏审稻 201209）

① 选育单位。江苏省农业科学院粮食作物研究所。

② 亲本来源。武香粳 14 号×关东 194。

③ 品种特征特性、产量、抗性和品质。

A. 品种特征特性。迟熟中粳常规稻。2011—2012 年参加江苏省品种区试，株高 96.4 厘米，株型较紧凑，长势较旺，分蘖力较强，叶色淡绿，叶姿较挺，抗倒性较强，后期熟相好。全生育期 153 天，较对照早熟 1 天。每亩有效穗 21.2 万穗，穗实粒数 125.5 粒，结实率 94.2%，千粒重 26.4 克。

B. 产量。江苏省区试两年区试平均亩产 644.2 千克，2011 年较对照淮稻 9 号增产 5.2%，增产达极显著水平，2012 年较对照淮稻 9 号增产 3.2%，较对照镇稻 14 增产 0.1%；2012 年生产试验平均亩产 652.1 千克，较对照淮稻 9 号增产 7.3%。

C. 抗性。感穗颈瘟，中感白叶枯病、高感纹枯病，抗条纹叶枯病。

D. 品质。主要指标：整精米率 71.4%，垩白粒率 10.0%，垩白度 3.1%，胶稠度 90 毫米，直链淀粉含量 14.5%，属半糯类型，为优质食味品种。

（9）旱优 73（审定编号：皖稻 2014024）

① 选育单位。上海市农业生物基因中心、上海天谷生物科技股份有限公司。

② 亲本来源。沪旱 7A×旱恢 3 号。

③ 品种特征特性、产量、抗性和品质。

A. 品种特征特性。籼型杂交旱稻。2011—2012 年参加安徽省品种区试。株高 105 厘米，株型紧凑，叶片浅绿色，剑叶挺直内卷，穗粒着粒密集，谷粒细长。全生育期 123 天，比对照品种绿旱 1 号迟熟 8 天。亩有效穗 19 万穗，每穗总粒数 137 粒，结实率 86%，千粒重 27 克。

B. 产量。2011 年区域试验亩产 493.38 千克，较对照品种增产 31.38%（显著）；2012 年区域试验亩产 493.60 千克，较对照品种增产 11.15%（不显著）。

C. 抗性。中抗-感稻瘟病，感-抗稻曲病，感纹枯病，感白叶枯病。

D. 品质。2011 年米质达部标 5 级，2012 年米质达部标 3 级。

（10）绿旱 1 号（审定编号：国审稻 2005053）

① 选育单位。安徽省农科院绿色食品工程研究所。

② 亲本来源。6527×空心莲子草。

③ 品种特征特性、产量、抗性和品质。

A. 品种特征特性。籼型常规旱稻。株高 91.1 厘米，株型紧凑。全生育期 107.2 天，比对照品种中旱 3 号早熟 2.5 天。每亩有效穗数 20.1 万穗，每穗总粒数 105.0 粒，结实率 75.3%，千粒重 25.0 克。

B. 产量。2003—2004 年参加长江中下游组旱稻品种区试，两年区域试验平均亩产 315.83 千克，比对照中旱 3 号增产 22.96%。2004 年生产试验平均亩产 302.25 千克，比对照中旱 3 号增产 45.29%。

C. 抗性。稻瘟病平均 3.9 级，最高 5 级；穗期抗旱指数 0.86，抗旱性评价 7 级。

D. 品质。主要指标：整精米率 52.4%，长宽比 2.9，垩白粒率 37%，垩白度 6.2%，胶稠度 54 毫米，直链淀粉含量 25.5%。

（11）皖垦糯 1 号（审定编号：皖稻 2010025）

① 选育单位。安徽皖垦种业有限公司农科院大圹圩水稻研究所。

② 亲本来源。武育糯 16 号变异株系选而成。

③ 品种特征特性、产量、抗性和品质。

A. 品种特征特性。晚粳糯常规品种。株高 86 厘米左右，全生育期 126 天左右，比对照品种 M1148 早熟 5 天。亩有效穗 23 万穗，穗总粒数 110 粒，结实率 85%，千粒重 26 克。

B. 产量。2007 年区试亩产 496 千克，较对照品种增产 10.18%，极显著；2008 年区试亩产 511 千克，较对照品种增产 6.3%，显著。2009 年生产试验亩产 515 千克，较对照品种增产 5.28%。

C. 抗性。2007 年感白叶枯病（抗性 7 级）、中抗稻瘟病（抗性 5 级）；2008 年抗白叶枯病（抗性 3 级）、抗稻瘟病（抗性 3 级）。

D. 品质。2007 年米质达部标 2 级，2008 年米质达部标 4 级。

（12）皖稻 68（审定编号：皖品审 03010384）

① 选育单位。凤台县水稻原种场。

② 亲本来源。武育粳 2 号×太湖糯。

③ 品种特征特性、产量、抗性和品质。

A. 品种特征特性。中粳糯常规品种。株高 95 厘米左右，全生育期 149 天左右，比对照 80 优 121 相当。每穗总粒数 100 粒，结实率 90% 以上，千粒重 26 克。

B. 产量。2000—2002 年安徽省两年区域试验和一年生产试验，平均亩产 501.9～582.3 千克，较对照 80 优 121 平均减产 3.0% 左右。

C. 抗性。抗白叶枯病，感稻瘟病。

D. 品质。精米率、胶稠度、长宽比、蛋白质含量达国家稻米分级一级标准，直链淀粉含量达国家稻米分级二级标准。

三、最佳抽穗结实和播栽期的安排

1. 最佳抽穗结实期的确定

抽穗结实期的群体光合生产力决定了水稻的产量，因此，必须把抽穗结实期安排在最佳的气候条件下，此时期被称为最佳抽穗结实期。温度是水稻最佳抽穗结实期最重要的生态条件，粳稻抽穗期最适温度为 25～32 ℃，25 ℃左右时结实率最高；籼稻最适温度为 25～30 ℃，27 ℃左右时结实率最高。若连续 3 天日平均气温≤20 ℃（粳稻）或 2～3 天日平均气温≤22 ℃（籼稻），易造成低温冷害，增加空瘪粒；若连续 3 天最高气温超过 35 ℃（杂交稻 32 ℃以上），结实率也会下降。根据李成荃的总结（表 2-1），安徽省粳稻抽穗要求日平均气温稳定在 20 ℃以上，籼稻抽穗要求稳定在 23 ℃以上。另外，灌浆期要求日平均气温 21～28 ℃（其中日平均气温 21 ℃左右时千粒重最高），并有较大的昼夜温差和充足的日照。最高气温超过 35 ℃并伴有平均相对湿度≤70％的低湿条件易产生高温逼熟，温度在 13 ℃以下灌浆很慢甚至停止灌浆。

表 2-1　安徽省不同稻区水稻安全齐穗时间

水稻品种类型	主要稻区				
	长江沿岸双季、单季稻兼作区	江淮之间丘陵单季、双季稻区	淮河沿岸及淮北平原单季稻作区	大别山地单季、双季稻作区	皖南山地双季、单季稻作区
粳稻（20 ℃）	9 月 24～28 日	9 月 24～28 日	9 月 22～26 日	9 月 18～24 日	9 月 22～26 日
籼稻（23 ℃）	9 月 18～21 日	9 月 18～21 日	9 月 16～18 日	9 月 14～20 日	9 月 16～18 日

数据来源：李成荃等，2008.《安徽稻作学》。

此外，大气湿度对水稻抽穗结实最适温度具有显著影响。在大气湿度高达 80％以上的我国南方湿润稻区，抽穗结实期遇上 35～38 ℃以上的高温天气，空瘪粒大量增加；但在大气湿度低（50％以下）的地区，虽遇上 38 ℃以上的高温天气，仍有很高的结实率。这是由于很低的大气湿度，使蒸腾量增大，带走了大量热能，显著降低了稻株的体温，保证了光合生产和各项生理活动的正常进行。

2. 安徽麦茬中稻适宜播种期

在温度条件满足的前提下，麦茬中稻应根据前后茬的关系及自然灾害的特点来确定适宜的播种期。

麦茬中稻的适宜播种期：大苗人工栽插和钵苗机插，宜在小麦成熟收割前 20 天左右播种育秧，控制移栽秧龄 25～30 天；毯苗机插的宜在小麦收割前 10～15 天播种育秧，控制移栽秧龄 18～25 天；直播种植，要尽量抢早播种，中熟、早熟、特早熟品种要分别控制在 6 月 15 日前、6 月 22 日前和 6 月 28 日前播种。不同类型水稻各个生育期的适宜温度和限制温度见表 2-2。

表 2-2　不同类型水稻各个生育期的适宜温度和限制温度

水稻品种类型	温度	生育时期		
		育秧期	分蘖期	拔节抽穗期
籼稻	适宜温度	25～30 ℃	25～30 ℃	25～30 ℃
	限制温度	≥12 ℃	≥17 ℃	15～17 ℃，33～35 ℃
粳稻	适宜温度	25～30 ℃	25～30 ℃	25～30 ℃
	限制温度	≥10 ℃	≥15 ℃	15～17 ℃，33～35 ℃

四、机械播栽技术

目前水稻育秧移栽方式主要为毯苗机插、钵苗摆栽和人工手插。

1. 机插壮秧培育技术

水稻机械移栽体系中，育秧是关键环节，"七分育秧三分栽插"，秧苗素质的好坏直接影响插秧机的作业质量和品种产量潜力的发挥。当前，机插壮秧培育技术主要包括基于营养土（基质）的传统的毯苗（钵苗）硬盘旱育秧，以及无土育秧——水卷苗育秧。

（1）毯苗（钵苗）硬盘旱育秧　毯苗硬盘旱育秧的基本流程包括种子处理、营养土准备、秧床制作、秧盘准备、播种盖土、铺盘、覆膜、炼苗、秧田管理。核心技术如下：

① 秧田选择与秧床制作。选择土肥、土质疏松、排灌方便、呈弱酸性的秧田。播种前翻耕平整，播前半个月前进行床土培肥，每亩施复合肥100千克，秧板宽度1.6米，开沟。

秧床制作见图2-2。

图2-2　秧床制作

② 秧盘准备。钵苗育秧选用型号为D448P塑料盘，规格：61.8厘米×31.5厘米×2.5厘米，每盘448孔，孔径1.6厘米，每亩大田按35～40张备足（常规稻40张，杂交稻35张）。

毯苗硬盘育秧采用标准硬盘，规格：58.0厘米×28.0厘米×2.2厘米，每亩大田按20～25张备足（常规稻25张，杂交稻20张）。

③ 播种量。采用装土和播种一体机进行流水线播种，秧盘（盘钵）内营养底土厚度稳定在孔深的2/3处，盖表土厚度不超过盘面，以不见芽谷为宜。钵苗育秧时，常规稻每孔播种4～6粒，折合每亩用种量为3.0千克；杂交稻每孔播种2～3粒，折合每亩用种量为1.5千克。毯苗育秧时，常规稻每盘播干谷100～120克（湿芽谷

130～150 克），折合每亩用种量为 2.5 千克；杂交稻品种每盘播干谷 70～80 克（湿芽谷 90～100 克），折合大田每亩用种量 1.5 千克左右，要求盘中种子分布均匀一致。

流水线匀播见图 2-3。

图 2-3　流水线匀播

④ 暗化、铺盘、封膜。严密暗化处理保全苗、齐苗。铺盘时两盘并列对放，两盘之间紧密无空隙，盘底紧贴苗床，盖农膜，四周封严封实。封膜后加盖一层薄稻草（预防晴天中午高温灼伤幼苗），遮阳降温，确保膜内温度控制在 30～35 ℃，封膜盖草后灌一次透水，保证秧盘土壤湿润至出齐苗。播后 3～4 天齐苗后，晴天在傍晚、阴雨天在上午 8～9 时揭膜炼苗。

暗化、铺盘与揭膜炼苗见图 2-4。

图 2-4　暗化、铺盘与揭膜炼苗

⑤ 秧田管理

A. 水管。苗期管理坚持旱控育秧，采用育秧大棚防雨水。1~3叶期晴天早晨叶尖露水少要及时补水；3叶期后秧苗发生卷叶于当天傍晚补水；4叶期后注意控水，以促盘根；移栽前1天适度浇好起秧水。

B. 化控。2叶期每百张秧盘可用15%多效唑粉剂4克，兑水均匀喷施。

秧苗长势见图2-5。

图2-5　秧苗长势

（2）无土育秧——水卷苗育秧　水卷苗育秧技术是针对目前农村劳动力转移、育秧取土难、秧苗素质差以及育秧过程和所育秧苗难以与当前先进机械相配套的一种新型、有效的水稻育秧技术。该技术完全摒弃了传统育秧方法所采用的营养土，以无纺布为育秧介质、采用水培的方式进行秧苗培育，所培育的秧卷长度可达3~6米，并且可以卷起成秧苗卷，而重量仅为常规营养土育秧的1/5，使育秧轻简化，省工、节本、高效，同时能够促进水稻育秧向工厂化、集约化方向发展。

水卷苗育秧工艺流程（图2-6）包括平装秧床、填充底料、铺介质膜、均匀播种、遮光催芽、营养水培。其核心技术包括育秧装置、育秧介质、营养液配方、育秧方法等。影响壮秧培育的关键因子（播量、移栽秧龄、营养液管理等）均已研发、量化。

图 2-6　水卷苗工艺流程

（3）壮秧标准形态

① 叶蘖同伸。秧田期叶蘖保持同伸是反映秧苗健壮度（移栽后发根力、抗植伤力和分蘖力）的形态生理指标，可作为 4 叶龄以上壮秧的共同诊断指标。秧田期的叶蘖同伸一旦停止，是苗体开始弱化的信号，应及时移栽。

② 移栽时秧苗应保持 4 片以上绿叶（3 叶小苗除外）。

③ 叶色正常，移栽时顶 4 叶略深于顶 3 叶或二叶叶色相等。

一般而言，钵苗机插的壮秧标准为：秧龄 30 天左右，叶龄 5.5 叶左右，苗高 13～15 厘米，基茎粗 0.35～0.40 厘米，单株绿叶数 4.5～5 叶，单株白根数 12～15 条，单株发根力 5～10 条，单株带蘖 0.5 个左右，百株干重 7.5 克左右，叶色 4.0～5.0 级，无病斑虫迹。

毯苗机插（水卷苗育秧）的壮秧标准为：秧培育秧龄 16～18 天，苗高 15～18 厘米，叶龄 3.5 叶左右，根系发达，盘根力强，盘根厚度 2～2.5 厘米。

2. 机械精确栽插技术

"精确栽插"指精确定量机械栽插，建立大田高质量的群体起点，包括精准确定大田基本苗、精确控制栽插深度、采用提高栽插质量的其他配套措施。

（1）精准确定大田基本苗

① 合理基本苗的计算。基本苗是群体起点，确定合理基本苗是建立高光效群体的一个重要的环节。确定合理基本苗的指导思想是走"小、壮、高"的栽培途径，用较少的基本苗数，通过充分发展壮大个体构建合理群体，尽可能多地利用分蘖去完成群体适宜穗数，提高成穗率和攻取大穗，以提高群体的总颖花量和后期高光合生产积累能力，获得高产。

根据凌启鸿先生建立的基本苗计算公式：

$$每亩合理基本苗（X）=适宜穗数（Y）/单株成穗数（ES）$$

$$ES=1+Ar（分蘖苗成穗数）$$

式中，A 为主茎本田期有效分蘖叶位理论分蘖数，由有效分蘖叶龄数（E）｛$E=$ [N（总叶龄）$-n$（伸长节间）$-SN$（移栽叶龄）$-bn$（分蘖缺位叶龄数）$-a$（够苗期校正系数）] ｝确定；r 为分蘖发生率。通过不同水稻品种类型、栽插苗数、移栽时期和栽植方式，对水稻有效分蘖叶龄数相关参数进行研究和验证，理论上可实现水稻单株穗数和合理基本苗的定量。

例如，采用总叶龄（N）为 16.6，伸长节间（n）为 6 的超级稻宁粳 3 号，在 3.9 叶期（SN）进行机插，5 苗每穴。测定其分蘖缺位叶龄（bn）为 1.5，够苗期校正系数（a）为 2.8，分蘖发生率（r）为 75%，那么其有效分蘖叶龄数 $E=16.6-6-3.9-1.5-2.8=2.4$，实际分蘖苗成穗数 $Ar=2.4×0.75\%=1.8$。由此得单株成穗数（ES）为 $1+1.8=2.8$。每亩合理基本苗数 $=(20$ 万~24 万$)/2.8=7.1$ 万~8.6 万。

钵苗摆栽时，由于带土移栽一般没有缓苗期（$bn=0$），有效分蘖发生率（r）很高，一般为 80%~90% 以上，够苗期的校正系数 a 一般取 0~1。

基本苗定量参数的验证见表 2-3。

表 2-3　基本苗定量参数的验证

品种类型	移栽苗数	移栽叶龄（SN）	分蘖缺位叶龄数（bn）	有效分蘖临界期（$N-n$）	等穗期叶龄	够苗期校正系数 a	有效分蘖叶龄数 E	理论分蘖数	实际分蘖数	分蘖发生率（r）
常规粳稻	1	3.9	1.5	10.6	11.0	-0.4	5.6	10.3	11.0	1.07
	3	3.9	1.5	10.6	9.0	1.6	3.6	4.6	3.6	0.79
	5	3.9	1.5	10.6	7.8	2.8	2.4	2.4	1.8	0.75
	7	3.9	1.5	10.6	7.0	3.6	1.6	1.6	1.1	0.69
杂交籼稻	1	3.9	0.5	10	10.0	0.0	5.6	10.3	9.9	0.96
	2	3.9	0.5	10	9.0	1.0	4.6	6.7	5.3	0.79
	3	3.9	0.5	10	9.0	1.0	4.6	6.7	2.9	0.44

李刚华等，2012. 机插水稻适宜基本苗定量参数的获取与验证 [J]．农业工程学报，28（8）：98-104.

② 行穴距配置与每穴苗数。扩大行距可以增加群体内的透光率，在分蘖期可以提高水温，促进水稻分蘖；中期可以提高水稻对增施氮素穗肥的同化能力，调节糖氮比，有利于提高分蘖成穗率、促进根系生长，抑制节间伸长、增加茎秆强度，增强颖花分化和发育能力，并减轻纹枯病等病害的发生；抽穗后除了继续发挥中期的各种优势外，还可延缓中下部叶片和根系的衰老，增加抽穗至成熟期群体光合生产和积累，提高结实率和粒重。因此，在保证适宜基本苗、株距不小于 10 厘米和每穴栽插种子苗不多于一定数量（常规稻 4~5 苗，杂交稻 2~3 苗）的条件下，行距应尽可能扩大（30~33 厘米）。因此，机插秧通常采用宽行窄株距配置，毯苗机插采用 30 厘米×11.7 厘米/14 厘米（分别为常规稻和杂交稻），钵苗摆栽为 33 厘米×12 厘米/14 厘米/

17 厘米（分别为常规稻、杂交稻和重穗型杂交稻）。

③ 麦茬水稻品种移栽基本苗。单季大穗型杂交稻和中穗型常规稻高产和超高产栽培的适宜亩有效穗数分别为 16 万～20 万和 20 万～24 万，对应的合理的播栽群体密度如下：

人工栽插的，杂交稻行距 30 厘米，穴距 15 厘米，每穴 3～4 苗，亩栽插 1.5 万穴左右，共 4.5 万～6 万基本苗；常规稻行距 25 厘米，穴距 16 厘米，每穴 4～5 苗，亩栽插 1.6 万～1.7 万穴，共 6 万～8 万基本苗。

钵苗机插的，杂交稻行株距 33 厘米×14 厘米或宽窄行 23～33 厘米×16 厘米，每穴 2 苗，亩栽插 1.5 万穴左右，共 2.8 万～3.0 万基本苗；常规稻行株距 33 厘米×12 厘米，每穴 3～4 苗，亩栽插 1.8 万穴左右，共 5.4 万～6.0 万基本苗。

毯苗机插的，杂交稻行株距 30 厘米×15 厘米或 25 厘米×18 厘米，每穴 2～4 苗，亩栽插 1.5 万穴左右，共 4 万～5 万基本苗；常规稻行株距 30 厘米×14 厘米或 25 厘米×17 厘米，每穴 4～5 苗，亩栽插 1.5 万～1.8 万穴，亩基本苗 6.0 万～8.0 万。

（2）精确控制栽插深度 栽插深度直接影响着机插稻活棵与分蘖。浅插是早发的必要前提，是不增加工本的高效栽培措施。水稻的分蘖节处于离地表 2 厘米左右时，分蘖才能顺利发生，并苗壮成长。分蘖节入土过深（＞3 厘米）时，分蘖节下端的节间会伸长，形成地中茎，将分蘖节送至离地表 2 厘米左右处再进行分蘖；入土过深，会伸长两个以上地中节间。水稻每伸长一个地中茎节间，分蘖便会推迟一个叶龄，这样就缺少一个一次有效分蘖以及其产生的若干个二次分蘖。因此，深栽的危害极大，机插稻栽插深度调节控制在 2 厘米左右，有利于高产所需适量穗数和较大穗型的协调形成，为最终群体产量的提高奠定基础。

（3）采用提高栽插质量的其他配套措施

① 精细整地，沉实土壤。浅水整地，田块做水平，有局部高坎的，人工耙平，同时田埂边耙出一条浅水沟，利于后期排水。为防止壅泥，水田整平后需沉实，沙质土沉实 1 天左右，壤土沉实 1～2 天，黏土沉实 2～3 天，待泥浆沉淀、表土软硬适中、作业不陷机时，保持薄水机插。

② 高质量栽插。

A. 调整株距，使栽插密度符合设计的合理密度要求。

B. 调节秧爪取秧面积，使栽插穴苗数符合计划栽插苗数。

C. 提高安装链箱质量，放松挂链，船头贴地，使插深合理均一。

D. 栽插应避开高温强光照，选择下午插秧，避免中午前后高温强光照对秧苗的灼伤，缩短缓苗期。

E. 田间水深要适宜。水层太深，易漂秧、倒秧，水层太浅，易导致伤秧、空插。

一般水层深度保持 1～3 厘米，既利于清洗秧爪，又不漂、不倒、不空插，可降低漏穴率，保证足够苗数。

F. 培训机手，熟练操作。行走规范，接行准确，减少漏插，提高均匀度，做到不漂秧、不淤秧、不勾秧、不伤秧。

五、精确定量水分管理技术

水分定量调控技术是定量栽培技术的重要内容，其主要目的是控制无效分蘖、提高茎蘖成穗率、全面提高机插水稻群体质量。

1. 水稻移栽期水分管理

移栽插秧时留薄水层，以保证插秧质量，防止水深浮苗缺蔸。

大田移栽现场见图 2-7。

图 2-7　大田移栽现场

2. 水稻返青活棵期水分管理

活棵分蘖期以浅水层（2～3 厘米）灌溉为主，由于移栽苗龄差异，水层灌溉上也有差异。

① 中、大苗移栽（摆栽）时，移入大田需要水层护理，以满足生理和生态两方面对水分的需要。

② 机插小苗移栽时，由于秧苗小、根系少，移栽后的 5～6 天一般不建立水层，宜采用湿润灌溉水分管理方式，以创造一个温湿度比较稳定的环境条件，促进新根发生、迅速返青活棵。阴天无水层，晴日薄灌水，1～2 天后落干，再上薄水，直到移栽后长出第 2 片叶为止。

③ 钵苗摆栽时，移栽后阴天可不上水，晴日薄灌水。2～3 天后即可断水落干，促进根系生长。

3. 有效分蘖期水分管理

活棵后，采用浅湿交替的灌溉方式，每次灌 3 厘米以下的薄水，待其自然落干后，露田湿润 1～2 天，再灌薄水，如此反复进行，以促进根系生长、提早分蘖。分蘖期浅湿交替水分管理见图 2-8。

图 2-8　分蘖期浅湿交替水分管理

4. 水稻无效分蘖期水分管理

无效分蘖期提早搁田，是提高茎蘖成穗率、全面提高机插水稻群体质量的关键措施。中期搁田的意义表现在以下几个方面：①控制土壤的水分和氮素供应，更新土壤环境，提高土壤氧化还原电位。②调节稻株体内的碳氮比，控制无效分蘖和基部节间的生长，增加抗倒能力。③复水后增加土壤供肥能力和促进稻株的生长等。正确掌握搁田时期和搁田标准，是搁田成功或取得预期效果的关键。

搁田时期：在达到穗数 80％～90％时早脱水，提前搁田时间；拔节前采取分次适度轻搁的方法，减轻搁田程度。

搁田标准：土壤板实，有裂缝，行走不陷脚；稻株叶色落黄，土表见白根。

无效分蘖期浅搁水分管理见图 2-9。

图 2-9　无效分蘖期浅搁水分管理

5. 其他时期水分管理

（1）孕穗至抽穗后 15 天　孕穗至抽穗后 15 天，需水量较大，应建立浅水层，以促颖花分化发育和抽穗扬花。

（2）抽穗后 15 天至灌浆结实期　抽穗后 15 天至灌浆结实期，采取间歇上水，干干湿湿，以利养根保叶，防止青枯早衰。

六、适时收割

及时收获，有利于优质高产、提高收割效率。收割过早，灌浆结实不够饱满，出米率低。过迟收割，容易落粒，碎米也增多。一般情况下，优质稻谷应在稻谷成熟度达到 90%～95% 时，抢晴收获。脱粒、晾晒，使水分下降到安全存储标准（籼稻 13.5%、粳稻 14.0%）后进入原料仓库暂贮。

人工收割时，割稻后必须在田间晒 3～4 天，切忌长时间堆垛或在公路上打场，以免稻谷被污染和品质下降。

第二节　沿淮麦茬中粳（糯）稻旱直播水管生产技术

一、主导品种及产量结构

选用已通过国家或省审定的并在当地生产中大面积应用、全生育期在 145 天内的品种，如皖垦糯 1 号、连糯 1 号、连糯 12、武育糯 16、旱优 73 等。

二、整地播种

小麦收获后应及时整地播种，一般播期在 6 月 5～10 日，播期越早越容易取得高产，最迟不得迟于 6 月 15 日。

中粳（糯）稻一般亩播种量为 4～5 千克，其他品种根据播期和粒型大小适当增加或降低播种量，粒型较大者亩播种量可控制在 5.5 千克，粒型较小者亩播种量可控制在 4 千克。

播种前 2～3 天，种子用咪鲜胺进行浸种，每 15 克咪鲜胺浸稻种 4～6 千克，浸种时间掌握在 48 小时左右，以防恶苗病和干尖线虫病的发生。

小麦收获后及时进行整地，可用旋耕机灭茬旋整，也可先进行耕翻再旋平耙细，同时要开好墒沟、腰沟、田头沟，做到沟沟相通、灌排自如。

整地后进行机械条播。播种深度 2 厘米，籽粒盖严，浸种后播种的种子露白时即可进行播种，要足墒播种或播种后立即灌水，保证 3～5 天出苗。

三、施肥

全季施肥量每亩纯氮 17.5～20 千克、五氧化二磷 6～8 千克、氧化钾 7～9 千克、锌肥 1 千克。氮肥的 40%，全部磷肥、钾肥的 50%，全部锌肥作基肥一次性施入。及时追肥，在水稻四叶期，追施15％的氮肥作为分蘖肥；在拔节后5～7天追施35％的氮肥、50％的钾肥作拔节孕穗肥；破口前5～7天，追施10％的氮肥作粒肥。

四、化学除草

1. 播后芽前

每亩用60％丁草胺100毫升，或用30％丙草胺（即草消特）乳油100～120毫升，或用40％苄·丙可湿性粉45～60克，兑水30千克于播后芽前（水稻露芽扎根但未出土）进行喷雾。喷雾一定要均匀，喷药时田间保持湿润，并在施药后保持田间湿润3天以上，以后正常管理。

2. 3～5叶期

对于田间稗草较多的田块，每亩用50％"二氯喹啉酸"可湿性粉剂30～35克，兑水喷雾。对于田间千金子杂草较多的田块，每亩用10％氰氟草脂50～70毫升，兑水30千克喷雾。用药前一天将田水排干保持湿润，用药后1～2天放水回田，保水5～7天，水层切勿淹没秧苗心叶。

五、水分管理

播种后湿润管水，分蘖前期湿润灌溉，当田间茎蘖数达到目标穗数的80％时烤田。拔节至抽穗期保持浅水层。抽穗至成熟期间歇灌溉、干湿交替，即水层落干后轻搁2～3天再上水。以气养根，保叶增重，收获前7天断水。

六、防治病虫害

各时期病虫害及其防治如下：

1. 苗期

① 稻蓟马。稻蓟马秧苗叶尖卷曲率10％以上、百株虫量300～500头时，用吡虫啉喷雾防治。

② 条纹叶枯病。用吡蚜酮及时防治秧田及周围麦田的灰飞虱。

③ 稻瘟病。有中心病团时，用三环唑喷雾防治。

2. 分蘖期

① 四（二）代稻纵卷叶螟。当百丛1～2龄幼虫达65～85头时，用杀虫双防治。

② 白背飞虱。当百丛有虫1 500～2 000头时，用扑虱灵或吡蚜酮防治。

③ 稻叶瘟。田间有发病中心病团时，用多氧清或三环唑防治。

④ 纹枯病。发病丛率达15％～20％时，用多氧清或井冈霉素防治。

⑤ 条纹叶枯病。用扑虱灵或吡虫啉及时防治水稻灰飞虱，严控侵染途径。

3. 拔节抽穗期

① 五（三）、六（四）代稻纵卷叶螟。百丛有虫 40～60 头时，用杀虫双防治。

② 褐飞虱。当百丛有虫 1 500～2 000 头时，用扑虱灵或吡虫啉防治。

③ 三化螟。当田间卵块达 50 块/亩时，用杀虫双防治。

④ 稻曲病。用井冈霉素防治。

⑤ 纹枯病。病丛率达 30％以上时，用井冈霉素防治。

⑥ 穗颈瘟。用三环唑防治。

以上病虫害可根据发生具体情况，在破口期 8～12 天把几种药剂混合兑水喷雾，以降低用药成本和用药次数。

4. 抽穗至成熟期

① 稻飞虱。若发生不太严重，可利用前期的残留药效压低虫口基数；若发生较重，用吡虫啉防治。

② 纹枯病。若病菌不侵染到倒三叶以上可不防；若病菌侵染到倒三叶及以上，用多氧清或井冈霉素防治。

③ 白叶枯病。于发病初期用叶枯唑进行防治。

④ 稻粒瘟病。用三环唑进行防治。

七、收获

当稻谷成熟度达到 85％～90％时，抢晴收获。无公害稻谷与普通稻谷分收、分晒。禁止在公路、沥青路面及粉尘污染严重的地方脱粒、晒谷。

第三节　气候智慧型水稻防灾减灾技术

一、洪涝灾害后农作物补改种技术

安徽省梅雨集中，淮河流域、长江流域经常出现持续大范围降雨，造成农作物受灾。在抗洪的同时，做好灾后农业生产自救，将灾后损失减少到最低限度，是十分紧迫的任务。

1. 科学判断水稻是否需要补改种

水稻具有较强耐涝性，一般浸泡一天一夜，对稻苗生育影响较小；浸泡 3～4 天，只要有叶片在水面上，如果及时排水晾田，2 天后追施叶面肥，仍然可以保苗。判断水稻是否要补改种，要做到"三看"。一看植株。排水后稻株仍为绿色，没有腐烂，而且有一定硬度，排水后 2～3 天剥查主茎，生长点呈晶亮状，不萎缩，不浑浊，每穴有 2～3 个茎蘖存活的可以保苗；若水稻稻株容易拔断，分蘖节变软，外部叶片腐烂，则需要改种。二看叶片。若叶片有绿色，叶鞘内部仍为绿色，或出水后 3 天能见到心叶抽出的可以保苗；若叶片失绿且腐烂，心叶已死则需要改种。三看根系。拔起稻株，观察根系生长情况，若有白根或根系呈淡黄色，或者排涝后 2～3 天能见到新根露尖的可以保苗；若根系全部为黄根和黑根，且开始发臭的，则需要改种。

2. 短期水淹后，促进水稻恢复生长的技术措施

强降雨造成农田积水，但涝渍时间较短，在地作物恢复生长的可能性较大。这类地区应采取积极措施，排涝降渍，查苗补苗，加强田管，促进苗情转化。主要技术措施如下：

（1）清沟排水，除涝保苗　立即开机或人工排涝，抓紧清沟除渍，旱地力争在 24 小时去除田间积水，水田争取在 72 小时内现苗，确保作物正常生长，最大限度地降低损失。进一步理清田间沟系，做好"三沟"配套，预防二次涝渍。

（2）查苗补苗，以稠补稀　对缺苗断垄的田块，通过移稠补稀或补种补栽等措施及时补苗，确保全苗。

（3）增施速效肥，促进苗情转化　涝渍之后，秧苗长势较弱，土壤肥力流失较大，应及时增施速效肥料，适施磷、钾、钙肥，补足地力，促进苗情转化。

（4）及时防病治虫　作物受涝渍后，植株素质下降，易受病害侵染。应加强病虫测报，适时防病治虫，控制病虫害暴发流行。

3. 因灾绝收地区补改种技术

遵循自然规律和经济规律，根据各种作物的生态适应性和当地退水后夏秋光热资源情况，按受灾类型和受灾程度，因地制宜、总体决策、分类指导。强降水后农田被淹、短期难以排水、在地作物难以挽救、作物绝收的田块，应根据积水排除时间的早迟和农时季节的要求，及早考虑改种其他作物。

① 通过育苗，争取农时，改种高产高效作物。可根据退水的早迟，及早安排育苗。无地育苗的可借地育苗或统一进行工厂化集中育苗，待水退后，组织适时移栽。

② 采取应变技术措施，通过调整播种技术（如催芽直播）、地膜覆盖（旱地）等手段，弥补季节上的限制。

③ 播种时期与改种作物。7 月 20 日前可以改种作物：重点改种早熟玉米、水稻、山芋、花生、芝麻、西瓜、胡萝卜等。

8 月上旬前（立秋前）可以改种作物：重点改种绿豆、饲用玉米、鲜食玉米和蔬菜。适宜的蔬菜种类为黄瓜、番茄、菜豆、空心菜、大白菜、小白菜、秋萝卜等。

8 月 20 日前（处暑前）可以改种作物：重点改种荞麦、速生蔬菜和反季节棚室蔬菜，如食用菌、小白菜、青花菜、芫荽、菠菜、洋葱、黄瓜等。

4. 重点改种作物生产技术

（1）改种双季晚稻　江淮和沿江江南地区扩大晚稻面积，可推广"早翻晚"技术或晚稻催芽直播技术。可选用生育期在 110 天以内的常规早稻品种，播种期不能迟于 7 月 25 日。主要品种有嘉 T 优 15 号、株两优 211、早籼 615 和早籼 788 等。

（2）改种鲜食玉米 选用适宜本地早熟品种，生育期为 75 天左右，可选用粤甜 16 号、珍甜 368、雪甜 1401、奥弗兰、皖甜 210、万糯 2000、天贵糯 932、苏玉糯 2 号、苏玉糯 5 号、苏玉糯 1 号、彩甜糯 6 号、京科糯 2000、凤糯 2146、皖糯 5 号、珍珠糯 8 号等品种。淮北地区播种可延续到 7 月 30 日，江淮地区补种可延续到 8 月 5 日，沿江江南地区秋播补种最迟可到 8 月 10 日。抢时抢墒，宜早不宜迟，鲜食玉米种植密度为 3 500～4 000 株/亩。

（3）改种毛豆 毛豆采收期比常用大豆提早 15～30 天，可以作为涝渍灾后补种作物。可选用生育期短、适宜本地的早熟毛豆品种，生育期为 65～70 天，可选用科蔬一号、95-1、理想 M-7、九月寒、浙鲜 85 等毛豆品种，淮北地区秋播补种最迟可到 7 月下旬，江淮地区秋播补种最迟可到 8 月上旬，沿江江南地区秋播补种最迟可到 8 月中旬。抢时抢墒，宜早不宜迟，改种毛豆适当增加密度，一般亩保苗 2.8 万～3 万株。

（4）改种杂豆 安徽省可以种植的杂豆种类较多，有绿豆、红小豆、饭豆和豇豆等。可选用生育期短的早熟高产品种，例如中绿 1 号（绿豆）、中绿 4 号（绿豆）、中绿 6 号（绿豆）、明绿 3 号、宁豇 3 号（豇豆）、盖地红（豇豆）、八月寒（豇豆）等品种，淮北地区播种不迟于 8 月 4 日，江淮地区播种不迟于 8 月中旬，沿江江南地区秋播补种最迟可到 8 月中旬。抢时抢墒，宜早不宜迟，改种杂豆适当增加密度，一般亩保苗 1.5 万株左右。

（5）改种秋马铃薯 马铃薯生育期短，产量高，效益好，可以作为安徽省洪涝灾害发生后补种、改种的优选作物之一。利用秋季温光资源种植秋马铃薯，选用中早熟品种，如费乌瑞它等，60 天即可采收，马铃薯一般 8 月中旬就要下地种植，最迟种植时期不迟于 9 月上旬。一般行距 60 厘米，株距 20～25 厘米。采用稻草覆盖种植技术更轻简。

（6）改种荞麦 选用适宜本地早熟品种，生育期为 60～70 天。可选用苦荞 1 号、苦荞 2 号、小红花苦荞、甜荞 1 号、甜荞 2 号等品种。淮北地区播种可延续到 8 月 15 日，江淮地区播种不迟于 8 月 20 日，沿江江南地区秋播补种最迟可到 8 月 25 日。抢时抢墒，宜早不宜迟，甜荞以条播为好，行距 40 厘米，亩播种量 2～3 千克。

（7）改种芝麻 选用早熟耐晚播芝麻品种，如豫芝 DS899 等早熟品种，生育期为 70 天左右。淮北地区播种可延续到 7 月 30 日，江淮和沿江江南地区补种最迟可到 8 月 5 日。抢时抢墒，宜早不宜迟。芝麻一般以撒播为主，亩基本苗 1.5 万株左右。

二、抗秋旱促秋种调结构技术

1. 扩大造墒播种面积

（1）适时补水促出苗　小麦、油菜已经播种出苗，但旱情严重的田块，土壤墒情较差，会出现吊苗甚至死苗现象，要及时灌溉，一般可灌一次渗沟水，以沟水浸湿厢面为宜。

（2）抢墒造墒秋种　晚收水稻田，土壤墒情尚可，要及时整地，抢墒播种或者补墒播种。对墒情不足的旱地或者水稻田可采取抗旱灌溉造墒播种。

（3）推广小麦晚播高产技术　晚播小麦冬前积温不足，苗小苗弱，分蘖少或者无分蘖，主要靠主茎成穗。小麦晚播高产技术包括适当加大播种量，增施肥料、增加氮肥追肥比例和次数，提高整地播种质量，温水浸种催芽技术等。

2. 调整优化种植结构

要变被动为主动，积极推进农业供给侧结构性改革，以市场需求为导向，不断调整优化种植业结构，促进农业增效，助力农民增产增收。

（1）扩大饲用作物种植面积　为满足近年来牛羊养殖等草牧业迅速发展的需求，应扩大耐晚播的饲用作物种植面积。

① 饲用大麦。俗话说"大麦看田，一种到年（春节）"，大麦具有晚播早熟、生育期短、产量高等特点。如皖饲啤 14008 等。

② 饲用燕麦。春性饲用燕麦一般播种期为 12 月中旬到元月中下旬，饲用燕麦晚播早熟，生育期短，生物产量高，饲草品质好，可刈割青饲，也适宜青贮。如青引 2 号等。

③ 一年生黑麦草。10 月到翌年 2 月均可种植，是牛、羊、鹅等草食家禽家畜的优质饲料。如长江 2 号、赣选 1 号等。

④ 一年生黑麦。耐瘠，抗性强。青刈叶量大，草质软，蛋白质含量较高，是畜禽的优质饲草。如冬牧 70 黑麦。

⑤ 二月兰。适应性强，耐寒，是很好的景观作物，也是很好的饲用作物。

（2）扩大耐晚播经济作物种植面积

① 马铃薯。安徽省江淮和沿江江南地区马铃薯适宜播种期为 1 月中旬到 2 月上旬。

② 春播多用型油菜。春节前后种植，可作为春季景观植物、蔬菜、家禽家畜的优质饲料，还可以作为肥料（在油菜盛花期后直接还田）。

③ 露地蔬菜种植。现在可直接播种的品种有蚕豆、豌豆、菜薹、菠菜、乌菜、矮脚黄、小青菜、香菜等，最迟到 11 月中旬播种。可采用温水浸种催芽技术。

④ 大棚育苗移栽。大棚育苗移栽的主要品种有莴笋、包心菜等；12月到元月大棚育苗，2月移栽大田。

⑤ 大棚育苗鲜食玉米。2月大棚育苗，3月移栽大田（小拱棚加地膜覆盖）。

三、低温冷害下水稻防灾减灾栽培技术

1. 选用抗寒性强的品种，并合理搭配

在生产中，应选用经过品种抗寒性区域鉴定、早播出苗快、分蘖期抗低温能力强、延迟出穗天数少、灌浆快的品种。同时根据低温气候规律，合理搭配早、晚稻品种，延长生育期。

2. 适时播种，培育壮秧

稻种萌发的最低温度，一般籼稻为 12 ℃，粳稻为 10 ℃，因此早稻播种的最适温度为平均气温≥10 ℃，播后有 3 个以上晴天，或采用保温育秧和工厂化育秧等方法，避开低温连阴雨的影响。应充分利用当地的光热资源，以达到培育壮秧的目的。

3. 以水调温

在最低气温低于 17 ℃的自然条件下，灌水后夜间株间气温比不灌水的高 0.6～1.9 ℃，对花粉母细胞减数分裂期和抽穗期的低温有一定的防御效果，结实率提高5.4%～15.4%。

4. 喷叶面保温剂及其他化学药物、肥料等

喷叶面保温剂是对低温冷害进行防御的应急措施。一般在水稻开花期发生低温冷害时，于当日开花前后时段内喷施各种化学药物和肥料，如磷酸二氢钾、氯化钾、尿素、增产灵、赤霉素、萘乙酸等，都有一定的防治效果。叶面保温剂在水稻秧苗期、减数分裂期和灌浆期施用也都有一定的效果。

四、高温热害下水稻防灾减灾栽培技术

7月中旬到 8 月上旬，江淮和沿江南地区易出现日最高气温高于35 ℃的高温天气，最高温度达到 37～40 ℃，甚至超过 40 ℃。持续高温对处于孕穗到抽穗期特别是抽穗扬花期的水稻影响大，导致开花受精受阻，小花败育，空秕粒增加，造成大幅度减产甚至绝收。应密切关注高温热害预防工作，及时做好各项防控技术措施。

1. 合理安排水稻品种布局，避开炎热的高温天气

不同水稻品种对高温胁迫的敏感性不同，因此选用耐高温较强的稳产型水稻品种以及早熟高产品种进行合理搭配，对降低高温热害胁迫带来的损失有重要意义。利用

耐高温能力较强的品种能减少高温对开花结实的伤害，利用早熟高产品种或适时早播有利于避开高温季节，在高温到来之前或之后度过开花和乳熟前期，以取得大面积的平衡增产。

2. 灌深水，实行以水调温

田间水层保持 5～10 厘米，可降低田间小气候温度 2～3 ℃，减轻热害。尤其是对缺水干旱的田块，要及早提水灌溉，增加田间湿度，防止干旱与高温热害叠加影响。有条件的地方可采取日灌夜排或长流水灌溉。

3. 根外喷肥，增强水稻抗逆能力

根外喷施 3% 过磷酸钙溶液或 0.2% 磷酸二氢钾溶液，外加喷施叶面营养液肥，以增强水稻植株对高温的抗性，提高结实率和千粒重。

4. 追施粒肥，防治后期早衰

对孕穗期受热害较轻的田块，可于破口期前后补追一次粒肥，一般亩施尿素 3～5 千克，恢复植株正常灌浆结实。

5. 防控病虫害，促进植株健壮生长

防病虫害与防热害相结合，水稻主要防治稻飞虱、稻纵卷叶螟、稻瘟病、纹枯病等病虫害。叶面喷施药肥一定要掌握好喷施浓度和喷施时间，溶液浓度不宜过高，过高浓度容易导致植株叶片损伤，影响养分吸收，喷施时间最好是傍晚。

五、旱涝灾害下水稻防灾减灾栽培技术

1. 坚持流域综合治理，从整体上增强综合抵抗能力

通过江河治理和建设，控制雨量，提高防洪能力，保证广大稻区的防洪安全，采取蓄泄兼筹、治标和治本相结合、治水与治山相结合等一系列措施，全面规划，综合治理。

2. 进行农田水利建设，扩大旱涝保收农田面积

综合区域治理，对已有水利工程进行维护、科学管理和配套，充分发挥经济效益，增强抗灾能力。旱涝保收农田在灾年起到以丰补歉的作用，如高温干旱年，加强对具有灌溉条件水稻的管理，争取高产，可以减轻全局灾害损失。

3. 调整水稻布局，选用抗逆品种

根据当地气候特点和变化规律，进行水稻类型和品种合理布局。夏涝灾严重的地区，可扩大早稻面积；经常发生干旱的地区可以采取水稻旱种。应有计划地培育和选用抗旱、耐涝品种。

4. 采用防灾减灾的农业技术措施

通过调节播种期，采用"弹性秧"旱育技术、适当的肥料管理等技术，避开或减

轻旱涝灾害的危害。

5. 加强对灾害机理的综合研究，建立并完善灾害监测、预警系统

在利用大量历史资料研究灾害发生机理和变化规律的基础上，应用现代高科技手段（如 3S 技术），开展旱涝灾害的监测预警系统研究，并投入业务应用，加强对灾害的预报和防御。

第二章
气候智慧型稻茬小麦生产技术

第一节　气候智慧型稻茬小麦栽培技术

一、品种选用技术

1. 稻茬小麦品种选择的基本要求

稻茬小麦主要分布在处于北亚热带向南暖温带过渡地带的沿淮和淮河以南，该地区自然条件错综复杂、地理地貌迥异，光、热、水等自然因素年际间变幅大，气候、土壤等条件呈现明显的过渡性地带特征。南北方农业特色交织在一起，形成了温暖湿润的以稻麦两熟为主的独特的过渡性生态类型区。南北方品种在过渡性生态类型区内的利用都有很大的局限性，南方小麦品种在该区大多表现为抗锈性差、产量低、抗倒春寒能力弱；北方品种在该区大多表现为耐湿性差、不抗赤霉病、成熟较晚、灌浆较慢。此外，该区土质黏重，通透性差，有坚实的犁底层，坷垃大、湿度大、渍害重，南北方多种病虫草害频繁发生且较重，如条叶锈病、白粉病、赤霉病、纹枯病、叶枯病等病害，红蜘蛛、黏虫等虫害，看麦娘等草害。上述土壤、气候和生物条件造成该区域小麦生产前期难以精耕细作，后期常形成高温高湿逼熟、产量低而不稳定等。因此，选择合适的稻茬小麦品种，对于该区域小麦的高产稳产具有重要意义。

选用通过国家或安徽省品种审定委员会审定（认定），种子质量符合国家标准的品种。根据沿淮地区和江淮地区的土壤和气候条件，宜选用抗病尤其是对赤霉病的综合抗性较强、耐涝渍、抗倒伏、抗穗发芽、耐倒春寒和耐干热风、谷草比高、综合抗性好、稳产高产的小麦品种。

2. 沿淮及江淮稻茬小麦品种简介

（1）烟农 19

审定编号： 鲁农审字〔2001〕001 号。

选育单位： 山东省烟台市农业科学研究院。

品种来源： 烟 1933/陕 82-29。

特征特性：冬性，幼苗半匍匐，叶片深黄绿色，上冲，株型较紧凑，分蘖力强，成穗率中等。两年区域试验平均生育期 245 天，比鲁麦 14 号晚熟 1～2 天，熟相较好。株高 90 厘米左右，亩有效穗数 40 万～45 万穗，穗粒数 32～40 粒，千粒重 38～45 克，容重 770～790 克/升。穗纺锤形，长芒，白壳，白粒，硬质，籽粒较饱满，抗倒性一般。

抗性表现：中感条锈病、叶锈病，感白粉病。田间种植中感赤霉病。

品质表现：粗蛋白含量 15.1%，湿面筋含量 33.5%，沉降值 40.2 毫升，吸水率 57.24%，形成时间 4 分钟，稳定时间 13.5 分钟。

产量表现：1997—1999 年参加了山东省小麦高肥乙组区域试验，两年平均亩产 483.6 千克，比对照鲁麦 14 号减产 0.3%；1999—2000 年高肥组生产试验，平均亩产 479.36 千克，比对照鲁麦 14 号增产 1.3%。

栽培要点：10 月上旬播种亩基本苗 10 万～12 万株，10 月中旬播种亩基本苗 12 万～18 万株，10 月下旬播种亩基本苗 18 万～25 万株，11 月播种基本苗可增至 30 万株左右。亩施纯氮 12～16 千克（其中基肥占 70%～80%，拔节肥占 20%～30%），五氧化二磷 4～8 千克，氧化钾 6～8 千克。春季亩茎蘖数超过 100 万株的田块可在起身期化控。后期注意蚜虫、赤霉病防治。

适宜区域：该品种适合安徽省沿淮淮北种植。

（2）安农 0711

审定编号：皖麦 2014002。

选育单位：安徽农业大学。

品种来源：烟农 19/安农 0016（来源于百农 64/豫麦 18），经系谱法育成。

特征特性：幼苗半匍匐，叶短宽、色浓绿。春季起身较早，旗叶上举，株型较紧凑。穗近长方形，长芒、白壳、白粒，籽粒角质，较抗穗发芽。2009—2010、2010—2011 两年度区域试验结果：平均株高 85 厘米，亩穗数为 42 万穗，穗粒数 35 粒，千粒重 42 克。全生育期 230 天左右，比对照品种皖麦 50 晚熟 1 天。

抗性表现：经安徽农业大学接种抗性鉴定，2010 年中感白粉病（6 级）、中感赤霉病（平均严重度 3.25）、感纹枯病（病指 51）；2011 年中感白粉病（6 级），中感赤霉病（严重度 3.50），感纹枯病（病指 56）。

品质表现：经农业部谷物及制品质量监督检验测试中心（哈尔滨）检验，2010 年品质分析结果，籽粒容重 816 克/升，粗蛋白（干基）含量 14.59%，湿面筋含量 29.40%，面团稳定时间 1.6 分钟，吸水量 66.8 毫升/100 克粉，硬度指数 68.5；2011 年品质分析结果，容重 838 克/升，粗蛋白（干基）含量 15.31%，湿面筋含量 34.55%，面团稳定时间 3.0 分钟。

产量表现：在一般栽培条件下，2009—2010 年度区域试验亩产 567.50 千克，较对照品种增产 6.30%（极显著）；2010—2011 年度区域试验亩产 548.00 千克，较对照品种增产 2.10%（不显著）。2011—2012 年度生产试验亩产 495.80 千克，较对照品种增产 4.30%。

栽培要点：①适宜播种期为 10 月上中旬，适宜播种量 8～12 千克。②亩施纯氮 16～18 千克、五氧化二磷 6～8 千克、氧化钾 6～8 千克。磷、钾肥作基肥施入，氮肥 60% 左右作基肥，40% 左右作追肥。③及时防治纹枯病、白粉病、赤霉病和穗蚜等病虫草害。④抽穗至灌浆期及时开展"一喷三防"，提高粒重。

适宜区域：适宜淮北区和淮北沿淮区种植。

（3）淮麦 33

审定编号：国审麦 2014001。

选育单位：江苏徐淮地区淮阴农业科学研究所。

品种来源：烟农 19/郑麦 991。

特征特性：半冬性中晚熟品种，全生育期 228 天，与对照周麦 18 熟期相当。幼苗半匍匐，苗势壮，叶片宽长，叶色青绿，冬季抗寒性较好。冬前分蘖力较强，成穗率中等。春季起身拔节较快，两极分化快，耐倒春寒能力中等。后期耐高温能力较好，熟相中等。株高 83 厘米，茎秆弹性较好，抗倒性较好。株型紧凑，旗叶宽，上冲，叶色深绿，茎秆蜡质重，穗层整齐。穗近长方形，穗长码密，长芒。白壳，白粒，籽粒椭圆形，角质，饱满度较好，黑胚率低。亩穗数 38.7 万穗，穗粒数 36.7 粒，千粒重 39.2 克。

抗性表现：抗病性鉴定：中感条锈病，高感白粉病、叶锈病、赤霉病、纹枯病。

品质表现：品质混合样测定，籽粒容重 803 克/升，蛋白质（干基）含量 14.78%，硬度指数 65.5，面粉湿面筋含量 33%，沉降值 35.4 毫升，吸水率 57.5%，面团稳定时间 4.9 分钟。

产量表现：2011—2012 年度参加黄淮冬麦区南片冬水组品种区域试验，平均亩产 501.3 千克，比对照周麦 18 增产 4.7%；2012—2013 年度续试，平均亩产 507.1 千克，比对照周麦 18 增产 9.9%。2013—2014 年度生产试验，平均亩产 595.6 千克，比对照周麦 18 增产 6.1%。

栽培要点：适宜播种期为 10 月上中旬，亩基本苗 12 万～18 万株，注意防治叶锈病、赤霉病、白粉病和纹枯病。

（4）淮麦 22

审定编号：国审麦 2007005。

选育单位：江苏徐淮地区淮阴农业科学研究所。

品种来源：淮麦 18/扬麦 158。

特征特性：中晚熟，成熟期比对照豫麦 49 晚 1 天。幼苗匍匐，叶小、叶色深绿，分蘖力强，成穗率中等。株高85厘米左右，株型稍松散，旗叶窄短、上冲，蜡质多，长相清秀，穗层不太整齐，穗码密，结实性好。穗纺锤形，长芒，白壳，白粒，籽粒半角质，饱满度中等，黑胚率低，外观商品性好。平均亩穗数40.3万穗，穗粒数33.0粒，千粒重39.7克。

抗性表现：冬季抗寒性强，春季起身晚，发育慢，抽穗迟，抗倒春寒能力较好。易早衰，熟相一般。茎秆弹性较好，较抗倒伏。抗病性鉴定：高抗秆锈病，中感白粉病、纹枯病，高感条锈病、叶锈病、赤霉病。区试田间表现：高感叶枯病。

品质表现：2005年、2006年分别测定混合样，籽粒容重分别为793克/升、788克/升，蛋白质（干基）含量分别为13.28%、13.71%，湿面筋含量分别为26.1%、27.1%，沉降值分别为28.1毫升、28.6毫升，吸水率分别为52.2%、54.2%，稳定时间分别为6.6分钟、5.5分钟。

产量表现：2004—2005年度参加黄淮冬麦区南片冬水组品种区域试验，平均亩产505.8千克，比对照豫麦49增产4.24%；2005—2006年度续试，平均亩产552.8千克，比对照1新麦18增产6.22%，比对照2豫麦49增产6.76%。2006—2007年度生产试验，平均亩产541.6千克，比对照新麦18增产9.0%。

栽培要点：适宜播期为10月上中旬，每亩适宜基本苗10万～14万株。注意防治条锈病、叶锈病和赤霉病。

适宜区域：适宜在黄淮冬麦区南片的河南中北部、安徽北部、江苏北部、陕西关中地区、山东菏泽地区中高肥力地块种植。

（5）济科33

审定编号：皖麦2015005。

选育单位：安徽新世纪农业有限公司。

品种来源：烟农19/济科19，经系谱法选育而成。

特征特性：幼苗半匍匐，叶色中绿，叶较窄。分蘖力强，成穗率高。株型半紧凑，旗叶短小斜挺，有干叶尖。穗纺锤形、长芒、白壳、白粒，籽粒角质。2011—2012、2012—2013两年度区域试验结果：平均株高84厘米，亩穗数为43.6万穗，穗粒数35.4粒，千粒重36.5克。全生育期227天左右，比对照品种皖麦50迟熟1天。

抗性表现：2012年中抗白粉病（4级），中感赤霉病（平均严重度3.20），感纹枯病（病指49）；2013年中感白粉病（6级），中抗赤霉病（平均严重度2.70），中感纹枯病（病指34）。

品质表现：经检验，2012年、2013年品质分析结果，籽粒容重分别为840克/升、800克/升，粗蛋白（干基）含量分别为14.91%、13.66%，湿面筋含量分别为32.2%、30.5%，面团稳定时间分别为10.0分钟、9.4分钟。

产量表现：2011—2012年度区试亩产519.50千克，较对照增产7.83%（极显著）；2012—2013年度区试亩产517.60千克，较对照增产10.70%（极显著）。2013—2014年度生产试验亩产589.30千克，较对照皖麦52增产7.30%。

栽培要点：①播期。10月10～30日，最佳播期10月15～25日。

②播量（密度）。适宜播量为8～10千克/亩，亩留基本苗15万～20万株。

③施肥。亩施复合肥（N-P-K，15-15-15）50千克，尿素10千克作为基肥应用。

④灌水。播种期如遇干旱，建议抗旱播种；灌浆期如遇干旱浇灌浆水，保证灌浆充分。

⑤注意防治地下害虫及穗蚜等病虫害。

适宜区域：适宜淮北区和沿淮地区种植。

（6）安科1303

审定编号：皖审麦2017005。

选育单位：安徽省农业科学院作物研究所。

品种来源：泰山241/西农1718。

特征特性：半冬性，全生育期222天，熟期与对照皖麦52相当。幼苗半匍匐，长势一般。春季生长发育稳健，两极分化稍慢。分蘖力中等，成穗率高。株高84厘米左右，株型松散，茎秆被蜡质，茎秆弹性好，抗倒性好；旗叶上举，叶片深绿色，穗子较小，结实性好，落黄及熟相较佳。长芒、白壳、白粒、穗纺锤形。2015年、2016年亩穗数平均分别为50万穗、45万穗，穗粒数分别为31粒、33粒，千粒重分别为40克、38克。

抗性表现：区试田间试验部分试点中感白粉病，有颖枯病，中感至高感叶枯病。高感赤霉病，中感条锈病和纹枯病，慢叶锈病，白粉病免疫。2015年中抗赤霉病（严重度2.9），中抗白粉病（病级3级），感纹枯病（病指50）；2016年中感赤霉病（严重度3.2），中抗白粉病（病级3级），感纹枯病（病指42）。

品质表现：2015年、2016年品质分析结果，容重分别为819克/升、792克/升，粗蛋白（干基）含量分别为14.09%、14.04%，湿面筋（以14%水分计）含量分别为29.7%、30.0%。

产量表现：2014—2015年度区域试验平均亩产554.4千克，较对照皖麦52增产7.43%（极显著）。2015—2016年度区域试验平均亩产489.8千克，较对照皖麦52增产2.11%（不显著）。2016—2017年度区域试验平均亩产544.0千克，较对照皖麦52增产6.09%。

栽培要点：①适宜播期。10月上中旬。②合理密度。亩基本苗16万～20万株，晚播适当加大播量。③科学施肥。在增施有机肥的基础上，氮、磷、钾肥配合，基施、追施结合，适时追施拔节肥。④田间管理。注意防治赤霉病、纹枯病等病害。

适宜区域：适宜在安徽沿淮、淮北地区推广种植，需要注意对赤霉病、纹枯病等病害进行防治。

（7）皖垦麦0901

审定编号： 皖麦2014001。

选育单位： 安徽皖垦种业股份有限公司。

品种来源： 煤生0308/淮核0308，经系谱法选育而成。

特征特性： 幼苗半匍匐，叶片稍宽，春季起身早，两极分化快。旗叶上举，株型较紧凑，后期干叶尖。长芒，穗近长方形，白壳、白粒，籽粒角质到半角质，有少量黑胚。2010—2011、2011—2012两年度区域试验结果：平均株高78厘米，亩穗数为43万穗，穗粒数36粒，千粒重37克。全生育期227天左右，与对照皖麦50相当。

抗性表现： 经安徽农业大学接种抗性鉴定，2011年中感白粉病（5级），中感赤霉病（平均严重度3.20），感纹枯病（病指55）；2012年中抗白粉病（4级），中感赤霉病（平均严重度3.10），高感纹枯病（病指62）。

品质表现： 经农业部谷物及制品质量监督检验测试中心（哈尔滨）检验，2011年品质分析结果，容重842克/升，粗蛋白（干基）含量14.05%，湿面筋含量29.08%，面团稳定时间8.2分钟，吸水量52.7毫升/100克粉，硬度指数55.5；2012年品质分析结果，容重833克/升，粗蛋白（干基）含量14.72%，湿面筋含量26.9%，面团稳定时间13.5分钟。

产量表现： 在一般栽培条件下，2010—2011年度区域试验亩产562.40千克，较对照品种增产4.60%（不显著）；2011—2012年度区域试验亩产507.60千克，较对照品种增产5.87%（显著）。2012—2013年度生产试验亩产489.40千克，较对照品种增产16.3%。

栽培要点： ①播期与密度。适宜播期为10月10～25日，每亩基本苗12万～18万株。②施肥量。亩施纯氮16～18千克、五氧化二磷10千克、氧化钾6千克。磷、钾肥作基肥施入，氮肥50%～60%作基肥，40%～50%作追肥。③田间管理与病虫草害防治。田间排水防渍害，及时防治病虫草害。

适宜区域： 适宜在安徽沿淮、淮北地区推广种植，需要注意对赤霉病、纹枯病等病害进行防治。

（8）徐农029

审定编号： 苏审麦20160007、皖引麦2017011。

选育单位： 江苏徐农种业科技有限公司。

品种来源： 淮麦20/矮抗58。

特征特性： 半冬性中熟品种，成熟期与对照品种淮麦20相当。幼苗半匍匐，叶片短小，叶色深绿，前期长势慢，抗寒性较好。分蘖力较强，成穗数较多。株型较松散，剑叶适中、挺，叶色绿色，茎秆弹性一般。穗纺锤形，穗长码稀，长芒、白壳、白粒，籽粒角质。区试平均结果：全生育期 217 天，株高 84.0 厘米，每亩有效穗 40.4 万穗，每穗 33.9 粒，千粒重 41.5 克。落黄晚，后期叶功能期长，成熟中等，熟相好。

抗性表现： 中感-中抗赤霉病（严重度 1.75～2.58），中感纹枯病，高感白粉病，中抗黄花叶病。经江苏省农业科学院粮食作物研究所鉴定：中抗穗发芽。

品质表现： 容重 820 克/升，粗蛋白含量 13.1%，湿面筋含量 28.5%，稳定时间 7.1 分钟，硬度指数 68.1。

产量表现： 2013—2015 年度参加江苏省淮北晚播组小麦区域试验，两年平均亩产 527.9 千克，较对照郑麦 9023 增产 9.6%；较对照淮麦 20 增产 3.5%。2015—2016 年度参加生产试验，平均亩产 536.65 千克，较对照淮麦 20 增产 2.9%。

栽培要点： ①播期弹性较大，最适播期为 10 月 10～25 日。②一般每亩基本苗 15 万～25 万株，肥力水平偏低或播期推迟，应适当增加。③一般亩施纯氮 14～16 千克，配合施用磷、钾肥。氮肥基苗肥占 50%，拔节孕穗肥占 50%。田间沟系配套，注意防涝抗旱。④冬前及早春及时防除田间杂草，注意防治纹枯病、赤霉病、白粉病和蚜虫等病虫害。

适宜区域： 适宜在江苏省、安徽省沿淮麦区及淮北麦区晚茬口种植。

（9）宁麦 13

审定编号： 国审麦 2006004。

选育单位： 江苏省农业科学院粮食作物研究所。

品种来源： 宁麦 9 号系选。

特征特性： 春性，全生育期 210 天左右，比对照扬麦 158 晚熟 1 天。幼苗直立，叶色浓绿，分蘖力一般，两极分化快，成穗率较高。株高 80 厘米左右，株型较松散，穗层较整齐。穗纺锤形，长芒，白壳，红粒，籽粒较饱满，半角质。平均亩穗数 31.5 万穗，穗粒数 39.2 粒，千粒重 39.3 克。抗寒性比对照扬麦 158 弱，抗倒力中等偏弱，熟相较好。

抗性表现： 中抗赤霉病，中感白粉病，高感条锈病、叶锈病、纹枯病。

品质表现： 2003 年、2004 年分别测定混合样，籽粒容重分别为 790 克/升、798 克/升，蛋白质（干基）含量分别为 12.50%、12.44%，湿面筋含量分别为 27.1%、25.8%，沉降值分别为 36.2 毫升、35.7 毫升，稳定时间分别为 5.7 分钟、6.1 分钟。

产量表现： 2003—2004 年度参加长江中下游冬麦组品种区域试验，平均亩产 419.01 千克，比对照扬麦 158 增产 4.70%（不显著）；2004—2005 年度续试，平均亩产 420.91 千克，比对照扬麦 158 增产 6.79%（极显著）。2005—2006 年度生产试验，鄂、皖、苏、浙四省平均亩产 400.01 千克，比对照扬麦 158 增产 12.31%；河南信阳点平均亩产 443.7 千克，比对照豫麦 18 增产 19.5%。

栽培要点：①适期早播，争壮苗越冬。播期以 10 月底为宜，江淮之间的播期以 10 月 25 日至 10 月底为宜。②适期密植。每亩基本苗以 15 万株左右为宜。③科学施肥，节氮增磷、钾，保品质。每亩施纯氮 15 千克左右为宜，每亩施磷、钾肥 5 千克左右。氮肥中基肥与追肥的比例为 7∶3。④防治病害，确保优质高产。拔节期，每亩用 20%纹霉净 150～200 克或 5%井冈霉素 400～500 克，加水 20～25 千克，用弥雾机弥雾防治纹枯病，并确保药液能淋到茎基部发病部位；抽穗扬花期（10%麦穗见花药），防治赤霉病、白粉病和锈病。

适宜区域：适宜在长江中下游冬麦区的江苏和安徽两省淮南地区、湖北省鄂北麦区、河南信阳地区种植。

（10）镇麦 9 号

审定编号：苏审麦 201001。

选育单位：江苏丘陵地区镇江农业科学研究所。

品种来源：苏麦 6 号/97G59。

特征特性：幼苗直立，叶片宽挺，色深。分蘖力较强，成穗数中等，抗寒性较强。株型稍松散，耐肥抗倒性强。穗层整齐，后期熟相好。穗纺锤形，小穗排列稍稀。长芒、白壳、红粒，籽粒长卵形、硬质、饱满度好，千粒重高。全生育期 208.8 天，较对照迟熟 2～3 天；株高 85.8 厘米，每亩有效穗 30.3 万穗，每穗 37.0 粒，千粒重 45.9 克。

抗性表现：中抗赤霉病、白粉病，中感纹枯病，中抗黄花叶病。

品质表现：容重 783 克/升，粗蛋白含量 13.63%，湿面筋含量 27.5%，稳定时间 16.8 分钟。

产量表现：2007—2008 年度和 2008—2009 年度参加江苏省区域试验，两年平均亩产 509.9 千克，较对照扬麦 11 增产 5.6%。2009—2010 年度参加生产试验，平均亩产 432.6 千克，较对照扬麦 11 增产 9.1%。

栽培要点：①适期播种。10 月下旬至 11 月上旬均可播种，最适播期为 10 月底至 11 月 5 日。②合理密植。适期播种基本苗每亩 15 万株左右，迟播及肥力差的田块适当增加。③肥水管理。高产田亩施纯氮 18 千克左右，基苗肥占 60%～70%，拔节孕穗肥占 30%～40%。配合施用足量的磷、钾肥。田间沟系配套，防止明涝暗渍。④病虫草害防治。及时化学除草，中后期注意防治赤霉病、白粉病及蚜虫等病虫。⑤及时收获。蜡熟末期抓紧收获，确保丰产丰收。

适宜区域：适宜在安徽省淮河以南区域种植。

（11）扬麦 13

审定编号：皖品审 02020346。

选育单位：江苏里下河地区农科所。

品种来源：扬 84-84//Maristorve/扬麦 3 号。

特征特性：该品系春性，中早熟，熟期与扬麦 158 相仿。幼苗直立，长势旺盛，株高 85 厘米左右，茎秆粗壮，植株整齐。长芒、白壳、红粒、粉质。大穗大粒，分蘖力中等，成穗率高，每亩有效穗 28 万～30 万穗，每穗结实粒数 40～42 粒，千粒重 40 克。灌浆速度快，熟相好。

抗性表现：抗白粉病，纹枯病轻，中感-中抗赤霉病，耐肥抗倒。

品质表现：2003 年农业部谷物品质监督检测测试中心检测结果为粗蛋白（干基）含量 10.24%，湿面筋含量 19.7%，沉降值 23.1 毫升，稳定时间 1.1 分钟。品种品质达国家弱筋小麦标准。

产量表现：1998—2001 年三年参加安徽省淮南片区试，平均亩产比对照扬麦 158 增产 3.03%；2001—2002 年生产试验，比对照减产 0.15%。一般亩产 320 千克左右。

适宜区域：适宜在安徽省淮河以南区域种植。

（12）安农 1124

审定编号：国审麦 20180004。

选育单位：安徽农业大学、安徽隆平高科种业有限公司。

品种来源：02P67//矮早 781/扬麦 158。

特征特性：春性，全生育期 199 天，比对照品种扬麦 20 早熟 1 天。幼苗直立，叶色淡绿，分蘖力中等偏弱。株高 88.0 厘米，株型较松散，抗倒性较好。穗层整齐度一般，熟相中等。穗纺锤形，长芒、白壳、红粒，籽粒角质。亩穗数 30.9 万穗，穗粒数 36.4 粒，千粒重 41.3 克。

抗性表现：高感条锈病，中感赤霉病和纹枯病，慢叶锈病，中抗白粉病。

品质表现：2006 年、2007 年分别测定混合样，容重分别为 778 克/升、795 克/升，蛋白质（干基）含量分别为 13.52%、13.59%，湿面筋含量分别为 27.5%、28.5%，沉降值分别为 33.2 毫升、29.2 毫升，稳定时间分别为 3.7 分钟、2.8 分钟。

产量表现：2014—2015 年度参加长江中下游冬麦组品种区域试验，平均亩产 410.3 千克，比对照扬麦 20 增产 2.6%；2015—2016 年度续试，平均亩产 414.5 千克，比对照扬麦 20 增产 7.3%。2016—2017 年度生产试验，平均亩产 448.0 千克，比对照增产 6.8%。

栽培要点：适宜播种期为 10 月下旬至 11 月初，每亩适宜基本苗 16 万株左右。注意防治蚜虫、红蜘蛛、条锈病、赤霉病、纹枯病和叶锈病等病虫害。

适宜区域：适宜在江苏安徽淮南地区、河南信阳地区种植。

（13）镇麦 168

审定编号：国审麦 2007004。

选育单位: 江苏丘陵地区镇江农业科学研究所。

品种来源: 苏麦6号/97G59。

特征特性: 春性,全生育期208天左右,与对照扬麦158相当。幼苗半直立,叶色淡绿,分蘖力中等,两极分化较快,成穗率较高。株高85厘米左右,株型半紧凑,穗层较整齐。穗纺锤形,长芒,白壳,红粒,籽粒半角质,较饱满。平均亩穗数33.6万穗,穗粒数35.1粒,千粒重40.4克。抗寒性与对照相当,抗倒力较强,熟相好。

抗性表现: 中抗赤霉病、纹枯病,慢叶锈病,中感条锈病,中感至高感秆锈病、高感白粉病。

品质表现: 2005年、2006年分别测定混合样,容重分别为801克/升、797克/升,蛋白质(干基)含量分别为14.73%、14.02%,湿面筋含量分别为33.0%、28.2%,沉降值分别为48.8毫升、47.5毫升,吸水率分别为60.6%、60.8%,稳定时间分别为9.3分钟、10.9分钟。

产量表现: 2004—2005年度参加长江中下游冬麦组品种区域试验,平均亩产395.4千克,比对照扬麦158增产0.31%;2005—2006年度续试,平均亩产392.1千克,比对照扬麦158增产0.58%。2006—2007年度生产试验,鄂皖苏浙四省平均亩产410.3千克,比对照扬麦158增产4.83%;河南信阳点平均亩产515.8千克,比对照豫麦18增产6.2%。

栽培要点: 适宜播期10月下旬至11月上旬,每亩适宜基本苗15万~18万株。增施磷、钾肥,合理运筹氮素肥料,发挥其强筋品质优势。注意防治白粉病、叶锈病等病害。

适宜区域: 适宜在江苏安徽淮南地区、河南信阳地区种植。

(14)苏麦188

审定编号: 国审麦2012005。

选育单位: 江苏丰庆种业科技有限公司。

品种来源: 扬辐麦2号系选。

特征特性: 春性品种,成熟期比对照扬麦158晚1天。幼苗半直立,叶色浓绿、叶片上冲,分蘖力强,成穗率高。株高平均81厘米,株型紧凑,长相清秀,茎秆粗壮有蜡质。穗层整齐,熟相好。穗纺锤形,长芒,白壳,红粒,籽粒椭圆形、粉质、饱满。2011年、2012年区域试验平均亩穗数分别为36.2万穗、34.4万穗,穗粒数分别为37.7粒、38.1粒,千粒重分别为42.1克、38.7克。

抗性表现: 中抗赤霉病,高感条锈病、叶锈病、白粉病、纹枯病。

品质表现: 2008年、2009年分别测定混合样,籽粒容重分别为816克/升、774克/升,蛋白质含量分别为12.60%、12.46%,面粉湿面筋含量分别为26.1%、

27.4%、沉降值分别为 28.0 毫升、31.5 毫升，面团稳定时间分别为 5.1 分钟、5.9 分钟。

产量表现：2010—2011 年度参加长江中下游冬麦组区域试验，平均亩产494.2 千克，比对照扬麦 158 增产 9.9%；2011—2012 年度续试，平均亩产 421.1 千克，比扬麦 158 增产 10.3%。2011—2012 年度生产试验，平均亩产 449.4 千克，比对照增产 11.1%。

栽培要点：①10 月下旬至 11 月中旬播种，亩基本苗 15 万株左右，迟播适当增加播种量。②注意防治白粉病、纹枯病、条锈病、叶锈病和赤霉病等病虫害。

适宜区域：适宜在江苏安徽淮南地区、河南信阳地区种植。

（15）扬麦 22

审定编号：国审麦 2012004。

选育单位：江苏里下河地区农业科学研究所。

品种来源：扬麦 9 号/97033-2。

特征特性：春性品种，成熟期比对照扬麦 158 晚熟 1～2 天。幼苗半直立，叶片较宽，叶色深绿，长势较旺，分蘖力较好，成穗数较多。株高平均 82 厘米。穗层较整齐，穗近长方形，长芒，白壳，红粒，粉质，籽粒较饱满。2010 年、2011 年区域试验平均亩穗数分别为 30.4 万穗、33.8 万穗，穗粒数分别为 38.5 粒、39.8 粒，千粒重分别为 38.6 克、39.6 克。

抗性表现：高抗白粉病，中感赤霉病，高感条锈病、叶锈病、纹枯病。

品质表现：2010 年、2011 年分别测定混合样，籽粒容重分别为 778 克/升、796 克/升，蛋白质含量分别为 13.73%、13.70%，面粉湿面筋含量分别为 24.6%、30.6%，沉降值分别为 24.6 毫升、34.0 毫升，面团稳定时间分别为 1.4 分钟、4.5 分钟。

产量表现：2009—2010 年度参加长江中下游冬麦组区域试验，平均亩产 426.7 千克，比对照扬麦 158 增产 5.1%；2010—2011 年度续试，平均亩产 468.9 千克，比对照扬麦 158 增产 4.3%。2011—2012 年度生产试验，平均亩产 449.9 千克，比对照增产 11.2%。

栽培要点：①10 月下旬至 11 月上旬播种，亩基本苗 16 万株左右。②合理运筹肥料，根据土壤肥力状况，合理配合使用氮、磷、钾肥。③适时搞好化学除草，控制杂草滋生危害，注意防治蚜虫、条锈病、叶锈病、纹枯病和赤霉病等病虫害。

适宜区域：适宜在长江中下游冬麦区的江苏和安徽两省淮南地区、湖北中北部、河南信阳地区种植。

（16）扬麦 15

审定编号：苏审麦 200502。

选育单位：江苏里下河地区农业科学研究所。

品种来源：扬 89-40/川育 21526。

特征特性：该品种春性，中熟，比对照扬麦 158 迟熟 2 天；分蘖力较强，株型紧凑，株高 80 厘米，抗倒性强。幼苗半直立，生长健壮，叶片宽长，叶色深绿，长相清秀。穗棍棒形，长芒、白壳，大穗大粒，籽粒红皮粉质，每穗 36 粒，籽粒饱满，粒红，千粒重 42 克。分蘖力中等，成穗率高，每亩 30 万穗左右。

抗性表现：中抗至中感赤霉病，中抗纹枯病，中感白粉病。耐肥抗倒，耐寒、耐湿性较好。

品质表现：2003 年农业部谷物品质监督检验测试中心检测结果为水分含量 9.7%，粗蛋白（干基）含量 10.24%，容重 796 克/升，湿面筋含量 19.7%，沉降值 23.1 毫升，吸水率 54.1%，形成时间 1.4 分钟，稳定时间 1.1 分钟，达到国家优质弱筋小麦的标准，适宜作为优质饼干、糕点专用小麦生产。

栽培要点：①适期播种。适宜播期为 10 月下旬至 11 月初，最适播期为 10 月 24～31 日。②合理密植。适期播种每亩基本苗 16 万株左右，迟播应适当增加播种量。③肥水运筹。作为弱筋小麦种植，一般每亩施纯氮 12 千克，肥料运筹为基肥：平衡肥：拔节孕穗肥＝7：1：2。基肥应由有机肥与无机肥结合，注意磷、钾肥的配合使用。田间沟系配套，防止明涝暗渍。④病虫草害防治。及时化学防除杂草，加强赤霉病的防治，并根据病虫测报及时做好白粉病、纹枯病及蚜虫等的防治。⑤及时收获。成熟后（蜡熟末期）应抓紧收获，以确保丰产丰收。

产量表现：2001—2003 年度参加江苏省区域试验，两年平均亩产 352.0 千克，比对照扬麦 158 增产 4.61%。2003—2004 年度生产试验平均亩产 424.42 千克，较对照扬麦 158 增产 9.41%。

适宜区域：适宜在安徽、江苏两省淮南麦区推广种植。

（17）宁麦 18

审定编号：国审麦 2012003。

选育单位：江苏省农业科学院农业生物技术研究所、江苏中江种业股份有限公司。

品种来源：宁 9312/扬 93-111。

特征特性：春性品种，成熟期比对照扬麦 158 晚 1 天。幼苗半直立，叶色淡绿，分蘖力较强，成穗率中等。株高平均 89 厘米，株型略松散，叶片略披。抗倒性中等偏低。穗层整齐，穗纺锤形，长芒、白壳，红粒，籽粒半角质-粉质，籽粒较饱满。2009 年、2010 年区域试验平均亩穗数分别为 29.7 万穗、32.7 万穗，穗粒数分别为 43.0 粒、42.7 粒，千粒重分别为 35.3 克、35.0 克。

抗性表现：中抗赤霉病，中感白粉病，高感条锈病、叶锈病和纹枯病。

品质表现：2009 年、2010 年分别测定混合样，籽粒容重分别为 808 克/升、780 克/升，蛋白质含量分别为 12.4％、12.5％，面粉湿面筋含量分别为 24.1％、23.8％，沉降值分别为 22.2 毫升、32.2 毫升，面团稳定时间分别为 2.8 分钟、1.3 分钟。

产量表现：2008—2009 年度参加长江中下游冬麦组区域试验，平均亩产 433.1 千克，比对照扬麦 158 增产 6.5％；2009—2010 年度续试，平均亩产 442.7 千克，比对照扬麦 158 增产 9.1％。2010—2011 年度生产试验，平均亩产 447.7 千克，比对照增产 7.2％。

栽培要点：①10 月下旬至 11 月上旬播种。亩基本苗，高产田块 12 万株左右，中等肥力田块 15 万株左右。②注意防治条锈病、叶锈病、白粉病、纹枯病、蚜虫等病虫害。

适宜区域：适宜在江苏安徽淮南地区、河南信阳地区种植。

（18）扬麦 20

审定编号：国审麦 2010002。

选育单位：江苏里下河地区农业科学研究所。

品种来源：扬麦 10 号/扬麦 9 号。

特征特性：春性，成熟期比对照扬麦 158 早熟 1 天。幼苗半直立，分蘖力较强。株高 86 厘米左右。穗层整齐，穗纺锤形，长芒，白壳，红粒，籽粒半角质、较饱满。2009 年、2010 年区域试验平均亩穗数分别为 28.6 万穗、28.8 万穗，穗粒数分别为 42.8 粒、41.0 粒，千粒重分别为 41.9 克、41.0 克。

抗性表现：高感条锈病、叶锈病、纹枯病，中感白粉病、赤霉病。

品质表现：2009 年、2010 年分别测定混合样，籽粒容重分别为 794 克/升、782 克/升，蛋白质含量分别为 12.10％、12.97％，面粉湿面筋含量分别为 22.7％、25.5％，沉降值分别为 26.8 毫升、29.5 毫升，面团稳定时间分别为 1.2 分钟、1.0 分钟。

产量表现：2008—2009 年度参加长江中下游冬麦组品种区域试验，平均亩产 423.3 千克，比对照扬麦 158 增产 6.3％；2009—2010 年度续试，平均亩产 419.7 千克，比对照扬麦 158 增产 3.4％。2009—2010 年度生产试验，平均亩产 389.4 千克，比对照品种增产 4.6％。

栽培要点：适播期 10 月下旬至 11 月上旬，最适播期 10 月 24 至 31 日，每亩适宜基本苗 16 万株左右。合理运筹肥料，每亩施纯氮 14 千克左右，肥料运筹为基肥：平衡肥：拔节孕穗肥＝7∶1∶2。注意防治条锈病、叶锈病、赤霉病。该品种不抗土传小麦黄花叶病毒病。

适宜区域：适宜在江苏安徽淮南地区、河南信阳地区种植。

（19）镇麦 12

审定编号： 苏审麦 201501、皖引麦 2017025。

选育单位： 江苏丘陵地区镇江农业科学研究所。

品种来源： 镇麦 168 系选。

特征特性： 幼苗直立，叶色较深；分蘖力中等偏弱；株型偏松散，茎秆粗壮，抗倒性较好；穗近长方形，长芒、白壳、红粒，硬质。区试平均结果：全生育期 211.2 天，较对照长 1.6 天；株高 81.8 厘米，每亩有效穗 30.1 万穗，每穗 36.16 粒，千粒重 45.84 克。

抗性表现： 中抗赤霉病，中感白粉病和纹枯病，高抗黄化叶病，抗穗发芽。2018 年引种鉴定试验，中抗条锈病，高感叶锈病，中感白粉病，中感赤霉病，中感纹枯病。

品质表现： 两年区试测定平均结果为容重 784 克/升，粗蛋白含量 15.24%，湿面筋含量 32.9%，稳定时间 14.1 分钟，硬度指数 69.3。

产量表现： 2012—2014 年度参加江苏省淮南组小麦区域试验，两年平均亩产 475.16 千克，较对照扬麦 11 号增产 5.42%。2014—2015 年度参加生产试验，平均亩产 456.21 千克，较对照扬麦 11 号增产 7.58%。

栽培要点： ①播种期。适播期为 10 月 25 日至 11 月 10 日。②种植密植。适宜播种期每亩播种基本苗 18 万株左右。③肥水管理。每亩需施纯氮 18 千克左右，并注意搭配使用适量的磷、钾肥。其中 65% 的氮肥用作基苗肥，35% 用作拔节孕穗肥。田间沟系配套，注意防涝抗旱。④防治病虫草害。出苗后要抢墒，做好化除工作。做好纹枯病、赤霉病、白粉病和蚜虫等防治工作。⑤收获。蜡熟末期抓紧收获，确保丰产丰收。

适宜区域： 适宜在江苏安徽淮南地区、河南信阳地区种植。

（20）宁麦 24

审定编号： 皖麦 2015009

选育单位： 江苏省农业科学院农业生物技术研究所、合肥丰乐种业股份有限公司。

品种来源： 宁麦 9 号选系。

特征特性： 幼苗半直立，叶色绿。分蘖力一般，成穗率中等，株型较紧凑，旗叶上冲，抗倒伏能力一般。穗近长方形，长芒、白壳、红粒，籽粒粉质。2011—2012、2012—2013 两年度区域试验结果：平均株高 80 厘米，亩穗数为 35.5 万穗，穗粒数 40.1 粒，千粒重 39.9 克。全生育期 214 天左右，与对照品种（扬麦 158）相当。

抗性表现： 经安徽农业大学接种抗性鉴定，2012 年中抗白粉病（4 级）、中抗赤霉病（平均严重度 2.10）、感纹枯病（病指 51）；2013 年中感白粉病（6 级），中抗赤霉病（严重度 2.70），感纹枯病（病指 45）。

品质表现：经农业部谷物及制品质量监督检验测试中心（哈尔滨）检验，2012 年品质分析结果，籽粒容重 792 克/升，粗蛋白（干基）含量为 12.69%，湿面筋含量为 26.7%，面团稳定时间 5.4 分钟，2013 年品质分析结果，籽粒容重 790 克/升，粗蛋白（干基）含量为 12.49%，湿面筋含量为 26.6%，面团稳定时间 4.6 分钟。

产量表现：2011—2012 年度区域试验亩产 448.49 千克，较对照品种增产 4.67%（不显著）；2012—2013 年度区域试验亩产 463.43 千克，较对照品种增产 6.50%（极显著）。2013—2014 年度生产试验亩产 429.33 千克，较对照品种增产 9.36%。

栽培要点：①适期播种，争壮苗。淮南地区以 10 月下旬至 11 月初为宜。②合理密植。每亩基本苗以 15 万～16 万株为宜。③科学施肥。要获得亩产 500 千克以上的产量，需纯氮 16～18 千克，并搭配一定量的磷、钾肥，氮、磷、钾的比例为 1：0.5：0.5。基苗肥应占总肥量的 70%，拔节孕穗肥占 30%。④苗期麦田进行化除，控制草害；拔节前防治纹枯病；抽穗扬花期防治赤霉病和白粉病。⑤注意防倒伏，沿淮地区注意防冻害。

适宜区域：适宜淮河以南及沿淮地区。

（21）镇麦 11

审定编号：国审麦 2013002。

选育单位：江苏丘陵地区镇江农业科学研究所。

品种来源：扬麦 15 号/镇麦 5 号。

特征特性：春性品种，全生育期 204 天，比对照扬麦 158 晚熟 2 天。幼苗半直立，分蘖力强，叶绿色。株高 82 厘米，株型紧凑，旗叶下弯。穗层较整齐，熟相好。穗纺锤形，长芒，白壳，红粒，籽粒椭圆形、半硬质、较饱满。平均亩穗数 33.7 万穗，穗粒数 39.5 粒，千粒重 39.1 克。

抗性表现：中感赤霉病、纹枯病，高感白粉病、条锈病、叶锈病。

品质表现：籽粒容重 788 克/升，蛋白质含量 12.62%，面粉湿面筋含量 28.2%，沉降值 30.1 毫升，面团稳定时间 2.5 分钟。

产量表现：2010—2011 年度参加长江中下游冬麦组品种区域试验，平均亩产 473.0 千克，比对照扬麦 158 增产 5.2%；2011—2012 年度续试，平均亩产 394.4 千克，比对照扬麦 158 增产 3.3%。2012—2013 年度生产试验，平均亩产 381.2 千克，比对照增产 5.7%。

栽培要点：10 月下旬至 11 月上旬播种，亩基本苗 15 万～18 万株。注意防治条锈病、叶锈病、白粉病等病害。

适宜区域：适宜江苏和安徽两省淮南地区、河南信阳地区种植。

（22）宁麦 16

审定编号： 国审麦 2009003。

选育单位： 江苏省农业科学院农业生物技术研究所。

品种来源： 宁麦 8 号/宁麦 9 号。

特征特性： 春性，成熟期比对照扬麦 158 晚熟 1 天。幼苗直立，苗叶色淡绿，分蘖力较强，成穗率中等。株高 87 厘米左右，叶片略披，株型略松散。穗层整齐，穗纺锤形，长芒，白壳，红粒，籽粒半角质，较饱满。平均亩穗数 30.1 万穗，穗粒数 42.5 粒，千粒重 41.2 克。抗倒性中等偏低。

抗性表现： 中抗赤霉病，慢叶锈病，中感白粉病、纹枯病，高感条锈病，春季抗寒性与对照相当。区试田间试验部分试点表现为叶锈病、白粉病、纹枯病较重。

品质表现： 2006 年、2007 年分别测定品质，籽粒容重分别为 800 克/升、786 克/升，蛋白质含量分别为 13.28%、13.00%，面粉湿面筋含量分别为 28.0%、28.0%，沉降值分别为 36.9 毫升、33.5 毫升。

产量表现： 2006—2007 年度参加长江中下游冬麦组品种区域试验，平均亩产 443.9 千克，比对照扬麦 158 增产 5.9%；2007—2008 年度续试，平均亩产 451.3 千克，比对照扬麦 158 增产 4.6%。2008—2009 年度生产试验，平均亩产 421.6 千克，比对照增产 11.5%。

栽培要点： 适时播种，适宜播期 10 月下旬至 11 月上旬。合理密植，土壤肥沃的高产田每亩基本苗 12 万株左右，土壤肥力中等的田块每亩基本苗 15 万株左右。注意防治锈病、白粉病、纹枯病。

适宜区域： 适宜在江苏和安徽两省淮南地区（皖西地区除外）种植。

（23）浩麦一号

审定编号： 国审麦 2013004。

选育单位： 福建超大现代种业有限公司。

品种来源： W4062/郑农 11 号。

特征特性： 春性品种，全生育期 203 天，比对照扬麦 158 晚熟 1 天。幼苗半直立，叶绿色，分蘖力较弱。株高 89 厘米，株型紧凑，旗叶上举。穗层整齐，熟相好，穗纺锤形，长芒，白壳，红粒，籽粒长卵形、硬质、较饱满。平均亩穗数 32.0 万穗，穗粒数 39.4 粒，千粒重 40.3 克。

抗性表现： 高感条锈病，中感赤霉病、白粉病、叶锈病，中抗纹枯病。

品质表现： 籽粒容重 797 克/升，蛋白质含量 15.14%，面粉湿面筋含量 31.8%，沉降值 54.5 毫升，面团稳定时间 14.7 分钟。品质达到强筋小麦品种标准。

产量表现： 2010—2011 年度参加长江中下游冬麦组品种区域试验，平均亩产 462.5 千克，比对照扬麦 158 增产 2.8%；2011—2012 年度续试，平均亩产 405.2 千克，比扬麦 158 增产 6.1%。2012—2013 年度生产试验，平均亩产 393.7 千克，比对照增产 7.0%。

栽培要点：10 月 25～30 日播种，亩基本苗 18 万株，争取年前主茎蘖 1～2 个越冬。注意防治条锈病、叶锈病、赤霉病、白粉病等病虫害。

适宜区域：适宜江苏和安徽两省淮南地区、河南信阳地区种植。

（24）扬麦 18

审定编号：皖麦 2008001。

选育单位：江苏省里下河地区农业科学院。

品种来源：（4×宁麦 9 号/3/6×扬麦 158//88-128/南农 P045）。

特征特性：幼苗直立，分蘖力较强，成穗率较高，穗纺锤形、长芒、白壳、红粒、半角质。2005—2006、2006—2007 两年区域试验表明，抗寒力与对照扬麦 158 相当。全生育期 209～214 天，熟期比对照品种晚 1 天左右；株高 81 厘米左右，比对照品种矮 10 厘米左右；亩穗数为 30 万穗左右，穗粒数 46 粒左右，千粒重 40 克左右。

抗性表现：经中国农业科学院植物保护所抗性鉴定，2006 年中抗赤霉病，中感纹枯病，感条锈病、叶锈病和白粉病；2007 年高抗秆锈病和赤霉病，中抗白粉病，高感条锈病和纹枯病。

品质表现：经农业部谷物及制品质量监督检验测试中心（哈尔滨）检验，2007 年品质分析结果（区试田样品），籽粒容重 798 克/升，粗蛋白（干基）含量为 11.49%，湿面筋含量为 24.0%，稳定时间 3.5 分钟。

产量表现：2005—2006 年区试亩产 427 千克，较对照品种增产 8.5%（显著）；2006—2007 年区试亩产 432 千克，较对照品种增产 7.7%（极显著）。两年区试平均亩产 430 千克，较对照品种增产 8.1%。2006—2007 年度生产试验亩产 425 千克，较对照品种增产 2.8%。

栽培要点：在不同使用条件下，扬麦 18 抗性、品质和产量表现都可能有所不同。建议推广者进一步做好扬麦 18 在推广地区的示范和技术指导工作，向使用者说明扬麦 18 在推广地区使用存在的抗寒性、抗倒性、抗病性等方面的遗传性缺陷，告知使用者适宜的栽培技术和正确防治有关病虫草害的方法。

适宜区域：适宜在安徽省淮河以南麦区种植。

（25）苏隆 128

审定编号：皖麦 2016007。

选育单位：滁州学院。

品种来源：5E007（来源于宁麦 13/绵 311）/宁麦 9 号。

特征特性：幼苗直立，叶宽浓绿，株型较松散，蜡质较重，分蘖力中等，成穗率较高，抗倒性偏弱。穗近长方形，长芒、白壳、红粒，籽粒较饱满，粉质。2012—2013、2013—2014 两年度区域试验结果：平均株高 84 厘米左右，比对照品种低 7 厘米。亩穗数平均为 34 万穗、穗粒数平均为 37 粒、千粒重平均为 43 克。全生育期平均为 214 天左右，比对照品种（扬麦 158）迟熟 1 天。

抗性表现： 经安徽农业大学接种抗性鉴定，2013 年中抗白粉病（4 级），中抗赤霉病（严重度 2.6），感纹枯病（病指 44）；2014 年中抗白粉病（3 级），抗赤霉病（严重度 2.0），感纹枯病（病指 56）。

品质表现： 经农业部谷物及制品质量监督检验测试中心（哈尔滨）检验，2012 年品质分析结果，籽粒容重 800 克/升，粗蛋白（干基）含量为 13.17%，湿面筋含量为 28.0%，面团稳定时间 5.6 分钟；2013 年品质分析结果，籽粒容重 792 克/升，粗蛋白（干基）含量为 12.24%，湿面筋含量为 26.5%，面团稳定时间 3.1 分钟。

产量表现： 2012—2013 年度区域试验亩产 457.54 千克，较对照品种增产 5.14%（显著）；2013—2014 年度区域试验亩产 453.82 千克，较对照品种增产 8.37%（极显著）。2014—2015 年度生产试验亩产 421.92 千克，较对照品种增产 9.08%。

栽培要点： ①适播期为 10 月 25 至 11 月 5 日。②合理密植。每亩基本苗控制在 12 万~15 万株，迟播适当加大到 20 万株左右。③科学施肥。施足基肥，追施苗肥，补施拔节孕穗肥，前重后轻。④加强管理。苗期要控制杂草，春天要注意虫害的发生，及时做好赤霉病、白粉病和纹枯病的防治工作。⑤注意事项。沿淮地区注意防止冻害。

适宜区域： 适宜在安徽省沿淮地区及淮河以南地区种植。

（26）轮选 22

审定编号： 皖麦 2011014。

选育单位： 安徽省农业科学院作物研究所。

品种来源： 用矮败小麦（来源于中国农业科学院作物所 Ms2 丰抗 13 号/矮变一号/北京 837）先后与扬麦 158、烟农 144、郑州 9023（分别来源于江苏里下河地区农业科学研究所、山东烟台农业科学研究院、河南农业科学研究院小麦所）等父本回交后代组成轮回选择群体，从中选择符合育种目标的可育穗育成。

特征特性： 幼苗半匍匐，叶色淡绿，穗近长方形，长芒、白壳、白粒、半角质。

2007—2008、2008—2009 年度区域试验表明，全生育期 214 天左右，较对照品种（扬麦 158）迟熟 1~2 天。株高 85 厘米左右，比对照品种矮 5 厘米左右。亩穗数为 31 万穗左右，穗粒数 40 粒左右，千粒重 43 克左右。

抗性表现： 经中国农业科学院植物保护所抗性鉴定，2008 年高抗赤霉病，中感白粉病和纹枯病，高感条锈病，高抗/中抗至中感/中感（抗性分离）叶锈病；2009

年高抗赤霉病、中感条锈病和叶锈病，高感白粉病和纹枯病。

品质表现：经农业部谷物及制品质量监督检验测试中心（哈尔滨）检验，2009年品质分析结果，籽粒容重793克/升，粗蛋白（干基）含量为11.32%，湿面筋含量为21.7%，面团稳定时间3.3分钟；2010年品质分析结果，容重794克/升，粗蛋白（干基）含量为12.96%，湿面筋含量为24.3%，面团稳定时间1.7分钟。

产量表现：在一般栽培条件下，2007—2008年度区试亩产452千克，较对照品种增产6.5%（显著）；2008—2009年度区试亩产443千克，较对照品种增产8.6%（极显著）。2009—2010年度生产试验亩产413千克，较对照品种增产6.8%。

栽培要点：在不同使用条件下，轮选22抗性、品质和产量表现都可能有所不同。建议推广者进一步做好轮选22在推广地区的示范和技术指导工作，向使用者说明轮选22在推广地区使用存在的抗寒性、抗倒性、抗病性等方面的遗传性缺陷，告知使用者适宜的栽培技术和正确防治有关病虫草害的方法。

适宜区域：适宜在安徽省淮河以南地区种植。

（27）扬麦25

审定编号：国审麦2016003。

选育单位：江苏里下河地区农业科学研究所。

品种来源：扬17*2//扬11/豫麦18。

特征特性：春性，全生育期202天，与对照品种扬麦20相当。幼苗半匍匐，分蘖力强，生长旺盛。株型较紧凑，叶上举，穗层较整齐，株高83厘米，抗倒性较好，熟相好。穗纺锤形，长芒，白壳，红粒，籽粒椭圆形、半硬质-粉质，饱满。亩穗数33.0万穗，穗粒数38.9粒，千粒重38.8克。

抗性表现：中感赤霉病，高感白粉病、条锈病、叶锈病和纹枯病。

品质表现：籽粒容重776克/升，蛋白质含量13.56%，湿面筋含量28.5%，沉降值37.9毫升，面团稳定时间5.3分钟。

产量表现：2012—2013年度参加长江中下游冬麦组品种区域试验，平均亩产435.9千克，比对照扬麦20增产4.8%；2013—2014年度续试，平均亩产407.3千克，比对照扬麦20增产2.7%。2014—2015年度生产试验，平均亩产421.4千克，比对照品种增产8.1%。

栽培要点：适宜播种期10月下旬至11月上旬，每亩适宜基本苗16万株。注意防治蚜虫、白粉病、纹枯病、赤霉病、条锈病和叶锈病等病虫害。

适宜区域：适宜在江苏淮南地区、安徽淮南地区、河南信阳地区种植。

（28）皖垦麦076

审定编号：皖麦2011012。

育种单位：安徽皖垦种业有限公司天长分公司。

品种来源：扬麦 158×镇麦 1 号。

特征特性：幼苗直立，叶色淡绿，叶片上举，穗近长方形，长芒、白壳、红粒、半角质。2007—2008、2008—2009 年度区域试验表明，全生育期 214 天左右，较对照扬麦 158 迟熟 1 天。株高 85 厘米左右，比对照品种矮 5 厘米左右。亩穗数为 32 万穗左右，穗粒数 40 粒左右，千粒重 41 克左右。

抗性表现：经中国农业科学院植物保护研究所抗性鉴定，2008 年高抗赤霉病（平均严重度和抗级 1.06R），中感白粉病（病级和抗级 6MS）、纹枯病（病指和抗级 26.19MS）和条锈病（病指和抗级 80MS），慢叶锈病（病指和抗级 20MS）；2009 年高抗赤霉病（平均严重度和抗级 1.63R），中感白粉病（病级和抗级 5MS）和纹枯病（病指和抗级 33.75MS），高感条锈病（病指和抗级 64HS），慢叶锈病（病指和抗级 20MRS）。

品质表现：经农业部谷物及制品质量监督检验测试中心（哈尔滨）检验，2009 年品质分析结果，容重 804 克/升，粗蛋白（干基）含量 11.99%，湿面筋含量 25.7%，面团稳定时间 3.2 分钟；2010 年品质分析结果，容重 806 克/升，粗蛋白（干基）含量 12.52%，湿面筋含量 23.7%，面团稳定时间 3.0 分钟。

产量表现：2007—2008 年度区试亩产 451 千克，较对照品种增产 6.2%（显著）；2008—2009 年度区试亩产 433 千克，较对照品种增产 6.2%（显著）。2009—2010 年度区试亩产 414 千克，较对照品种增产 7.0%。

适宜区域：适宜在安徽省淮河以南地区种植。

二、限制稻茬小麦产量提高的因素

1. 农业政策与市场

2017 年 12 月 1 日，国家发展与改革委员会、物价局、财政厅、农业厅、粮食局、农业发展银行 6 部门发出通知，2018 年小麦最低收购价政策，小麦（三等）最低收购价格为每 50 千克 115 元，比 2017 年下调 3 元；2019 年 11 月 16 日，6 部门宣布国家对 2019 年产的小麦（三等）执行 1.12 元/斤[*]的最低收购价格，相比上年下调 0.03 元/斤。2018 年小麦最低收购价格开始首次下调，2019 年继续跟进，连续两年小麦最低收购价格的下降，可能导致农民每亩损失 40～60 元，一定程度上会在短期内降低农民对于种植小麦的心里预期和意愿，导致稻茬小麦抛荒面积增加、种植面积下降，进而限制了稻茬小麦的产量提高。稻茬小麦区居民多以稻米作为主食，面食为辅，生产的稻茬小麦以出售到北方外地为主，增加了运输成本。每年的新产小麦总量明显高于小麦需求量，长年累月，中国的小麦库存量逐渐高了起来，小麦临储量市场

---

　*　斤为非法定计量单位，1 斤=500 克。——编者注

一直处于供过于求的状态也是小麦价格下滑的重要原因。麦麸是猪饲料的重要构成部分，非洲猪瘟等导致养殖行业不景气，麦麸需求量和价格的下降带动小麦价格的不景气，从而降低了农民种植小麦的积极性。

2. 气候因素

小麦灾害频发，稻茬小麦主要种植区域位于中国南北过渡带上，该区域农业气象灾害频发，常导致小麦遭遇冬季冻害、春季低温渍涝、初夏干热风、梅雨期的穗发芽，给江淮稻茬小麦的生产带来很大影响。据统计：安徽省淮北旱涝 2～3 年 1 遇，淮河以南 3～4 年 1 遇，干旱 6 年 1 遇；秋季连阴雨 2 年 1 遇；江淮地区干热风 2 年 1 遇，而淮北地区几乎年年出现。

农业灾害严重威胁稻茬小麦的可持续发展，对于稳定国家粮食市场和保障粮食安全产生十分不利的影响。在当今粮食种植面积有限和粮食增产缓慢的情况下，如果能够对稻茬小麦区农业灾害进行有效的风险评估、管理并开展防灾减灾策略研究，将对实现稻茬小麦可持续发展、保障中国粮食安全具有十分重要的意义。

3. 耕种粗放，出苗率低

全苗、匀苗是小麦丰产的基础，但稻茬小麦区的小麦耕种粗放（图 2-10），出苗率低，水稻土质黏重，实施秸秆全量还田后，机耕机播阻力加大，旋翻后坷垃大，条播深浅不一，作业质量得不到保障。另外，大中型拖拉机配套施肥、旋耕、播种、镇压一体化机条播的推广应用，虽然效率高、作业时间短，但不同的机手作业水平参差不齐，技术成熟度差，难以保证一播全苗、匀苗、壮苗。秸秆不规范还田等因素无法适应农业生产，秸秆还田后表土蓬松，小麦根系生长不实，造成播后出苗不齐或冬前早春死苗，从而造成稻茬小麦穗数不足而减产。

图 2-10　稻茬小麦粗放耕种

4. 播种晚

由于偏晚熟粳稻、水稻直播面积和机插秧面积的扩大，水稻收获期推迟，导致小麦播种期推迟，晚播小麦面积逐年增加，晚播小麦亩产量比适播小麦减产 10%～

30％。晚播小麦产量降低的原因在于冬前有效分蘖减少，最终以主茎成穗为主，有效穗数不足。

5. 播量大

稻茬小麦区小麦耕种粗放、播种期过晚，同时播种后容易受渍害影响，导致小麦出苗率低。为了保证一播全苗，往往采用加大播种量的方式，亩播种量可达25～30千克。虽然大播量在保证稻茬小麦一播全苗方面有一定作用，但大播量也有很多负面作用：一是稻茬小麦大多采用撒播的方式进行播种，大播量容易造成疙瘩苗；二是大播量由于单位面积内存在较多的个体，个体之间由于相互竞争有限的光、热、水分、养分等自然资源，个体容易发育不良形成弱苗；三是播种量过大容易造成田间通风透光条件变差，小麦基部节间发育不良，造成倒伏；四是由于形成弱苗，小麦容易遭受冻害等自然灾害影响而减产；五是田间郁闭往往还会加重病虫害发生的程度。

6. 涝渍害严重

稻茬小麦生育期间往往多雨，同时地下水位高、土质黏重、透水性差。因此，在多雨季节，麦田排水很慢，使麦根长时间处于缺氧环境，从而影响根系下扎并造成烂根。

渍害在小麦全生育期都能发生，苗期发生渍害主要表现为僵种甚至霉烂，出苗率低，已出苗的迟迟不发生分蘖，次生根极少，苗小叶黄。越冬期表现为植株较矮，叶片较小，功能叶片上部 1/3 至 1/2 处叶绿素破坏，呈灰白色。拔节至抽穗期受渍害，上部功能叶发黄，叶片变短，上部三片叶自下而上平均短 19.8％、30.4％和 36.1％，株高降低 10 厘米左右，每穗小穗和小花数明显减少，穗粒数减少 20％～40％，成穗数减少 30％左右。扬花至灌浆阶段受渍害，导致根系死亡，功能叶片早衰，光合作用减弱，千粒重下降 30％～50％，这一时期的渍害经常发生，对小麦产量影响最大。

因此，在采用耐湿品种的同时，建好田间排水系统，田内开好"三沟"；采用中耕松土、熟化土壤、适度深耕、增施有机肥和磷肥等措施改善土壤环境，降低耕作层土壤含水量，增强土壤透气性，降低地下水，减少潜层水，促使土壤水气协调是防御稻茬小麦渍害的有效措施。

7. 病虫草害严重

稻茬小麦土质黏重，通透性差，有坚实的犁底层，坷垃大，湿度大，渍害重，多种病虫草害（图 2-11）频繁发生且较重，常见的病害如条叶锈病、赤霉病、白粉病、纹枯病、叶枯病等，虫害如蚜虫、红蜘蛛、黏虫等，草害如看麦娘、日本看麦娘、菵草等。

稻茬小麦由于播种季节紧张，长期免少耕作业，耕层浅，杂草种子富集表层，给杂草营造了良好的生长条件。同时不能科学地化学防治除草，造成田间杂草密度大、

图 2-11　病虫草害

抗性强的日本看麦娘、看麦娘、菵草等杂草成为优势种群，与小麦争夺水分和养分的现象严重，从而限制了小麦产量的提高。

三、气候智慧型稻茬小麦高产栽培技术

1. 播前准备

（1）整地　上茬水稻秸秆留茬高度 10～20 厘米，收获后的秸秆全量粉碎均匀撒于田面，秸秆粉碎长度应小于 15 厘米，无明显漏切。小麦播前免耕，要求地表平整、镇压连续，秸秆抛撒均匀，不影响正常播种作业。

（2）"三沟"配套　播种前（也可在播种后）适墒机械开沟，做好高标准配套田间沟系（三沟标准：田外沟深 1～1.2 米；田内竖沟间距 2～3 米、深 20～30 厘米，横沟间距 50 米、深 30～40 厘米，田头沟深 40 厘米，确保旱能灌、涝能排、渍能降），黏土地区或播后偏旱地区及时采取洇水措施，促进全苗、齐苗。

（3）底墒要求　播前检查土壤墒情，确保足墒播种、缺墒灌溉、过湿散墒，保证播前耕层土壤含水量达到田间最大持水量的 75%～85%。

（4）品种选择　选择通过审定的高产、耐密、抗病、抗冻、耐热、耐渍、抗倒伏、抗穗发芽的春性或者半冬性小麦品种，要求生物产量高、株型紧凑，中抗赤霉病和纹枯病以上，高抗梭条花叶病，抗倒力中等以上。种子质量应符合 GB 4404.1

要求。

(5)种子处理 宜选用包衣种子,未包衣种子应在播种前选用安全高效的杀虫剂、杀菌剂进行拌种。选用 50% 辛硫磷拌种,药量为种子量的 0.2%,即 50 千克种子用药 100 克,兑水 2 千克~3 千克,或 48% 毒死蜱乳油按种子重量的 0.3% 拌种,拌后堆闷 4~6 小时播种。主要防治病害包括纹枯病、白粉病、根腐病,防治虫害包括蛴螬、金针虫、蝼蛄等。

2. 播种

(1)播期与播量 半冬性小麦品种适播期为 10 月 10 日至 11 月 23 日,春性小麦品种适宜播期为 10 月 20 日至 11 月 20 日,做到适时播种。半冬性小麦品种适播期内播种亩基本苗 15 万~25 万,春性小麦品种适播期内播种亩基本苗 25 万~30 万。播期推迟,应适当加大播种量。

(2)施肥、播种一次性作业 采用免耕施肥条播机一次性完成开沟、施肥、播种、覆盖、镇压作业。播种深度 3~4 厘米,行距 25 厘米,化肥播种深度 15 厘米,且与播种行间隔大于 3 厘米。

肥料用量推荐氮肥总用量 13~15 千克/亩(纯氮),基肥:追肥＝7:3。磷肥(P_2O_5)4~6 千克/亩,钾肥(K_2O)5~7 千克/亩,磷肥和钾肥全部作为基肥施入。施用前宜混合,可加入适量硝化抑制剂,以调控氮肥释放速率,减少 N_2O 排放,推荐硝化抑制剂为 3,4 二甲基吡唑磷酸盐(DMPP),亩用量 30 克。

3. 田间管理

(1)化学除草 播后芽前封闭化除,选用 50% 异丙隆类可湿性粉剂(亩用有效成分 75 克)或者异丙隆的复配剂,加水 50 千克,于播种后至小麦出苗前用药。苗后早期茎叶处理,可施药控制低龄杂草的萌发及生长,并有约 45 天的封闭作用,可选择异丙隆、氟唑磺隆与精噁唑禾草灵、唑啉草酯、啶磺草胺、氯氟吡氧乙酸等复配。但要注意施药前 3 天、后 5 天要避开低温寒流天气(日均气温不低于 8℃),防止低温药害。

冬前日均温度 8℃ 以上、杂草 3 叶期进行化学除草,推荐施用异丙隆加苯磺隆,用量按农药登记用药剂量施用,亩兑水 30 千克喷雾除草;冬前进行化学除草或除草不彻底的田块,于小麦拔节前进行化学除草,拔节前日平均气温上升到 8℃ 左右时进行春季化除。以看麦娘等禾本科杂草为主的,亩用 50 克/升唑啉草酯·炔草酯乳油 100 毫升等药剂;氟唑磺隆对多花黑麦草、雀麦、野燕麦效果好,可亩用 70% 氟唑磺隆水分散粒剂 3~4 克;以猪殃殃、繁缕等阔叶杂草为主的,亩用 20% 氯氟吡氧乙酸 50 毫升,每亩兑水 40 千克,于小麦拔节前用药。注意施药前 3 天、后 5 天要避开低温寒流天气(日均气温不能低于 8℃),防止低温药害。

(2)化控 生理拔节始期对群体较大田块叶面喷施矮壮丰或矮苗壮,亩用 40 克兑水 30~40 千克喷雾。

（3）水分管理　小麦全生育期如遇土壤受旱，及时浇水。若遇雨量大、雨日多等天气，田间涝渍严重，及时排除田间积水。

（4）适时追肥　3月中下旬，主茎第一节间基本定长，第二节间开始伸长、高峰苗下降、小分蘖消亡时重施拔节肥，每亩施尿素 10~15 千克，确保穗大粒多。

（5）病虫害防治　小麦播种至苗期以预防种传病害、纹枯病、地下害虫为主，返青拔节期以预防红蜘蛛、纹枯病和蚜虫为主，抽穗至扬花初期以预防赤霉病、白粉病、锈病和吸浆虫为主，灌浆期以预防蚜虫、锈病和白粉病为主。

4. 收获和秸秆处理

（1）适时收获　小麦于蜡熟末期采用联合收割机进行收割，要抢晴收获，防止穗发芽。

（2）秸秆处理　小麦秸秆留茬高度小于 15 厘米，收获后的秸秆全量粉碎均匀撒于田面，秸秆粉碎长度应小于 15 厘米，且无明显漏切。

第二节　气候智慧型稻茬小麦防灾减灾模式与技术

一、偏迟播、烂种、零共生套播模式

该模式适合前作常规粳稻茬口，但 10 月底、11 月初遇连阴雨（大面积生产上要注意收获前 5 天断水，中心沟配套、遇雨及时排水）的生产实际。排干田间积水后，模拟零共生套播（粳稻收获前 1~3 天套播套肥套药），套播前人工采用立克秀等拌种后晾干，亩预期基本苗 25 万~30 万、亩播量 15~18 千克，11 月 10~20 日人工撒播 2 次（横竖 2 次），确保均匀播种，播种 2~3 天后匀铺切碎稻草（切碎长度控制为 10 厘米），并用镇压轮镇压 2 次。

水稻收获后每亩撒入复合肥（N-P-K，15-15-15）50 千克、尿素 16 千克左右。播后芽前封闭化除，播后 7~10 天后适墒机开田内沟，畦面宽度 2~3 米，沟泥抛撒覆盖，做好高标准配套田间沟系（三沟标准：田外沟深 1~1.2 米，田内竖沟间距 2~3 米、深 20~30 厘米，横沟间距 50 米、深 30~40 厘米，田头沟深 40 厘米，确保旱能灌、涝能排、渍能降），黏重土地区或播后偏旱地区及时采取洇水措施，促进全苗、齐苗。拔节前日平均气温上升到 8℃ 左右时进行春季化除。

生理拔节始期对群体较大田块叶面喷施矮壮丰或矮苗壮，每亩用 40 克对水 30~40 千克喷雾。在叶色褪淡、主茎第 1 节间基本定长第 2 节间开始伸长、高峰苗下降、小分蘖消亡时重施拔节肥，每亩施尿素 10~15 千克。

2 月下旬至 3 月中旬拔节初期防治纹枯病，孕穗期防治白粉病，扬花初期防治赤霉病等，搞好一喷三防。抽穗后视穗蚜发生情况，选用吡虫啉、高效氯氰菊酯等农药兑水 50 千克喷细雾，注意肥药混喷、养根保叶、活熟到老。

二、偏迟播、烂种、抛肥机撒播模式

该模式适合前作常规粳稻茬口，但 10 月底 11 月初遇连阴雨（大面积生产上要注意收获前 5 天断水，中心沟配套，遇雨及时排水）的生产实际，展示田需通过适时灌水创造该场景条件。11 月 10 日前后，排干田间积水后（用履带式收割机收获粳稻），先施基肥，再用水田耕整机械旋耕还田轻整地（达到草泥混合、田面平整）。

种子处理：播前晒种并进行药剂拌种，建议每亩 6～10 千克麦种拌 1 包春泉拌种剂（或矮苗壮），加水 200 克，并按 6％戊唑醇 FS 5 毫升拌 10 千克麦种，均匀拌和，待药液吸干。

在施肥喷药机械的抛肥装置中装入麦种，利用抛肥机原理均匀抛洒麦种（或人工均匀撒播）。11 月 10～15 日播种，亩预期基本苗 25 万～30 万，亩播量 15～18 千克。

肥水管理、病虫草害防治与栽培技术同"偏迟播、烂种、零共生套播模式"。

水稻收获后每亩撒入复合肥（N-P-K，15-15-15）50 千克、尿素 15 千克左右。

播后芽前封闭化除，选用 50％异丙隆类可湿性粉剂（亩用有效成分 75 克）或者异丙隆的复配剂，加水 50 千克，于播种后至小麦出苗前用药。苗后早期茎叶处理，可施药控制低龄杂草的萌发及生长，并有约 45 天的封闭作用，可选择异丙隆、氟唑磺隆与精噁唑禾草灵、唑啉草酯、啶磺草胺、氯氟吡氧乙酸等复配。但要注意施药前 3 天、后 5 天要避开低温寒流天气（日均气温不低于 8 ℃），防止低温药害。

适墒机械开沟，做好高标准配套田间沟系（三沟标准：田外沟深 1.0～1.2 米；田内竖沟间距 2～3 米、深 20～30 厘米，横沟间距 50 米、深 30～40 厘米，田头沟深 40 厘米，确保旱灌、涝能排、渍能降），黏土地区或播后偏旱及时采取洇水措施，促进全苗、齐苗。

拔节前日平均气温上升到 8 ℃左右时进行春季化除。以看麦娘等禾本科杂草为主的，亩用 50 克/升唑啉草酯·炔草酯乳油 100 毫升等药剂；氟唑磺隆对多花黑麦草、雀麦、野燕麦效果好，可亩用 70％氟唑磺隆水分散粒剂 3～4 克；以猪殃殃、繁缕等阔叶杂草为主的，亩用 20％氯氟吡氧乙酸 50 毫升。每亩兑水 40 千克，于小麦拔节前用药。注意施药前 3 天、后 5 天要避开低温寒流天气（日平均气温不能低于 8 ℃），防止低温药害。

生理拔节始期对群体较大田块叶面喷施矮壮丰或矮苗壮，亩用 40 克兑水 30～40 千克喷雾。在叶色褪淡、主茎第一节间基本定长、第二节间开始伸长、高峰苗下降、小分蘖消亡时重施拔节肥，亩施尿素 10～15 千克。

2 月下旬至 3 月中旬拔节初期防治纹枯病，孕穗期防治白粉病，扬花初期防治赤霉病等，搞好一喷三防。抽穗后视穗蚜发生情况，选用吡虫啉、高效氯氰菊酯等农药兑水 50 千克喷细雾，注意肥药混喷、养根保叶、活熟到老。

三、过迟播、精整地、大播量模式

该模式适合前作常规粳稻茬口，收获期遇连阴雨、田间积水的生产实际，迫不得已推迟收获腾茬和推迟播种小麦，但仍坚持深翻深埋秸秆并精细整地，加大播量，机械条播，施足基肥，控制氮肥。

种子处理：播前晒种并进行药剂拌种，建议每亩 6～10 千克麦种拌 1 包春泉拌种剂（或矮苗壮），加水 200 克，并按 6％戊唑醇 FS 5 毫升拌 10 千克麦种，均匀拌和，待药液吸干后播种。

11 月底、12 月上中旬过迟播（比当地最佳偏迟约 30 天以上），亩预期基本苗 30 万～32 万、亩播量 18～20 千克。

水稻收获后每亩撒入复合肥（N-P-K，15-15-15）50 千克、尿素 10 千克左右。

肥水管理、病虫草害防治与栽培技术同"偏迟播、烂种、零共生套播模式"。

四、应对低温雨雪低温天气，做好小麦春季管理

1. 排水降湿，减轻渍害

元旦春节前后，江淮稻茬麦地区常常遭遇连阴雨天气，稻茬田及低洼地块渍害较重，造成部分田块小麦生长不良，植株矮小，叶片发黄，黑根增加。要以清沟降湿、促根生长为重点，全面排查并突击清理稻茬小麦田块内外"三沟"，确保麦田"三沟"畅通，排水顺畅，做到雨止田干、沟无积水，促进根系生长。开沟泥土要均匀散开，避免损伤麦苗。

2. 科学用肥，促弱转壮

要认真开展苗情调查，准确把握苗情动态，根据苗情开展分类管理，千方百计促进苗情转化。抓住早春气温回升的有利时机，因苗实施管理，确保小麦返青起身期有充足的肥水供应，巩固年前分蘖，加快春生分蘖生长，促进分蘖成穗。对部分稻茬小麦播期偏晚、苗小苗弱、群体不足的二、三类苗，一般于 2 月上中旬每亩追施尿素 5～7 千克，趁雨撒施，促进春季分蘖早生快长。对群体数适宜但叶片数偏少，根系发育差的晚播弱苗，可根据地力水平和基肥施用情况，适当推迟追肥时间，可直接追施拔节肥，每亩追施尿素 8～10 千克。

3. 适时化学除草，控制杂草

春季化学除草的有利时机是在 2 月下旬至 3 月中旬，要在小麦返青初期及早进行化学除草，小麦拔节后不宜化学除草。要避开倒春寒天气，喷药前后 3 天内日平均气温在 6 ℃以上，日温不能低于 0 ℃，白天喷药时气温要高于 10 ℃。

单子叶杂草中，以雀麦为主的麦田，可选用啶磺草胺＋专用助剂，或氟唑磺隆等

防治；以野燕麦为主的麦田，可选用炔草酯，精噁唑禾草灵等防治；以节节麦为主的麦田，可选用甲基二磺隆＋专用助剂等防治；以看麦娘为主的麦田，可选用炔草酯，或精噁唑禾草灵，或啶磺草胺＋专用助剂等防治。

双子叶和单子叶杂草混合发生的麦田可用以上药剂混合进行茎叶喷雾防治，或者选用含有以上成分的复配制剂。要严格按照农药标签上药剂标注的推荐剂量和方法喷施除草剂，避免随意增大剂量造成小麦及后茬作物产生药害，禁止使用长残效除草剂如氯磺隆、甲磺隆等。

4. 精准用药，绿色防控病虫害

在小麦返青到拔节期间，防治纹枯病、根腐病可选用 250 克/升丙环唑乳油每亩 30～40 毫升，或 300 克/升苯醚甲环唑·丙环唑乳油每亩 20～30 毫升，或 240 克/升噻呋酰胺悬浮剂每亩 20 毫升，兑水喷小麦茎基部，间隔 10～15 天再喷一次；防治小麦茎基腐病，宜每亩选用 18.7％丙环·嘧菌酯 50～70 毫升，或每亩用 40％戊唑醇·咪鲜胺水剂 60 毫升，喷淋小麦茎基部；防治麦蜘蛛，可亩用 5％阿维菌素悬浮剂 4～8 克或 4％联苯菊酯微乳剂 30～50 毫升。同时，应加强赤霉病和小麦蚜虫等病虫害预测预报，做到早防早治，统防统治。

五、晚播稻茬小麦高产栽培技术

近年来，沿淮地区随着中晚熟水稻品种的推广、直播稻面积的扩大及不良天气的影响，水稻收获期大幅延迟，小麦播种明显错过适宜播期，晚播小麦面积逐年增加。研究表明，晚播小麦由于冬前积温不足，苗小、苗弱，根系发育较差，产量低且不稳，晚播小麦每晚播 5 天，单产减少 7％～10％，比适期播种小麦平均每亩产量低 50～60 千克。因而，通过播种量、肥料和水分管理，以及栽培技术的优化，使得群、个体协调，对于保证晚播稻茬小麦高产、稳产至关重要。

1. 播种

播种前准备：水稻收获后每亩撒入复合肥（N-P-K，15-15-15）50 千克、尿素 16 千克左右。

良种选用：应选用灌浆快、早熟、穗大粒多的春性或弱春性优良品种。如扬麦 20、扬麦 25、扬麦 158、安农 0711、镇麦 168、苏隆 128、皖垦麦 076 和轮选 22 等品种。

播种日期：11 月 1～30 日播种。

播种量和播种方法：将小麦种子 20 千克/亩撒于稻茬田块之上，用旋耕机旋耕后耙平。

2. 冬前播种后管理

播种后田间起好"四沟"（厢沟、腰沟、边沟、田外排水沟），保持沟沟相通，明水能排，暗水自落，起沟的土壤均匀撒于厢面上。

麦苗 1 叶 1 心时每亩用 50％异丙隆 125～150 克兑水 40～50 千克喷雾，控制杂草危害。

3. 春季管理（返青到抽穗）

晚播稻茬小麦苗小、苗弱，分蘖少、根系发育较差，此时期是争取小麦早发、增加春季分蘖的关键时期，同时也是需水需肥的高峰期，是争取粒多穗重、稳产高产的关键时期。

① 早施返青拔节肥。起身返青期亩施尿素 15 千克，促春季分蘖多成穗。拔节期亩施尿素 10 千克，促穗大粒多。

② 适时中耕，清好四沟。

4. 及时防治病虫害

主要以锈病、白粉病、纹枯病，以及红蜘蛛、蚜虫、黏虫危害较严重。防治方法如下：①小麦黏虫。防治指标每平方米幼虫 15 头，亩用 90％晶体敌百虫 100 克，或 2.5％辉丰菊酯，或快杀灵 30～40 毫升，兑水 50 千克喷雾。②白粉病。防治指标病株率 15％或病叶率 5％，亩用 15％粉锈宁 100 克兑水 50 千克喷雾（兼治叶枯病、叶锈病）。③蚜虫。百株蚜量 500 头，每亩用 10％吡虫啉 10～15 克兑水 50 千克喷雾。④条锈病。病叶率达 1％，亩用三唑酮有效成分 7～9 克，兑水 40 千克喷雾（兼治纹枯病、叶枯病、白粉病）。⑤红蜘蛛。每单行市尺 * 有螨 200 头以上，用 0.9％虫螨克 15 毫升，或 25％快杀灵 25 毫升，兑水 60 千克喷雾。⑥纹枯病。病株率 10％～15％，亩用粉锈宁纯药 7～9 克，兑水 50～75 千克喷洒麦株茎基部，可兼治叶枯病、锈病、白粉病，也可亩用 20％井冈霉素 25～35 克，兑水 80～100 千克喷雾。⑦赤霉病。在开花期前后每亩可选用 25％氰烯菌酯悬浮剂 100～200 毫升，或 40％戊唑·咪鲜胺水乳剂 20～25 毫升，或 28％烯肟·多菌灵可湿性粉剂 50～95 克，兑水 30～45 千克细雾喷施，过 5～7 天重喷一次。

5. 后期管理（抽穗、开花到成熟）

此期的主要任务是养根保叶，协调碳氮营养，防止早衰，增加粒重。

搞好叶面喷肥。在孕穗和抽穗期各喷一次 0.4％磷酸二氢钾，或在孕穗和扬花期用 2％的尿素水溶液每亩 50～75 千克进行叶面喷洒，以延长叶片功能期，提高光合能力，防止早衰，提高粒重，增加产量。

---

* 市尺为非法定计量单位，1 市尺＝33.33 厘米。——编者注

第三章
稻麦两熟制减量高效新型施肥技术

安徽省是全国最重要的粮食核心产区之一，粮食总产居全国第四位，是我国 5 个粮食持续输出省份之一。小麦和水稻是安徽省种植面积最大的两类粮食作物，稻麦持续高产稳产对保障国家粮食安全有极其重要的作用。2018 年，安徽省稻麦轮作面积超过 1 400 万亩，主要位于沿淮、淮北、江淮地区，在沿江及江南部分地区也有少量分布。

第一节　安徽省稻麦轮作区土壤及施肥状况

稻麦轮作能兼顾水稻与旱地作物粮食生产，同时大量相关研究表明，稻麦两熟制种植中水旱轮作配合合理施肥，可改善土壤结构，提高土壤肥力，使土壤质量达到可持续发展。

从 20 世纪 80 年代起，安徽省稻麦两熟区作物产量上升显著。但由于片面追求粮食产量而过量使用化肥，以人畜粪尿、绿肥等为代表的传统有机肥比例骤减，对稻麦两熟区土壤培肥与肥料施用提出了新的挑战。

一、土壤养分状况

根据相关调查，安徽主要稻麦轮作区土壤养分状况如表 2-4 所示。其中淮北地区土壤有机质及有效钼、硼、锌含量较低；沿淮及江淮地区土壤有机质及有效钼、硼、锌含量较低，土壤速效钾含量偏低；沿江及江南地区土壤速效磷、速效钾含量偏低，有效钼、硼含量较低；整体土壤质量有待进一步提高。

表 2-4　安徽主要稻麦轮作区土壤养分状况

地区	土壤有机质含量	全氮含量	速效磷含量	速效钾含量	中微量元素含量
淮北	较低	中等	中等	中等偏高	有效铁、锰、铜含量较高，有效钼、硼、锌含量较低

（续）

地区	土壤有机质含量	全氮含量	速效磷含量	速效钾含量	中微量元素含量
沿淮及江淮	较低	中等	中等	中等偏低	有效铁、锰、铜含量较高，有效钼、硼、锌含量较低
沿江及江南	中等偏高	中等偏高	偏低	偏低	有效铁、锰、铜含量较高，有效锌含量中等，有效钼、硼含量较低

二、施肥强度

　　根据安徽省肥料使用情况定点调查数据统计，2016—2018 年主要农作物化肥施用强度逐年降低，2018 年比 2017 年亩均化肥施用量减少 0.4 千克（以播种面积计）。安徽省化肥施用量和施用强度实现"双减"的同时，粮食总产基本稳定，化肥减量增效成果初步凸显。但与发达国家/地区相比，安徽省整体单位面积及单位产量化肥投入量仍偏高，有进一步优化的潜力。

　　1998—2017 年安徽省化肥施用量、粮食产量及粮食播种面积见图 2-12。

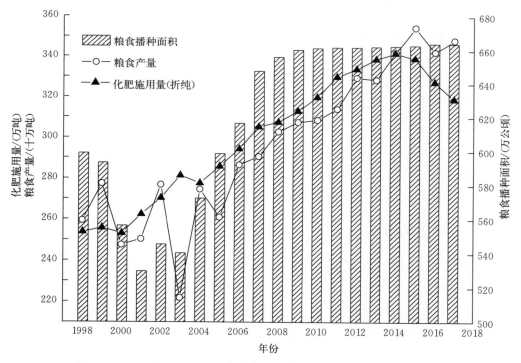

图 2-12　1998—2017 年安徽省化肥施用量、粮食产量及粮食播种面积

三、安徽省稻麦轮作区施肥的主要问题

　　目前安徽省稻麦轮作区耕地利用率高、复种指数大，农田养分消耗量大；加之中

低产土壤面积大，肥力水平不高，土壤养分缺乏现象较为普遍；同时安徽省稻麦轮作区盲目施肥现象仍较为严重，化肥施用量偏大，尤其是氮、磷肥投入量高于全国平均水平。以上现状造成了安徽省稻麦轮作区施肥中存在以下问题：

① 作为土壤肥力基础的有机质提升不明显，土壤肥力的培育跟不上产量的提高。

② 肥料施用结构不平衡，土壤供肥状况失衡。

③ 化肥过量施用，导致土壤酸化、通气透水性等理化性状恶化。

④ 不合理的轮作制度造成农业生产过程中耕地用养失调、土壤肥力下降。

⑤ 肥料施用方法和时期不合理，浪费与损失严重，不仅导致了作物生产潜力得不到应有的发挥、稻麦总产量水平不高，而且还带来严重的环境污染。

⑥ 在化肥利用率偏低、肥料资源浪费严重的同时，秸秆等有机肥资源未能充分利用。

第二节　稻麦两熟精准施肥技术要点

一、测土配方施肥技术

1. 要点

以土定肥，结合目标产量，严格控制总量；施足基肥，合理施用追肥。

2. 具体操作及指标

根据土壤养分丰缺状况，安徽不同稻麦轮作区中，淮北地区应注意氮肥的施用，沿淮及江淮地区应更注重磷肥的施用。

小麦不同生育期中，植株氮、磷、钾养分累积量表现为前期累积较少，中期累积最多，后期氮、磷累积量较多而钾累积量减少，其中拔节-抽穗阶段氮、磷、钾累积吸收量最大，此阶段充足的养分供应是小麦高产的关键。

安徽省淮北地区小麦季施肥推荐指标见表 2-5。

表 2-5　安徽省淮北地区小麦季施肥推荐指标

全氮（N）分级 /（克/千克）	推荐用量 /（千克/公顷）	有效磷（P$_2$O$_5$）分级 /（毫克/千克）	推荐用量 /（千克/公顷）	速效钾（K$_2$O）分级 /（毫克/千克）	推荐用量 /（千克/公顷）
低（<1）	210	低（<10）	90~120	低（<90）	120~150
中（1~2）	150~210	中（10~25）	45~90	中（90~180）	45~120
高（>2）	120~150	高（>25）	45	高（>180）	0~45

安徽省沿淮及江淮地区小麦季施肥推荐指标见表 2-6。

稻麦轮作中，水稻季根据目标产量和地力水平确定氮肥推荐用量。对于磷和钾，

表 2-6　安徽省沿淮及江淮地区小麦季施肥推荐指标

全氮（N）分级 /（克/千克）	推荐用量 /（千克/公顷）	有效磷（P$_2$O$_5$）分级 /（毫克/千克）	推荐用量 /（千克/公顷）	速效钾（K$_2$O）分级 /（毫克/千克）	推荐用量 /（千克/公顷）
低（<1.5）	180～210	低（<10）	90～135	低（<50）	90～120
中（1.5～2.5）	120～180	中（10～20）	45～90	中（50～150）	30～90
高（>2.5）	90～120	高（>20）	45	高（>150）	0～30

采用恒量监控技术，根据土壤有效磷和速效钾含量水平，以保障磷、钾养分不成为获得目标产量的限制因子为前提确定用量。

高产水稻各生育阶段，氮、磷、钾养分吸收总量的比例以拔节至抽穗期最高，水稻拔节前也应注意养分供应，以利于取得高产。

安徽稻麦轮作区水稻季施肥推荐用量（以中籼稻为例）见表 2-7。

表 2-7　安徽稻麦轮作区水稻季施肥推荐用量（以中籼稻为例）

目标产量 /（千克/公顷）	全氮用量 /（克/千克）	氮肥用量 /（千克/公顷）	有效磷用量 /（毫克/千克）	磷肥（P$_2$O$_5$）用量 /（千克/公顷）
7 500	<0.5	210.0	<5	75.0
7 500	0.5～1.0	180.0	5～10	60.0
7 500	1.0～1.5	150.0	10～20	45.0
7 500	1.5～2.0	120.0	20～30	30.0
7 500	>2.0	90.0	>30	不施或少施
9 000	<0.5	255.0	<5	120.0
9 000	0.5～1.0	225.0	5～10	90.0
9 000	1.0～1.5	195.0	10～20	60.0
9 000	1.5～2.0	165.0	20～30	30.0
9 000	>2.0	135.0	>30	不施或少施
10 500	<0.5	不建议追求高产	<5	135.0
10 500	0.5～1.0	285.0	5～10	105.0
10 500	1.0～1.5	255.0	10～20	75.0
10 500	1.5～2.0	225.0	20～30	45.0
10 500	>2.0	195.0	>30	不施或少施

安徽稻麦轮作区水稻季钾肥推荐用量（以中籼稻为例）见表 2-8。

表 2-8 安徽稻麦轮作区水稻季钾肥推荐用量（以中籼稻为例）

肥力等级	速效钾 /(毫克/千克)	钾肥（K_2O）总量 /(千克/公顷)	基肥用量 /(千克/公顷)	穗肥用量 /(千克/公顷)
极低	<60	150.0	120.0	30.0
低	60～80	120.0	84.0	36.0
中	80～120	90.0	63.0	27.0
高	120～160	60.0	30.0	30.0
极高	>160	不施或少施	不施或少施	不施或少施

注意事项

① 高产、超高产水稻磷肥以基施最好，在移栽前和拔节前钾肥按分别占 50%～70%、30%～50% 的量进行施用。

② 基础地力（全氮、有机质等）过低的土壤，不建议通过盲目施用化肥的手段追求水稻季高产，应以土壤培肥改良为首要任务。

二、精准施肥技术

1. 水稻机械化秧肥同步一次性施肥

（1）要点 水稻插秧机配合深施肥器，在水稻插秧的同时将肥料施于秧苗侧位土壤中。可以结合一次性施肥技术的同时应用树脂包膜控释肥等产品技术，使肥料养分的释放和水稻需肥规律相吻合，实现一次施肥满足水稻全生育期养分需求，水稻施肥机械化、轻简化和精准化。

（2）具体操作及指标 施肥方法和位置：采用机械穴深施技术，机插秧的同时，肥料机械施入秧根斜下方 3～5 厘米。

肥料产品特点：①复合氮、磷、钾配比符合水稻养分需求规律和当地土壤养分供应特征；②使用特殊膜材与工艺，使包膜肥料在水中不漂浮；③缓释氮含量≥13%，缓释期养分释放同步水稻氮素营养需求。

注意事项

机插稻插秧后要保持浅水护苗，湿润立苗，薄水分蘖，促早返青、早分蘖。实践中必须保证田块精细平整，田面水层控制在 1～3 厘米。

水稻机械化秧肥同步一次性施肥见图 2-13。

2. 小麦叶面肥喷施技术

（1）要点 叶面喷施氮肥吸收快，肥料利用率高，对小麦籽粒品质的影响较大。

图 2-13　水稻机械化秧肥同步一次性施肥
（来源：安徽省农业科学院土肥所孙义祥）

在小麦的生育后期适当地喷施水溶性肥料可以显著改善强筋小麦的品质。同时针对安徽大部分的小麦种植区微量元素缺乏的情况，及在天气不利生产的情况下，可以酌情喷施中微量元素及磷、钾肥水溶剂。

（2）具体操作及指标　在抽穗至孕穗期，每亩用 0.5～1 千克尿素兑水 25～50 千克均匀喷洒，可缓解叶片发黄呈早衰趋势，也可在开花期喷施，有效提高小麦籽粒质量。

在抽穗至灌浆期，每亩用 0.1 千克磷酸二氢钾兑水 30 千克左右均匀喷洒，可明显增加粒重，也可起到抵御干热风的作用。

实际生产中可根据实际情况，采用商品复合叶面肥，或配合病虫害防治药物一起喷施；有条件的地区可以使用无人机等喷施方式。

▍注意事项▶

　　喷肥最好选择在无风的阴天，晴天宜在下午 16：00 之后；喷肥 24 小时内遇到雨淋应注意补施；小麦扬花阶段，尽量错开上午、下午开花高峰期。

三、有机肥养分资源合理利用技术

1. 有机肥替代化肥

（1）要点　通过基施有机肥，替代部分化肥，达到化肥减量同时兼顾培肥地力的效果。

（2）具体操作及指标

① 施用时间。在水稻、小麦种植前一次性基施。

② 施用量。一般按照养分等量替代原则，有机肥氮、磷、钾养分含量替代比例以 20%～40% 为宜（例如有机肥含氮量 1.5%，水稻-小麦季每亩施纯氮 15 千克，减少化学氮肥 20% 情况下，每亩需施用有机肥＝15×20%÷1.5%＝200 千克）。

③ 施用方法。有机肥撒施至田间后，结合翻耕整地均匀翻压至耕层中，一般翻耕深度 15 厘米以上。水稻季施基肥后 10 天内注意不排水，减少养分流失。

④ 注意事项如下：

A. 有机肥普遍肥效较慢，第一个轮作周期内可适当增加施用量。

B. 一般植物源（秸秆、豆粕等植物残体加工）有机肥肥效慢，养分等量替代在 2～3 年内可能无法取得较好的替代效果，动物源（畜禽粪）有机肥替代化肥效果相对较好。

C. 畜禽粪不建议直接施用，需经过腐熟堆肥等无害化处理，或购买加工后的商品有机肥。

D. 考虑到有机肥成本问题，建议在优质水稻/小麦生产中使用，或在畜禽粪资源丰富的地区酌情采用。

2. 秸秆还田

（1）要点　秸秆作为重要的生物资源，含有大量氮、磷、钾养分。应通过合理的秸秆还田措施，减少秸秆还田对下茬作物苗期生长的影响，起到资源原位循环利用、培肥土壤等效果，并减少化肥施用及环境污染。

（2）具体操作及指标

① 碎草匀铺。水稻/小麦收获时选用合适的收获机械，按要求切碎或粉碎秸秆，切碎长度一般≤10 厘米，切碎长度合格率≥90%，同时在收割机上加装匀草装置，使秸秆能均匀抛撒开，抛撒不均匀率应≤20%，否则人工耙匀。

② 深埋还田。根据田块特点，选用不同机械深耕犁作业，实现土草混匀，减轻或消除稻秸分布过浅对后茬小麦/水稻幼苗生长的影响。一般翻耕深度 15～20 厘米，有条件地区可使用大功率机械。

③ 培肥机播。秸秆还田后，在基施高产要求的基肥用量的基础上，每亩增施尿素 7.5 千克，以弥补秸秆在田间腐熟过程中对氮素的消耗，减轻幼苗缺氮的影响；有条件地区可增施秸秆腐熟剂，进一步加快秸秆腐解。

④ 替代效果。在水稻-小麦季化学氮肥用量为 12 千克/亩、14 千克/亩时，秸秆还田后可减少化肥中 25% 的磷、钾肥施用量，同时稻麦轮作周年产量持平或略有增加。

⑤ 注意事项。

A. 实施秸秆还田后，注意"后氮前移"，可适当降低水稻季分蘖肥与小麦季拔节肥的比例，防止作物贪青晚熟或后期茎秆倒伏。

B. 水稻秸秆可采用免耕覆盖还田的方式，但要注意均匀覆盖，秸秆切碎、抛撒等参数要求不变。

水稻收割、秸秆粉碎抛撒一体化见图 2-14。

图 2-14　水稻收割、秸秆粉碎抛撒一体化

四、稻麦轮作制下磷、钾肥周年运筹技术

1. 要点

总量恒定情况下，综合考虑植物吸收及通过轮作周期内水稻季与小麦季间磷、钾肥比例的调节、土壤养分供应协调，水旱两季兼顾，使养分间的相互作用达到最大，促进作物产量的提高。

由于化学氮肥肥效较短，一般在当季内运筹，不加入稻麦轮作周年运筹。

2. 具体操作及指标

以江淮间稻麦轮作高产田为例，每一轮作周期内，小麦纯氮（N）用量 12 千克/亩，水稻季纯氮（N）用量 18.5 千克/亩，磷肥（P_2O_5）周期总用量为 8 千克/亩，钾肥（K_2O）周期总用量为 10 千克/亩。

氮肥分 3 次施入，60%作基肥，20%作小麦拔节/水稻分蘖肥，20%作穗肥。

磷、钾肥均在移栽或播种时一次性施入。其中小麦季施 70%磷肥，施 30%钾肥；水稻季施 30%磷肥，施 70%钾肥。

五、合理轮作下生物培肥技术

1. 要点

以稻麦轮作为主体，适当调整部分年份的轮作，通过油菜、豆科绿肥等养地植物的补充，达到培肥土壤、减少后茬作物化肥施用等效果。

2. 具体操作及指标

① 用绿肥替代部分固定的旱作茬口，实行规则的多年轮作，如二年三粮一肥和

四年五粮三肥等，也可在长期稻麦轮作中随机插入部分绿肥茬口，水稻季可用夏季绿肥替代，小麦季可用冬季绿肥替代，或者在旱作周边地块种植绿肥，采取空间轮作方式。

②绿肥品种选择。适用于安徽稻麦轮作区的主要冬季绿肥为紫云英、苕子、箭筈豌豆，其中淮北地区建议使用苕子、箭筈豌豆；主要夏季绿肥为田菁、柽麻、乌豇豆、绿豆、猪屎豆等；油菜等作物也具有一定的养地作用，也可以用于替代部分冬季小麦轮作。

③绿肥还田与化肥合理配施技术。以目前生产中最常用的冬季绿肥紫云英为例，每亩翻压鲜草 1 500～2 250 千克，后茬水稻一般可减少化肥用量 20%～30%。

④注意事项如下：

A. 绿肥翻压还田后 10～15 天内尽量避免排水，减少养分损失。

B. 由于绿肥养分的长期效应，注意适当的"后氮前移"。

C. 正常油菜种植翻压后，一般不减少后茬小麦的氮肥施用，可以适当减少后茬小麦的磷肥用量。

第四章
沿淮稻麦区病虫草害绿色防控技术

第一节　沿淮稻麦区病虫草害发生概况

近年来，由于气候变迁、栽培模式变革等因素导致赤霉病、茎基腐病和地下害虫等危害加重，除草剂的连年使用导致抗性杂草频繁出现，防治病虫草害已成为保证粮食生产安全的关键环节。

一、稻茬小麦主要病虫害

1. 小麦赤霉病

小麦赤霉病从小麦幼苗期至抽穗期均可发生，引起苗枯、茎腐和穗腐等症状，其中以穗腐最为常见，最初在小穗颖片上出现水浸状病斑，逐渐扩大至整个小穗和穗子，严重时整个小穗和穗子后期全部枯死，呈灰褐色。田间潮湿时，病部产生粉红色胶质霉层，后期穗部出现黑色小颗粒，即子囊壳。在幼苗期可引起苗枯，芽鞘和根鞘上呈黄褐色水浸状腐烂，严重时全苗枯死，病残苗上有粉红色菌丝体。茎腐主要发生在茎基部，发病初期呈褐色，后变软腐烂，植株枯萎，在病部产生粉红色霉层。

2. 小麦纹枯病

小麦纹枯病主要发生在小麦叶鞘和茎秆上，拔节后症状明显。发病初期，在近地表的叶鞘上产生周围褐色、中央淡褐色至灰白色的梭形病斑，后逐渐扩大扩展至茎秆上且颜色变深，重病株茎基 1～2 节变黑甚至腐烂，常早期死亡。小麦生长中后期，叶鞘上的病斑常形成云纹状花纹，病斑无规则，严重时可包围全叶鞘，使叶鞘及叶片早枯；在病部的叶鞘及茎秆之间，有时可见到一些白色菌丝状物，空气潮湿时上面初期散生土黄色至黄褐色霉状小团，后逐渐变褐；形成圆形或近圆形颗粒状物，即病菌的菌核。

小麦纹枯病基部叶鞘症状见图 2-15。

图 2-15　小麦纹枯病基部叶鞘症状

3. 小麦白粉病

小麦白粉病自幼苗期到抽穗期均可发生。主要危害小麦叶片，也危害茎和穗子。在叶片上开始产生黄色小点，而后扩大发展成圆形或椭圆形病斑，表面生有白色粉状霉层。一般情况下，下部叶片病斑比上部叶片多，叶片背面比正面多。霉斑早期单独分散，后联合成一个大霉斑，甚至可以覆盖全叶，严重影响小麦的光合作用，使正常新陈代谢受到干扰，造成小麦的早衰，产量受到损失。

小麦白粉病叶部和穗部症状见图 2-16。

图 2-16　小麦白粉病叶部和穗部症状

4. 小麦锈病

江淮稻麦区小麦锈病主要有小麦条锈病和小麦叶锈病两种。小麦条锈病主要危害小麦的叶片，也可危害叶鞘、茎秆和穗部。小麦感病后，初呈褪绿色的斑点，后形成鲜黄色的粉疮，即夏孢子堆。夏孢子堆较小，长椭圆形，在叶片上排列呈条状，与叶脉平行。到后期长出黑色、狭长形、埋伏于表皮下面的条状疮斑，即病菌的冬孢子。

小麦叶锈病初期，在麦叶和麦秆的表面出现褪绿色的斑点，之后长出红褐色的夏孢子堆，最后形成黑色的疮斑。其夏孢子堆主要发生在叶片上，叶鞘和茎秆上较少。冬孢子堆主要发生在叶背面和叶鞘上。夏孢子堆较小，橙褐色，圆形至长椭圆形，不规则散生。冬孢子堆长椭圆形，散生，埋于表皮下。

小麦条锈病叶片上夏孢子堆见图 2-17，小麦叶锈病叶片上夏孢子堆见图 2-18。

图 2-17　小麦条锈病叶片上夏孢子堆　　　　图 2-18　小麦叶锈病叶片上夏孢子堆

5. 小麦蚜虫

小麦蚜虫主要有麦二叉蚜、麦长管蚜和禾谷缢管蚜 3 种，在安徽省 1 年发生 10～20 代，冬季以无翅蚜形态在小麦根茎或地下根部潜伏，小麦返青后，开始大量繁殖危害。一般情况下，麦蚜虫害常在冬前 10 月或当年 2～3 月温暖、降水较少的情况下大量发生。

图 2-19 为小麦蚜虫危害麦穗和叶片。

图 2-19　小麦蚜虫危害麦穗和叶片

二、麦茬水稻主要病虫害

1. 稻瘟病

根据危害时期和危害部位不同，可分为苗瘟、叶瘟、节瘟、叶枕瘟、秆瘟、枝梗瘟、穗颈瘟和谷粒瘟，一般以叶瘟、节瘟、穗颈瘟最为常见，稻瘟病症状见图 2-20。因天气条件、品种抗性的差异，叶瘟症状在形状、大小和色泽上有所不同，分为急性型病斑、慢性型病斑、白点型病斑和褐点型病斑 4 种类型。急性型病斑在感病品种上形成暗绿色近圆形的典型的菱形病斑，叶片两面都产生褐色霉层，条件不适应发病时转变为慢性型病斑。慢性型病斑开始在叶上产生暗绿色小斑，逐渐扩大为典型的菱形病斑，常有延伸的褐色坏死线。病斑中央灰白色，边缘褐色，外有淡黄色晕圈，病斑较多时连片形成不规则大斑。感病的嫩叶发病产生急性型病斑，遇烈日病斑迅速褪绿发白，产生白色近圆形小斑，该病斑不产生孢子。

图 2-20 稻瘟病症状

2. 稻曲病

稻曲病仅在水稻穗部发生，危害个别谷粒。病菌侵入谷粒后，在颖壳内形成菌丝块，破坏病粒内部组织，后菌丝块增大，先从内外颖壳合缝处露出淡黄绿色块状的孢子座，后包裹颖壳，近球形，同时色泽转变为墨绿色或橄榄色。

稻曲病危害症状见图 2-21。

3. 水稻纹枯病

水稻纹枯病主要危害叶鞘，其次为叶片。病斑初期在近水面处产生水浸状暗绿色边缘模糊的小斑，后渐扩大呈椭圆形或云纹形，中部呈灰绿色或灰褐色，湿度低时中部呈淡黄色或灰白色，边缘暗褐色。发病严重时数个病斑融合形成大病斑，呈不规则

图 2-21　稻曲病危害症状

状云纹斑，常致叶片枯死。湿度大时，病部长出白色网状菌丝，后汇聚成白色菌丝团，形成深褐色菌核，易脱落。

4. 稻飞虱

稻飞虱有白背飞虱、褐飞虱和灰飞虱 3 种，虫体小，通常寄居在水稻茎基部或穗部，刺吸稻株汁液，水稻受害初期茎秆上呈现许多不规则的棕褐色斑点，危害严重时全株枯死。被害稻田常在田中间出现"黄塘""冒穿""倒伏"等典型症状，逐渐扩大成片，严重时造成全田荒枯。

稻飞虱及其危害症状见图 2-22。

图 2-22　稻飞虱及其危害症状

5. 稻纵卷叶螟

1 龄幼虫在分蘖期爬入心叶或嫩叶鞘内侧啃食。在孕穗抽穗期，则爬至老虫苞或嫩叶鞘内侧啃食。2 龄幼虫可将叶尖卷成小虫苞，然后叶丝纵卷稻叶形成新的虫苞，幼虫潜藏在虫苞内啃食。幼虫蜕皮前，常转移至新叶重新作苞。每头幼虫一生可卷叶

56片，老熟幼虫在稻丛基部的黄叶或无效分蘖的嫩叶苞中化蛹，有的在稻丛间，少数在老虫苞中。

稻纵卷叶螟及其危害症状见图2-23。

图 2-23　稻纵卷叶螟及其危害症状

6. 二化螟

水稻不同生育时期二化螟危害症状不同。分蘖期受害，出现枯心苗和枯鞘；孕穗期至抽穗期受害，出现枯孕穗和白穗；灌浆期至乳熟期受害，出现半枯穗和虫伤株，秕粒增多，遇大风易倒折。危害初期，幼虫先群集在叶鞘内侧蛀食，叶鞘外面出现水渍状黄斑。后叶鞘枯黄，叶片渐死，称为枯鞘期。幼虫蛀入稻茎后剑叶尖端变黄，严重的心叶枯黄而死，受害假茎上有蛀孔，茎内多黄色虫粪，孔外虫粪很少，稻秆易折断。

水稻二化螟幼虫及其危害症状见图2-24。

图 2-24　水稻二化螟幼虫及其危害症状

三、杂草发生概况

1. 麦茬（套）旱直播稻田主要杂草

禾本科杂草主要有马唐（图 2-25）、稗草、金色狗尾草（图 2-26）、千金子、牛筋草等；阔叶杂草主要有鳢肠、苋菜、青葙、苘麻、铁苋菜、水蓼、水竹叶、空心莲子草、陌上菜等；莎草科杂草有异型莎草、碎米莎草、三棱草、飘拂草等；画眉草属杂草如乱草等；黍属如野黍等。

图 2-25　马　唐　　　　　　　　　图 2-26　金色狗尾草

2. 麦茬水直播稻田主要杂草（图 2-27）

禾本科杂草主要有稗草、千金子，少量马唐，少数田块有稻李氏禾、双穗雀稗；阔叶杂草主要有鸭舌草、鳢肠、泽泻、陌上菜、节节菜、水蓼、水竹叶、耳叶水苋、空心莲子草等；莎草科主要有异型莎草、碎米莎草、三棱草、藨草、飘拂草等。

千金子　　　　　　　　　　　鳢肠

稗草　　　　　　　　　　　稻稗

图 2-27　麦茬水直播稻田主要杂草

3. 稻茬麦田主要杂草

禾本科杂草主要有日本看麦娘、看麦娘（图 2-28）、菵草等，江淮东部有多花黑麦草，个别纯旱地有雀麦；阔叶杂草主要有稻槎菜、猪殃殃（图 2-29）、婆婆纳、繁缕、牛繁缕、荠菜、独行菜、野油菜（芥菜）、遏蓝菜、卷耳等。

图 2-28　看麦娘　　　　　　图 2-29　猪殃殃

第二节　稻茬小麦病虫草害绿色防控技术

一、稻茬小麦病虫害绿色防控

小麦病虫害绿色防控是在农业防治的基础上，推广生态控制、生物防治，保护和利用麦田害虫的各种天敌，发挥天敌自然控害作用。化学防治坚持以生育期为主线，重点抓好小麦播种期、返青后期至拔节初期和抽穗扬花期等关键生育期的病虫害总体防控，即小麦播种期做好种子处理，防治地下害虫和土传病害等；小麦返青后期至拔节初期以纹枯病为主治对象，兼治麦蜘蛛、麦蚜等其他病虫；小麦齐穗见花期，实施以赤霉病防控为主兼治锈病、白粉病、吸浆虫等的总体防控策略。

1. 播种期

实行种子包衣和药剂拌种，控制土传病害和地下害虫的发生危害。

地下害虫危害重的地区应使用杀虫剂拌种防治，每 50 千克小麦种子用有效成分吡虫啉种衣剂 120 克，或辛硫磷 40 克等进行拌种；拌种时将药剂加水 1 千克稀释，用喷雾器边喷边拌，拌后堆闷 1~2 小时，再摊开晾干即可播种。

沿淮稻麦区小麦纹枯病为常发病害，需选用对纹枯病防治效果好的拌种、包衣剂型。每 50 千克小麦种子用有效成分苯醚甲环唑悬浮种衣剂 3~4.5 克进行拌种或种子包衣（可采用种子包衣机进行直接包衣，或采用人工方法进行包衣，即将小麦种子与包衣药剂放在塑料袋内人工翻转、抖动混匀）。

小麦全蚀病发生地区每50千克小麦种子用有效成分申嗪霉素0.5～1.0克，或硅噻菌胺10～20克，或苯醚甲环唑7.5～9克，或苯醚甲环唑·吡虫啉·咯菌腈70～90克拌种，或采用种子包衣处理。小麦全蚀病、根腐病和茎基腐病发生严重地区，播种前可对已标定的发病区域进行局部土壤处理，药土比例1:（20～50），选用甲基硫菌灵（甲基托布津），或多菌灵，或福美双，每平方米有效成分3～4克，犁耙前施入发病区域。

拌种或局部土壤处理时要按规定用量使用，不能随意加大用药量，防止产生药害。

2. 返青-拔节期

小麦返青-拔节期，应以纹枯病等土传病害防治为主，兼治苗期蚜虫和麦蜘蛛。

纹枯病防治可选用井冈·蜡芽菌、苯甲·丙环唑、噻呋酰胺、井冈霉素A、丙环唑等药剂，为兼治叶部病害也可选择戊唑醇等广谱性杀菌剂，或苯甲·丙环唑等复配剂；选择上午有露水时施药，适当增加用水量，使药液能流到麦株基部。重病区首次施药后10天左右再防一次。遇涝时及时清沟沥水，降低田间湿度，减轻病害发生程度。

蚜虫防治时注意保护利用天敌，重点保护好七星瓢虫、龟纹瓢虫、蚜茧蜂、草蛉等优势种天敌。当天敌单位数量与蚜虫数量比例大于1:300时，可有效控制麦蚜危害，不必施药防治麦蚜。当田间麦蚜发生量超过防治指标（苗期每百株300头）、天敌数量在利用指标以下时，可选用吡蚜酮、呋虫胺、啶虫脒、氟啶虫胺腈、噻虫嗪等对天敌杀伤作用较小的药剂兑水喷雾防治。

3. 齐穗-成熟期

小麦齐穗至见花期应以赤霉病为主要防控对象，兼治锈病、白粉病等叶部病害和穗蚜。

要准确抓住小麦齐穗至扬花期（见花打药）开展小麦赤霉病第一次防治，选择渗透性、耐雨水冲刷性、持效性较好且对锈病、白粉病有兼治作用的药剂，如丙硫菌唑单剂，或氰烯·戊唑醇、丙唑·戊唑醇、咪铜·氟环唑、丙硫·戊唑醇、唑醚·戊唑醇、唑醚·氟环唑、戊唑·百菌清、井冈·戊唑醇、戊唑·咪鲜胺、戊唑·噻霉酮、丙环·福美双、戊唑·福美双、甲硫·己唑醇等复配制剂，或选择氰烯菌酯、丙硫菌唑、吡唑醚菌酯单剂与戊唑醇等混用，用药量要足，兑水喷施。是否需要第二次防治，应根据小麦扬花期天气情况而定，若开花期遇连阴雨天气，应于第一次施药后5～7天开展第二次防治，以控制赤霉毒素为主，选择氰烯菌酯等对赤霉毒素抑制作用强的杀菌剂。

当麦田蚜虫发生量超过每百穗500头、天敌数量在利用指标以下时，可选用吡蚜酮、呋虫胺、啶虫脒、氟啶虫胺腈、噻虫嗪等药剂兑水喷雾防治，兼治麦田灰飞虱。后期穗蚜发生量大时，可选用噻虫·高氯氟、联苯·噻虫胺、联苯·噻虫嗪等药剂进行防治。蚜虫防治可与赤霉病防治结合进行，达到一喷多防的效果。

二、稻茬小麦重点病虫害综合防治

1. 纹枯病

种植抗病品种：虽然目前生产上缺乏对小麦纹枯病的抗性品种，但品种间抗病、耐病能力仍存在较大差异，在纹枯病的重病区应选择种植矮抗 58、宁麦 9 号等耐病高产品种，以减轻病害造成的损失。

加强田间管理：加强田间管理是防治纹枯病的基础。应适期并适当推迟播种以减少冬前病菌侵染秋苗的机会，减轻病害发生；控制密度，根据田块肥力水平，合理掌握播种量，以改善田间通风透光；合理施肥，应遵循控制施用氮肥、平衡施用磷钾肥的原则，对于重病田块应增施钾肥，以提高麦株的抗病能力；及时清沟沥涝，降低田间湿度。

药剂防治：播种前应用化学药剂苯醚甲环唑、戊唑醇等拌种，拔节期喷施井冈霉素、丙环唑等药剂防治，能有效控制纹枯病的发生。

2. 白粉病

种植抗病品种：种植抗病良种是防治小麦白粉病的首选措施，目前由于各地加强了品种审定时对病害的抗性要求，各地新推广种植的大多数品种对白粉病均有不同程度的抗性，在应用时应合理布局，避免单一品种的大面积种植。

药剂防治：江淮稻麦区，白粉病主要在春季危害，通常于孕穗末期至抽穗初期、病叶率达到 10% 以上时施药防治。此外，药剂种子处理对防治早春白粉病发生危害亦有一定的防治作用。

种子处理可选用苯醚甲环唑等药剂，使用戊唑醇等三唑类药剂拌种时应注意控制药剂用量，以防发生药害。生长期施药防治可与赤霉病防治相结合，选择广谱性杀菌剂或复配杀菌剂，达到一喷多防的目的。对早期出现的发病中心，要立即围歼防治，控制其蔓延。可选用烯唑醇、三唑酮、丙环唑、腈菌唑、醚菌酯、氟环唑等药剂喷雾防治。重病田块在前次喷药 7～10 天后再防治一次。

3. 锈病

防治小麦锈病应采取种植抗病品种为主、化学防治为辅的措施。

种植抗病品种：种植抗病品种是防治锈病最经济、有效的措施。鉴于目前生产上应用的抗病品种多为小种专化型品种的状况，在小麦种植时应注意品种的合理布局，避免大面积种植单一抗病品种，以增加抗性品种的使用年限。

化学防治：化学防治是减轻锈病危害的重要辅助措施，在江淮稻麦区主要控制病害春季的发生和流行。目前，戊唑醇、三唑酮等三唑类杀菌剂对锈病的防治效果较好，应用较为普遍。小麦拔节至抽穗期、病叶率达 20％左右时，应及时施药消灭发病中心或进行全面防治。

4. 赤霉病

小麦赤霉病防治应以种植抗病品种为基础，化学防治为重点，辅助以农业防治措施。

种植抗病品种：虽然目前生产上缺乏小麦赤霉病抗性品种，但品种间抗病、耐病水平存在较大差异，目前沿淮稻麦区已成为小麦赤霉病的常发重发地，应尽可能选择一些对赤霉病中等抗性水平以上的丰产品种。

化学防治：鉴于目前生产上种植的多为感病或中抗品种，在病害流行年份赤霉病发生较重时，化学防治仍是防治赤霉病的重要手段，首次施药的时间和药剂用量对病害的防治效果影响很大。一般情况下，小麦先抽穗后扬花，扬花初期（10％左右）首次施药，即是我们常说的"见花打药"；若遇穗期高温，小麦边抽穗边扬花，此时施药应提前至齐穗期，首次施药量一定要足，一般按照药剂推荐用量偏上限施用。施药应抢在雨前进行，如施药关键期遇雨，应抢抓雨停间歇期喷施，药液干后 1 小时淋雨，药效一般不减；如遇细雨，可照常施药，但施药浓度要提高 10％～20％。首次施药后，应密切关注当地天气预报，若后期降雨偏多，应在首次施药后5～7 天再喷药防治一次。

目前，对小麦赤霉病防治效果较好的药剂主要有氰烯菌酯、丙硫菌唑、氟唑菌酰羟胺、氰烯菌酯·戊唑醇等。应当指出，多菌灵自 1972 年起即在我国广泛应用于小麦赤霉病的防治，在沿淮稻麦区抗药性产生已较为严重，应避免单一使用多菌灵进行赤霉病的防治。

生物防治：枯草芽孢杆菌对小麦赤霉病菌有一定的抑制作用，小面积试验对赤霉病也有一定的防治效果，但大面积使用的效果尚未可知。

农业防治：提高秸秆还田质量，减少裸露土表的秸秆量，减少田间菌源量；加强田间管理，做到三沟配套，避免渍害、湿害，降低田间湿度；增施磷、钾肥，防止倒伏和早衰，以上措施均可减轻赤霉病的发生和危害。但还应提醒大家注意的是，小麦收获后要及时脱粒、晾干，以防止麦粒霉变，减少毒素的进一步增加。

5. 蚜虫

小麦蚜虫的防治应以农业防治为基础，必要时采用化学防治，并注意保护天敌。在黄矮病发生区域，要做到治蚜防病，重点做好小麦苗期蚜虫的防治；其他区域的防治重点是控制穗期蚜虫危害。

农业防治：清除田边杂草寄主、早春镇压、适时冬灌等对防治早期蚜虫有一定的作用。此外，合理施肥、促生壮苗、增强抗蚜能力，也是防蚜增产的有效措施。

化学防治：在苗期蚜虫发生较重的地区，特别是小麦黄矮病发生区，种子处理是大面积治蚜防病的有效措施，可选用吡虫啉等药剂拌种，晾干后播种，也可用百威颗粒剂处理土壤后播种，均可有效防止苗蚜的危害。穗期蚜虫的防治应在小麦扬花后麦蚜数量急剧上升期实施，可选择噻虫嗪、吡蚜酮等速效、低残留农药，以减少对谷物的污染和对天敌的杀伤作用。在蚜虫暴发的年份和地区，于小麦扬花期防治后还应视灌浆期的虫口密度进行必要的补治。

三、稻茬小麦田杂草化学除草

麦田化学除草适期有秋苗期和春季返青期两个时期。在小麦3～5叶期、日均温8℃以上时，应抓住冬前晴好天气及时开展化学除草；对于秋播时没有除草或除草效果不佳的田块春季返青后应及时补除，补除时应关注天气，若遇温度过低时（日均气温低于5℃）暂缓施药，待气温回升时及时补除。

1. 麦田阔叶杂草防除

防除猪殃殃等阔叶杂草，每亩用有效成分氯氟吡氧乙酸10克，或唑草酮1.8～2克，或双氟·唑嘧胺0.6～0.78克，或双氟·氟氯酯1～1.3克，或双氟·氟氯吡9～12克，兑水40千克左右，于小麦3～5叶期茎叶喷雾。

2. 麦田禾本科杂草防除

防除看麦娘、野燕麦等禾本科杂草，每亩用有效成分精噁唑禾草灵2.8～4.1克，或炔草酸4.5克，或唑啉·炔草酯5～6克，或唑啉草酯5～6克，兑水40千克左右，于麦田看麦娘2叶至小麦拔节前茎叶喷雾。

3. 禾本科、阔叶杂草混生杂草防除

防除禾本科、阔叶杂草混生的小麦田杂草，每亩用有效成分啶磺草胺水分散剂0.9克，或氯氟吡氧乙酸10～14克加精噁唑禾草灵3.5克，兑水40千克左右，于小麦3～4叶期至拔节前茎叶喷雾。也可在小麦播后苗前，每亩用氟噻·吡酰·呋有效成分20～30克进行土壤封闭除草。

免耕麦田除草，可于小麦播种前1～2天，每亩用有效成分草胺膦12～20克，兑水全田喷雾。

第三节　水稻病虫草害绿色防控技术

一、水稻病虫草害综合防治技术

坚持"预防秧苗期，放宽分蘖期，保护成穗期"的管理总原则，以稻田生态系统和健康水稻为中心，以抗（耐）病虫品种、生态调控为基础，优先采用农艺措施、昆虫信息素、生物防治等非化学防治措施，增强稻田生态系统自然控害能力，降低病虫发生基数。推行种子处理及苗期病虫害预防、穗期病虫达标控害的总体防治技术，应用高效、生态友好型农药应急防治，控制水稻病虫草害。

1. 基础性预防技术

因地制宜选用抗（耐）性品种；采用科学肥水管理、翻耕灌水灭蛹、适时晒田及清洁田园等农艺措施；科学开展生态调控，田埂和田边保留功能杂草（田埂保留杂草见图 2-30），种植芝麻、大豆、波斯菊等显花植物（图 2-31），涵养寄生蜂、蜘蛛和黑肩绿盲蝽等天敌，路边、沟边、机耕道旁种植香根草等诱集植物。

图 2-30　田埂保留杂草　　　　图 2-31　种植显花植物

（1）深耕灌水灭蛹控螟　利用螟虫化蛹期抗逆性弱的特点，在春季越冬代螟虫化蛹期统一翻耕冬闲田、绿肥田，灌深水浸没稻桩 7～10 天，降低虫源基数。

（2）生态工程保护天敌和控制害虫技术　田埂保留禾本科杂草，为天敌提供过渡寄主；田埂种植芝麻、大豆等显花植物，保护和提高蜘蛛、寄生蜂、黑肩绿盲蝽等天敌的控害能力；人工释放稻螟赤眼蜂，增强天敌控害能力。田边种植香根草等诱集植物，丛距 3～5 米，减少二化螟和大螟的种群基数。

2. 绿色防控技术

（1）种子处理、秧田阻隔和带药移栽预防病虫　采用咪鲜胺和赤·吲乙·芸苔进行种子处理，预防恶苗病和稻瘟病，培育壮秧；用吡虫啉种子处理剂拌种或浸种，也可用 20 目防虫网或无纺布阻隔育秧，预防秧苗期稻飞虱、稻蓟马及南方水稻黑条矮缩病、锯齿叶矮缩病、条纹叶枯病和黑条矮缩病等病毒病。秧苗移栽前 3 天左右施药，带药移栽，预防稻瘟病、稻蓟马、螟虫、稻飞虱及其传播的病毒病。

（2）性信息素诱杀害虫技术　二化螟越冬代和主害代、稻纵卷叶螟主害代蛾始见期，集中连片设置性信息素和干式飞蛾诱捕器，诱杀成虫，降低田间卵量和虫量。性诱技术见图 2-32，灯诱技术见图 2-33。

图 2-32　性诱技术

图 2-33　灯诱技术

（3）生物农药防治病虫技术　生物农药可用于防治害虫，如苏云金杆菌和球孢白僵菌可防治二化螟、稻纵卷叶螟，卵孵化始盛期施用，有良好的防治效果，尤其是在水稻生长前期使用，可有效保护稻田天敌，维持稻田生态平衡。防治稻纵卷叶螟还可在卵孵化始盛期施用球孢白僵菌。采用人工释放赤眼蜂防治害虫技术。于二化螟蛾高峰期和稻纵卷叶螟迁入代蛾高峰期可人工释放稻螟赤眼蜂防治，每次放蜂 10 000 头/亩，每代放蜂 2～3 次，间隔3～5 天。

（4）稻鸭共育（图 2-34）治虫防病控草技术　水稻移栽后 7～10 天，禾苗开始返青分蘖时，将 15 天左右的雏鸭放入稻田饲养，每亩稻田放鸭 10～20 只，破口抽穗前收鸭。通过鸭子的取食活动，可减轻纹枯病、福寿螺、稻飞虱和杂草等病虫草害。

图 2-34　稻鸭共育

3. 药剂总体防治技术

（1）播种-秧苗期　开展药剂浸种或拌种。可选用肟菌·异噻菌胺、氰烯菌酯、乙蒜素等预防恶苗病、烂秧病、苗瘟等病害；选用噻虫嗪、吡虫啉等专用种衣剂拌种，防治稻蓟马、灰飞虱危害。对秧田灰飞虱、螟虫等发生较重田块，选择性防治，用好送嫁药。

（2）分蘖期　不施药或施用低毒农药，保护寄生性和捕食性天敌，卵寄生率可提高40%～60%，可持续控害能力明显增强，从而减少中后期施药次数。分蘖盛期可根据防治指标对稻纵卷叶螟进行防治。

（3）破口前　重点防治纹枯病、穗瘟、稻曲病、稻飞虱、稻纵卷叶螟、螟虫等病虫害。根据水稻品种特性、主要病虫种类、发生程度、发生期，因地制宜确定主治对象，合理混配药剂，治"主"兼"次"，达到"一喷多防"的效果。

稻曲病的防治适期见图2-35。

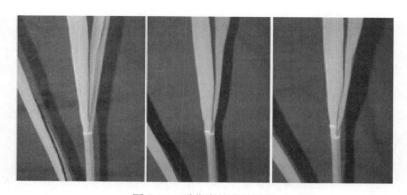

图 2-35　稻曲病的防治适期

（4）穗期　以稻飞虱、稻曲病、穗瘟病为主治对象，兼治穗腐病等其他病虫害。

二、麦茬水稻主要病虫害综合防治

1. 稻瘟病

防治稻瘟病应采用以种植抗病、丰产品种为中心，以加强肥水管理和化学防治为辅的综合治理措施。

① 种植抗病、丰产品种。选用抗性优质品种。倡导种植中抗稻瘟病以上的优质品种，水稻品种在连续种植4～5年后要及时更换。

② 加强肥水管理。科学管理肥水，既可改善田间小气候条件，控制病菌的繁殖和蔓延，又可提高植株抗性，有利于病害防控。注意氮、磷、钾合理配合，适当施用含硅酸的肥料（如草木灰、矿渣等），施足钾肥，冷浸田要注意增施磷肥，可有效降低发病率。水的管理强调分蘖前期以前和孕穗期以后浅水勤灌，生长中后期干干湿湿，以干为主。

③ 化学防治。坚持种子处理，巧治叶瘟，狠抓穗瘟，喷施药剂。

种子处理：水稻播种前用肟菌·异噻胺等药剂拌种。

巧治叶瘟：感病品种、肥水条件高、发病中心出现早的田块是主要防治对象田。以稻株上部三片叶为准，病叶率为3%左右施药并及时控制发病中心，用药剂喷施1～2次。

狠抓穗瘟：穗瘟是防治的重点，抽穗前5～7天和稻曲病防治相结合，感病品种要严格做到破口前3～5天喷药预防，齐穗期补治。

喷施药剂：生物制剂可选用春雷霉素、多抗霉素、枯草芽孢杆菌、井冈·蜡芽菌等；化学制剂可选用三环唑、肟菌·戊唑醇、戊唑·嘧菌酯、稻瘟酰胺、嘧菌酯、三环·氟环唑等。

2. 稻曲病

控制稻曲病危害主要采取农业防治措施，并结合化学防治。

利用抗病品种：选用高产、抗病、早熟品种可有效减轻稻曲病危害。

化学防治：于水稻破口前7～10天（10%水稻剑叶叶枕与倒二叶叶枕齐平时），及时开展化学防治，视天气情况，破口期再治一次。

防治药剂：生物制剂可选用井冈·蜡芽菌、井冈霉素A（24%及以上高含量制剂）等；化学药剂可选用肟菌·戊唑醇、苯甲·嘧菌酯、氟环唑、咪铜·氟环唑、戊唑·嘧菌酯、苯甲·丙环等。

3. 水稻纹枯病

加强肥水管理，结合适时的化学防治可以较好地控制水稻纹枯病的危害。

加强肥水管理：根据水稻的生长特点，合理排灌，贯彻"前浅、中晒、后湿润"的原则，避免长期深灌和过度晒田。注意氮、磷、钾肥的合理搭配使用，氮肥应早施，切忌水稻生长中期、后期大量施用氮肥。

化学防治：一般水稻分蘖末期病丛率达15%，或拔节至孕穗期病丛率达20%的田块，需要及时用药防治。防治药剂可选择井冈·蜡芽菌、井冈霉素A（24%及以上高含量制剂）等生物制剂，也可选用噻呋酰胺、肟菌·戊唑醇、苯甲·嘧菌酯、氟环唑、咪铜·氟环唑、己唑·嘧菌酯、噻呋·戊唑醇等化学药剂。施药时药液要均匀喷在稻株中下部，重病田块第一次施药7～10天后再治一次。

4. 稻飞虱和稻纵卷叶螟等"两迁"害虫

科学管理肥水：实行测土配方施肥，浅水勤灌，适时适度烤田，优化稻田生态环境，促进水稻健壮生长，提高水稻抗逆性。

保护利用天敌：提倡单季稻大田7月初前尽量不用化学农药，营造有利于稻田天敌繁衍的生态环境，促进其建立有效控害种群，发挥自然天敌控害作用。示范人工释放赤眼蜂技术。提倡稻田养鸭、稻"渔"共育等综合种养技术，提高水稻生产综合效益。

开展诱杀控害：在有条件连片种植区，推广稻纵卷叶螟性诱技术。

抓好药剂防治：稻飞虱分蘖至孕穗期百丛虫量1 000头、穗期百丛虫量1 500头、稻纵卷叶螟分蘖期百丛水稻束叶尖150个、孕穗后百丛水稻束叶尖60个时，需要及时实施药剂防治。防治稻纵卷叶螟，可选用短稳杆菌、苏云金杆菌（Bt.）、金龟子绿僵菌CQMa421、甘蓝夜蛾核型多角体病毒、球孢白僵菌、氯虫苯甲酰胺、四氯虫酰胺、茚虫威、阿维·茚虫威、甲维·茚虫威等；防治稻飞虱，可在卵孵化始盛期至低龄幼虫高峰期施用金龟子绿僵菌CQMa421、球孢白僵菌等，也可选用烯啶虫胺、氟啶虫胺腈、吡蚜酮、呋虫胺、氟啶虫酰胺、噻虫嗪、苦参碱等。

5. 稻螟虫

翻耕灌水灭蛹：越冬代螟虫化蛹高峰期，冬闲田及时翻耕灌深水并保持一周以上；一代螟虫化蛹之前降低田间水位，化蛹高峰期适度灌深水一周左右，压低虫源基数。

栽培避螟：单季晚粳稻区水稻播期调整至6月10日左右，减轻一代二化螟危害。

理化诱控和释放天敌：推广二化螟性诱技术，释放稻螟赤眼蜂寄生控害。

科学开展药剂防治：分蘖期二化螟枯鞘丛率8%～10%或枯鞘株率3%，穗期于卵孵化高峰期施药。二化螟一代重点防治单季稻秧田和冬闲田早中稻，二代重点防治单季稻田，防治适期在卵孵高峰期，重发区域7～10天后补治一次；三代重点防治迟熟单季稻。大螟：结合二化螟防治开展兼治。可选用苏云金杆菌（Bt.）、金龟子绿僵菌CQMa421、氯虫苯甲酰胺、甲氧虫酰肼、阿维·氯苯酰、溴氰虫酰胺、多杀霉素等药剂进行喷施。

三、麦茬稻田杂草化学防除

1. 直播田除草

总体方针：一封、二杀、三补。

（1）封

① 水直播。播种后1～3天，可选用20%苄嘧·丙120～150克/亩，或者30%丙苄100～120克/亩喷雾使用；也可播后3～7天，选用30%丙苄100～120克/亩＋2.5%五氟磺草胺50～60毫升/亩喷雾使用，达到封杀结合，延缓封闭持效期。

② 旱直播。播后上水，水排干后即开始用封闭除草剂，一般用40%丁·噁150毫升或33%二甲戊灵250毫升，加吡嘧磺隆喷雾。

（2）杀 直播后15～20天，杂草基本出齐时进行。

非抗性稗草田块，每亩使用10%氰氟草酯100毫升＋2.5%五氟磺草胺100毫升喷雾防治，或者使用15%五氟·氰氟草125～150毫升，也可使用10%双草醚40～60毫升加50%二氯喹啉酸30～50克一次性防除千金子、稗草等禾本科杂草以及部分阔叶杂草和莎草科杂草。

抗性稗草田块，水稻 4 叶 1 心之后，每亩使用 3％氯氟吡啶酯 60～80 毫升＋30％氰氟草酯 200 毫升喷雾防治，可一次性防除稗草、千金子、水竹叶、鸭舌草、鲤肠、陌上菜、水苋菜、碎米莎草、异性莎草等禾本科杂草及部分阔叶莎草等。

以马唐为主的旱直播田块，建议水稻 3 叶 1 心之后，每亩使用 10％噁唑酰草胺 80～100 毫升＋10％～30％氰氟草酯 200 毫升，同时防除马塘、稗草、千金子、狗尾草等禾本科杂草；后期阔叶杂草再用 2 甲·灭草松 100～150 毫升，或者 38％苄嘧·唑草酮 10～15 克/亩、20％氯氟比氧乙酸 20～30 毫升/亩进行喷雾防治。

每亩以 10％噁唑酰草胺 80～100 毫升＋3％氯氟吡啶酯 60～80 毫升＋10％～30％氰氟草酯 200 毫升喷雾使用，可一次性防除马塘、稗草、千金子、狗尾草、鸭趾草、水花生、碎米莎草、异性莎草等禾本科杂草及部分阔叶杂草等。

（3）补　对之后还有可能发生的各种杂草采取补杀的方法，具体如下：

① 以一年生阔叶杂草和莎草科杂草（特别是丁香蓼、野荸荠、牛毛毡等杂草为主的）为主的地块。在杂草基本出齐后每亩使用 2 甲·灭草松 100～150 毫升，或者 38％苄嘧·唑草酮 10～15 克/亩进行喷雾防治。

② 以抗性千金子为主的地块。在水稻 4 叶 1 心后，每亩使用 6％三唑磺草酮 300 毫升（但仅限于粳稻、糯稻田使用），或者 20％双环磺草酮 200 毫升/亩（也仅限于粳稻、糯稻田使用），其他田块也可用敌稗·异噁草松来进行补治。

（4）注意事项

① 茎叶处理药剂施药前须排干田水，施药后 24～48 小时覆水（以不会淹没秧苗心叶为准），保水 5～7 天，保水时间越长，持效期就越长。

② 茎叶喷雾务必做到喷雾均匀，打匀打透。

③ 建议根据杂草密度、草龄大小、抗性程度适当调整药剂亩用量。

2. 移栽田除草

（1）抛秧田　早中稻抛秧后 5～7 天、晚稻抛秧后 3～5 天，每亩可选用 69％苯噻酰·苄 46～50 克，或 18.5％异丙草·苄 25～40 克，或 30％丁草胺·苄嘧磺隆 90～120 克；也可在抛秧后 5～10 天，每亩用 40％五氟·丁草胺 125～150 毫升，或 10％吡嘧磺隆 10～20 克，拌尿素或毒土撒施。还可用 40％五氟·丁草胺 125～150 毫升茎叶喷雾，要求田间平整，施药前田中留水 3～5 厘米，施药后保水 5～7 天，漏水田要缓慢补水。

（2）机插田除草技术　机插后 5～7 天，每亩可选用 69％苯噻酰·苄 46～50 克，或 30％丁草胺·苄嘧磺隆 90～120 克，拌尿素或毒土撒施。也可每亩使用 40％五氟·丁草胺 125～150 毫升茎叶喷雾，或 19％氟酮磺草胺 12 毫升/亩＋20％苄嘧/吡嘧 10～20 克，进行田间喷雾（要求田间平整，施药前田中留水 3～5 厘米，施药后保水

5～7 天，漏水田要缓慢补水）。还可在机插后 5～10 天，每亩用 10％吡嘧磺隆 10～20 克，或 40％五氟·丁草胺 125～150 毫升，拌尿素或毒土撒施。

此外，还可于水稻机插前 3～7 天或水稻机插后 4～6 天，杂草 1 叶 1 心前，稻田灌水整平后呈泥水或清水状态时每亩使用 35％丙噁·丁草胺兑水 20～30 千克，均匀喷雾（或甩喷）于 3～5 厘米水层中，或每亩兑 3～7 千克沙土（或化肥）均匀撒施到 3～5 厘米稻田水层中（移栽后不可喷雾使用，以免引起药害）。施药后保 3～5 厘米水层 3～5 天或以上，原则上只灌不排，水层勿淹没水稻心叶以避免药害。

（3）移栽田茎叶喷雾处理除草　移栽田茎叶喷雾处理除草技术参见直播田除草技术。

此外，移栽田一般阔叶杂草防治可在水稻插秧 15 天后，在阔叶杂草基本出齐后，每亩使用 38％苄嘧·唑草酮 10 克，或者 2 甲·灭草松 150 毫升喷雾防治。

第四节　培训技术材料

一、小麦赤霉病防治技术

小麦赤霉病病菌在抽穗扬花期侵染，灌浆期危害，收获前成灾。由于小麦赤霉病发生危害具有隐蔽性、暴发性，一旦侵染危害，错过防治适期，将会给小麦生产带来严重影响。

1. 防治适期

小麦齐穗-扬花期开展第一次预防（见花打药），5～7 天后开展第二次预防。若抽穗扬花期遇连阴雨天气，要开展第三次防治。

2. 药剂选择

小麦开始见花时，选择渗透性、耐雨水冲刷性、持效性较好且对白粉病、锈病有兼治作用的农药，如氰烯·戊唑醇、戊唑·咪鲜胺、丙环·福美双、丙硫·戊唑醇、咪鲜·甲硫灵、苯甲·多抗、苯甲·丙环唑、戊唑·百菌清、井冈·蜡芽菌、甲硫·戊唑醇、戊唑·多菌灵、咪锰·多菌灵、戊唑·福美双、氰烯菌酯、60％多·酮和 80％多菌灵可湿粉等，兑水喷雾防治。

3. 注意事项

小麦赤霉病施药防治时，要用足药量，且注意药剂的轮换使用，以减轻病害后期危害损失和避免病菌产生抗药性。要用足水量，机动弥雾机每亩药液量 15 千克，手动喷雾器每亩药液量 50 千克左右。要对准部位，以穗部为喷药重点，手动喷雾器喷头向下，做到喷雾均匀，机动喷雾机要掌握好行走速度，不留空白。

二、水稻病虫害绿色防控技术

1. 旋耕灭螟

二化螟越冬代化蛹高峰期，冬闲田及时翻耕，达到杀蛹灭螟、降低基数的目的。

2. 选用抗病品种

选用较抗稻瘟病、稻曲病水稻品种。避免种植抗性差、易感病品种。

3. 种子处理

播种前，每千克稻种用吡虫啉有效成分 0.3 克兑水 1.5 千克浸种防治稻蓟马、稻飞虱，用咪鲜胺 2 500～3 000 倍液浸种预防稻瘟病。

4. 栽培避螟

推迟播期 7～10 天，以避开和减轻二化螟主害代的危害。

5. 防虫网覆盖育秧

秧田应用防虫网全程覆盖育秧，防止稻飞虱取食危害，同时控制稻飞虱传播病毒病。

6. 科学田管

做好田间水肥管理，前期促进早发，中期适时适度烤田，后期控制氮肥使用，促进水稻健壮生长，增强稻株的抗（耐）病虫性。

7. 捕虫器诱杀害虫

于核心示范区安装太阳能多功能扇吸式智能捕虫器。利用昆虫趋光、趋声、趋味的特点施以相应的引诱措施，实现看、听、闻多方式集成引诱兼主动吸捕，充分提高捕虫效率，有效保护益虫。

8. 香根草诱卵

于田埂上种植一定数量的香根草，利用其对二化螟、大螟等螟虫雌虫的诱集作用，使其在上产卵，进行集中灭杀，减轻水稻螟虫的危害。

9. 性诱剂诱杀二化螟

重点示范诱集越冬代二化螟，每亩放置飞蛾类通用诱捕器 1 个，内置诱芯 1 个，主要诱集越冬代。同时，积极开展性诱剂诱集稻纵卷叶螟试验。

10. 赤眼蜂防治螟虫

分别于稻纵卷叶螟、大螟和二代二化螟发生期释放带毒赤眼蜂，寄生螟虫卵，达到减药控害的目的。

11. 保护利用天敌

一季稻 7 月初前不用化学农药，为稻田蜘蛛及卷叶螟绒茧蜂等天敌种群生长营造适宜环境，发挥自然天敌对稻飞虱、稻纵卷叶螟等的控制作用。

三、应对新型冠状病毒，做好小麦春季管理

2020 年年初，我国遭受严重的新型冠状病毒肺炎疫情，给小麦的春季管理带来困难。立春后，江淮项目区的小麦陆续进入起身拔节期。面对严峻的形势，项目区干群要在做好疫情防控的同时，根据麦苗特点，分类施策，抓住关键时间节点，做好项目区小麦春季管理，为夏季丰产丰收奠定基础。

1. 排水降湿，减轻渍害

2020 年 1 月安徽降水量异常，据安徽省气象部门发布的数据表明，全省平均降水量 121 毫米，较常年同期异常偏多近 1.6 倍，为 1961 年以来最多。冬季超常的降水量导致稻茬田及低洼地块渍害较重，造成部分田块小麦生长不良，植株矮小，叶片发黄，黑根增加。要以清沟降湿促根生长为重点，全面排查并突击清理稻茬小麦田块内外"三沟"，确保麦田"三沟"畅通，排水顺畅，做到雨止地干、沟无积水，促进根系生长。开沟泥土要均匀散开，避免损伤麦苗。

2. 适时化除，控制杂草

沿淮和江淮地区降水异常偏多，稻茬小麦田块杂草总体发生较重，杂草与小麦争光、争水、争肥、恶化麦田小气候，对小麦丰产构成潜在威胁。要根据稻茬小麦杂草发生种类及危害特点，分类指导抓好田间管理与化学防控。以看麦娘、野燕麦、雀麦等禾本科杂草为主的田块，可亩选用 5％唑啉·炔草酯乳油 80 毫升、15％炔草酯微乳剂 40 毫升加 3％甲基二磺隆 30 毫升兑水均匀喷雾。对阔叶杂草和禾本科杂草混发田块，可亩用 3％甲基二磺隆 30 毫升或 15％炔草酯 40 毫升加 20％氯氟比氧乙酸 50 毫升兑水均匀喷雾。春季化学除草的有利时机是在 2 月中下旬至 3 月上旬，于小麦返青期及早进行，小麦拔节后不宜化学除草。除草剂应严格按照说明书推荐剂量使用，严禁用药量过大，避免重喷；亩用水量不能低于 30 千克；密切关注天气，化除宜选择日平均气温 8 ℃以上、晴朗无风的中午前后气温较高时施药，在冷尾暖头施药，避开寒流；施药后 5 天内不可施肥。

3. 科学用肥，促弱转壮

受 2019 年秋种期间严重干旱影响，部分稻茬小麦播期偏晚，苗小苗弱，群体不足。要认真开展苗情调查，准确把握苗情动态，根据苗情开展分类管理，千方百计促进苗情转化。抓住早春气温回升的有利时机，因苗实施管理，确保小麦返青起身期有充足的肥水供应，巩固年前分蘖，加快春生分蘖生长，促进分蘖成穗。对于二、三类苗，一般于 2 月上中旬每亩追施尿素 5～7.5 千克，趁雨撒施，促进春季分蘖早生快长。一类苗推迟追肥时间，可直接追施拔节肥，每亩追施尿素 8～10 千克。

4. 精准用药，绿色防控病虫害

在小麦返青到拔节期间，防治纹枯病、根腐病可选用 250 克/升丙环唑乳油每亩

30~40毫升，或300克/升苯醚甲环唑·丙环唑乳油每亩20~30毫升，或240克/升噻呋酰胺悬浮剂每亩20毫升兑水喷小麦茎基部，间隔10~15天再喷一次；防治小麦茎基腐病，宜每亩选用18.7%丙环·嘧菌酯50~70毫升，或每亩用40%戊唑醇·咪鲜胺水剂60毫升，喷淋小麦茎基部；防治麦蜘蛛，可亩用5%阿维菌素悬浮剂4~8克或4%联苯菊酯微乳剂30~50毫升。同时加强小麦蚜虫和赤霉病等病虫害预测预报，做到早防早治、统防统治。

5. 防疫优先，确保安全

要充分认识新型冠状病毒肺炎疫情的严峻形势，使农民群众在小麦生产管理中强化自我防护，确保身体健康和生命安全。在农事操作中要正确佩戴口罩、勤洗手、不聊天，尽量做到一人独立完成农事操作，杜绝在小麦田管过程中传播疫情。发挥种植大户和龙头企业装备先进、服务功能强的优势，在病虫草害的统防统治、科学用肥等环节，对项目区周边农户开展服务和帮扶。

第五章

稻麦轮作秸秆还田机械化技术

安徽省小麦、水稻年种植面积约 8 000 万亩，2019 年小麦、水稻产量达到 657.4 亿斤，年秸秆生产量达 3 000 万吨。秸秆中含有丰富的纤维素和木质素，含碳源、氮源、矿物质、维生素等多种营养物质，是一种可再生资源，具有很高的利用价值。

秸秆中含有大量的新鲜有机物料，在还田之后，经过一段时间的腐解作用，就可以转化成有机质和速效养分，能有效改善土壤性状，使土壤容重降低，增加通气孔隙，增加团粒结构，使耕层土壤较为疏松，微生物活性增加，土壤长期缺乏的一些微量元素也得以弥补，保水保肥能力明显提高；促进土壤有机质及氮、磷、钾等含量的增加，使化肥施用量减少，据测算，秸秆还田两年后，在不影响产量的情况下，化肥中氮肥使用量减少 10%～20%，钾肥使用量减少 30% 左右。利用农业机械将农作物秸秆粉碎就地全量还田，实现了秸秆资源循环化再利用，减少了秸秆燃烧导致的环境污染和交通安全的问题。

第一节　技术内容

稻麦轮作秸秆机械化还田技术是将收获后的小麦、水稻全部粉碎并均匀抛撒在地表，再根据下茬作物种植的要求，应用秸秆还田机械进行埋茬、整地，然后再进行播种的技术。

稻麦轮作秸秆还田机械化技术包括小麦的秸秆环田机械化技术和水稻的秸秆还田机械化技术。小麦秸秆还田机械化技术包括小麦的联合收获、秸秆粉碎还田、耕整地、水稻的栽插等关键环节的机械化技术；水稻秸秆还田机械化技术包括水稻的联合收获、秸秆粉碎还田、耕整地及小麦播种等关键环节的机械化技术。

一、工艺路线

1. 小麦收获秸秆还田工艺路线

小麦收获秸秆还田工艺路线见图 2-36。

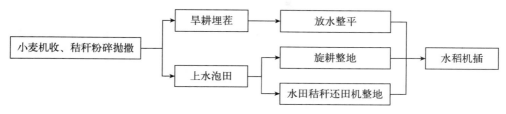

图 2-36　小麦收获秸秆还田工艺路线

2. 水稻收获秸秆还田工艺路线

水稻收获秸秆还田工艺路线见图 2-37。

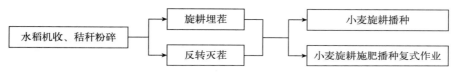

图 2-37　水稻收获秸秆还田工艺路线

二、技术要点

1. 小麦秸秆还田技术要点

（1）小麦机械收获

① 收获条件。小麦蜡熟后期或完熟期时，地块中应基本无自然落粒，小麦不倒伏、地表无积水，小麦籽粒含水率为 13％～20％。植株茎秆全部黄色，叶片枯黄，茎秆尚有弹性，茎秆含水率为 20％～30％，小麦茎秆一般高度为 70～100厘米。

② 收获作业。选用具有秸秆切碎及均匀抛撒装置的收割机械，进行机械收获。在收获籽粒的同时，将秸秆切碎并均匀抛撒在田面。

③ 作业质量。小麦收获损失率≤2.0％，破碎率≤2.0％，含杂率≤2.5％，割茬高度≤18厘米，割茬高度一致、无漏割，地头地边处理合格。小麦秸秆切碎长度≤15厘米；切断长度合格率≤95％；漏切率≤1.5％；抛撒不均匀率≤20％，不得有堆积和条状堆积。

（2）增施氮肥或施用腐熟剂　秸秆粉碎全量还田条件下，增施氮肥以调节碳、氮比，加速秸秆腐烂，避免形成生物夺氮，每100千克秸秆增施尿素1千克，并进行机械旋耕埋茬；或每亩用2千克秸秆腐熟剂与5千克细土或腐熟有机肥拌匀，均匀撒施在已粉碎的秸秆上。

（3）机械旋耕埋茬　下茬种植水稻的田块，可采用旱耕水整和水耕水整两种方式将小麦秸秆混入土壤中。选用适宜的旋耕机械及时进行旋耕埋茬还田作业。

旱耕水整时用正（反）转旋耕机旱耕埋茬作业，再上水耙田整平。反转灭茬机需配套 100 马力*以上拖拉机。要求：旋耕深度≥15 厘米，连续 2 年以上旋耕地块宜适当加深。

水耕水整时先上水泡田 12～24 小时软化秸秆和土壤，再用 75 马力以上拖拉机配套的水田秸秆还田机或旋耕机进行耕翻、耙田整平。

作业质量要求耕深稳定性≥85％，埋茬深度≥4 厘米，秸秆埋茬率≥70％；水整后大田地表平整，田块高低差不超过 3 厘米。

（4）适度沉实及有害气体排放　耕整后田块必须适度沉实，达到泥水分清、沉淀不板结、水清不浑浊、上细下粗、上烂下实、不陷机、不壅泥。旋耕埋茬后应通过自然落干的方式，使秸秆腐解过程中产生的有害气体及时排放，因此在旋耕埋茬作业时灌水不宜过深，以便土壤沉淀时实现自然落干。

（5）机械插秧　根据茬口、品种以及当地农田条件等，提前育好标准壮秧；选择并调试好插秧机，根据栽培目标调节行、株距和基本苗，及时机插，提高栽插质量。作业质量要求：伤秧率≤4％，漂秧率≤3％，翻倒率≤3％，漏插率≤5％，栽插深度合格率≥90％，相对均匀合格度≥85％。

（6）栽后水浆管理　水稻移栽前，田面保持一定水层浸泡秸秆 4～10 天（季节允许可适当延长），使田面水层自然落干或保持 1～2 厘米水层，以利于有害气体释放。栽后浅水间歇灌溉，勤露田排毒；适当晾田，促生根分蘖；提前烤田平衡生长。

2. 水稻秸秆还田技术要点

（1）水稻机械收获

① 收获条件。水稻的完熟初期时，地块中应基本无自然落粒，水稻不倒伏，地表无积水，籽粒含水率为 15％～28％。一般认为，谷壳变黄、籽粒变硬、水分适宜、不易破碎标志着水稻进入完熟期。

② 收获作业。选用具有秸秆切碎及均匀抛撒装置的收割机械，进行机械收获。在收获稻谷的同时，将秸秆切碎并均匀抛撒在田面。

③ 作业质量。水稻收获损失率≤3.5％，破碎率≤2.5％，含杂率 2.5％，割茬高度≤18 厘米，割茬高度一致、无漏割，地头地边处理合格。水稻秸秆切碎长度≤15 厘米；切断长度合格率（茎秆切碎合格率）≥90％；抛撒不均匀率≤20％；漏切率≤1.5％，秸秆切碎后应达到软、散、无圆柱段和硬结段，抛撒均匀，不得有堆积。

（2）增施氮肥或施用腐熟剂　秸秆粉碎全量还田条件下，增施氮肥以调节碳、氮

---

* 马力为非标准计量单位，1 马力≈746 瓦。——编者注

比，加速秸秆腐烂，避免形成生物夺氮，每100千克秸秆增施尿素1千克，并进行机械旋耕埋茬；也可每亩用2千克秸秆腐熟剂与5千克细土或腐熟有机肥拌匀，均匀撒施在已粉碎的秸秆上。

（3）机械旋耕埋茬　及时进行旋耕埋茬还田作业，用铧式犁进行翻耕作业或用正（反）转灭茬旋耕机或旋耕机灭茬进行机械灭茬。深翻作业用80马力的拖拉机配套5～7铧犁进行，旋耕埋茬作业用100马力以上的拖拉机配套反转灭茬机作业一遍，或是用50马力以上的拖拉机配套旋耕灭茬机作业两遍，将秸秆翻埋入耕层土壤内，翻压深度15～20厘米，秸秆覆盖率在70%以上。

（4）机械整地　深翻埋茬后应及时用整地机械等整地，要求耕整后的田块，地头整齐，到边到角，实际耕幅一致，耕幅误差小于5厘米，无漏耕、重耕现象。耕深稳定性85%以上，碎土率在50%左右，耕后地表平整度不超过5厘米。

（5）机械播种、镇压　水稻秸秆还田后，可采用条播机或旋耕施肥播种复式作业机具进行小麦播种作业。在适宜播期内，每亩播种量10～12千克，播种深度3～5厘米，水分不足时加深至4～5厘米，沙壤土可稍深，但不宜超过6厘米。行距20～23厘米，播种粒距应均匀，无断条、漏播、重播现象；机械播种后需进行适度镇压。

（6）播种作业后应及时采用机械化开沟　推荐使用圆盘开沟机作业，开沟深度20～30厘米，沟宽16～20厘米，墒宽2.5～3米，要求做到沟沟相通、三沟配套，横沟与田外沟渠相通，开沟土均匀抛撒在墒面，沟直墒平。

第二节　配套机具

稻麦秸秆机械化还田技术主要使用有秸秆切碎、抛撒功能的稻麦联合收割机、正转旋耕机、反转旋耕灭茬机、水田旋耕灭茬机具等。

一、稻麦联合收割机

稻麦联合收割机具是能在田间一次性完成小麦、水稻的收割、脱粒、分离、清选等作业的机具，在机具上加装了秸秆粉碎抛撒装置后，可同时完成秸秆的粉碎、均匀抛撒作业。按照行走方式可分为轮式自走式、履带自走式联合收割机；按照谷物喂入方式分为全喂入联合收割机和半喂入联合收割机。目前在水稻收获中应用较广泛的是履带自走式全喂入、履带自走式半喂入联合收割机；在小麦收获中应用较广泛的是轮式自走式全喂入、履带自走式全喂入联合收割机。

轮式全喂入联合收割机见图2-38，履带式全喂入双滚筒联合收割机见图2-39，履带自走式全喂入联合收割机见图2-40。

图 2-38　轮式全喂入联合收割机　　　　图 2-39　履带式全喂入双滚筒联合收割机

图 2-40　履带自走式全喂入联合收割机

1. 结构与组成

自走式全喂入联合收割机结构见图 2-41。

稻麦联合收割机是将收割机和脱粒机通过中间输送装置连接在一起，可以行走的谷物收获机械。主要部件由收割台、脱粒装置、分离装置、清选装置、秸秆粉碎装置、输送装置、行走装置和操纵机构等组成。

与联合收割机配套的秸秆粉碎抛撒装置一般由秸秆切碎装置（图 2-42）和秸秆抛撒装置两个部分组成。秸秆切碎装置由安装在旋转滚筒上的动刀和安装在机壳上的定刀配合完成。

2. 安装调整

（1）拨禾轮的调整　拨禾轮的拨板在扶、拨作物时，一般应作用在小麦切割线上方的 2/3 处，即在作物的重心以上。收割高茎秆时，拨禾轮需要升高和前移；收割较

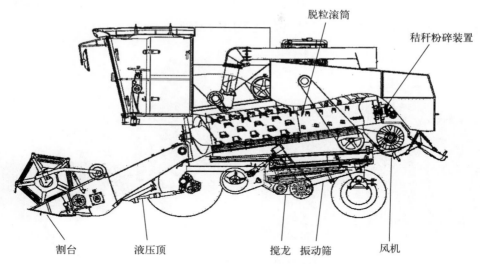

图 2-41　自走式全喂入联合收割机结构

矮茎秆或向前或一侧倒伏小麦时，拨禾轮需要降低和后移，拨禾弹齿调节成向后倾斜 15°～30°。

（2）脱粒间隙的调整　脱粒间隙应随作物的湿度进行调节，当作物较湿时，应调节凹板的吊杆，使凹板降低，增大脱粒间隙。

（3）风扇风量的调整　小麦收割时应视籽粒的含杂率和吹出损失，调节风扇风量，当含杂率较高时调大风量，当损失较大时减小风量。

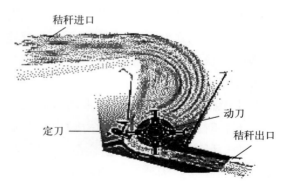

图 2-42　秸秆切碎装置

（4）清选塞的调整　清选筛常用的种类有鱼鳞筛、冲孔筛、编织筛等形式，鱼鳞筛的筛片通常是可调的，在筛的后部有调节手柄，作业时如果清选损失过大则应将筛孔调大，如果含杂过高则应将筛孔调小。

二、旋耕机

1. 结构与组成

旋耕机（图 2-43）主要由刀轴、机架、传动部分、挡泥罩、平土拖板和限深装置等部分组成。旋耕机结构见图 2-44。刀滚是旋耕机的主要工作部件，它由刀片、刀轴和刀座等零件构成。刀座与刀轴焊为一体，并按螺旋线排列。刀片通过刀柄插在刀座中，再用螺钉紧固；刀片有凿形、弯形和直角形 3 种；弯形刀又称弯刀，有左弯刀和右弯刀两种，这种刀在滑切过程中易将杂草切断，若切不断也易于滑脱，故缠草较少且耕作负荷均匀，是目前国产旋耕机普遍采用的刀型。

图 2-43 旋耕机

旋耕机与拖拉机的连接方式有悬挂式和直连式两种。悬挂式与拖拉机的传动方式有关，分中间传动式和侧边传动式两种；直连式一般在手扶拖拉机上使用。

2. 安装与调整

大中型拖拉机所配旋耕机中间传动的比较多，安装时拖拉机后端的动力输出轴与旋耕机生产厂所配万向节传动套装在一起即可。旋耕刀片的安装：为使旋耕机在工作中不发生漏耕和堵塞，并使旋耕刀轴受力均匀，刀

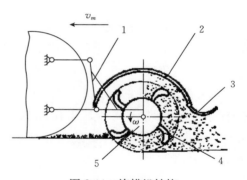

图 2-44 旋耕机结构
1. 悬挂架 2. 罩壳 3. 拖板 4. 刀片 5. 刀轴

座都是按一定规律交错焊到刀轴上的，因此在安装左、右弯刀时，应顺序进行，并注意刀轴旋转方向，以免装错或装反，刀片装好后应进行全面检查。具体有如下 3 种装法。

向外安装法：两端刀齿的刀尖向内，其余刀尖都向外，耕后地中部凹下，适宜于破垄耕作。

向内安装法：所有刀齿的刀尖都对称向内，耕后地表面中部凸起，适用于有沟的田间耕作。

混合安装法：两端刀齿的刀尖向内，其余刀尖内外交错排列，这种安装方法耕后地表比较平整。

三、反转灭茬机

旋耕机主要用于完成旋耕碎土作业，基于旋转方向及结构的限制，正转灭茬机秸

秆覆盖率仅为 50％左右。反转灭茬机（图 2-45）因轴旋转方向与拖拉机驱动轮旋转方向相反，碎土深度可达 15 厘米以上，使秸秆覆盖率达 85％以上，具有较好的灭茬还田效果。反转灭茬机刀轴旋转方向与拖拉机前进方向相反，作业负荷大，需要的动力也相应较大，须配套 100 马力以上的拖拉机。

1. 结构与组成

反转灭茬机的工作原理是将发动

图 2-45　反转灭茬机

机产生的功率由动力输出轴、万向节总成传至反转灭茬机中间齿轮箱中，通过中间齿轮箱中一对锥齿轮减速并改变方向，再由半轴传递到侧边齿轮箱，最终将动力传至刀轴，驱动刀片快速旋转。反转灭茬机主要部件由万向节总成、齿轮箱总成、刀轴总成、机架和罩壳挡草栅等组成。

2. 安装与调整

（1）刀片的安装　安装旋耕刀时从整个刀轴来看，左、右弯刀是交错安装的，就是同一截面上安装一左一右两个刀片，刀片排列展开。

（2）与拖拉机的悬挂连接　反转灭茬机与拖拉机的液压悬挂机构以三点挂接方式连接。拆去拖拉机原牵引挂钩，卸下动力输出轴盖；对准悬挂架中部倒车，提升下拉杆至适当高度，倒车至能与拖拉机左右悬挂销连接为止；先装左边下拉杆，再装右边下拉杆，装好插销；安装万向节，注意中间两只夹叉口必须处于同一平面；万向节装好后插好插销，装上开口销，安装上拉杆，插好插销。

（3）左右水平调整　将拖拉机停在平面上，将灭茬机降至刀尖接近地表，观察其左右刀尖离地高度是否一致，若不一致，则调节拖拉机左右下拉杆高低，使反旋灭茬机处于水平状态，以保证左右耕深一致。

（4）万向节前后夹角的调整　将机具降到要求耕深时，视其万向节总成前后夹角是否水平，可用调节上拉杆长度的方法，保持万向节前后夹角最小，使之处于最有利的工作状态。

（5）提升高度的调节　提升高度不宜过大，一般在田间工作地头转弯提升时，使刀尖离地 15～20 厘米为宜，可以不切断动力输出转弯空行。如过沟、在田埂或道路上运输时，须切断动力输出，提升到较高的位置，在田间工作时调节扇形板上位置，固定限位螺钉，使调节手柄在提升时每次都处于同一位置，达到相同的提升高度。

四、秸秆粉碎还田机

1. 结构与组成

秸秆粉碎还田机（图2-46）主要结构由悬挂装置、变速箱、传动机构、罩壳、刀轴和地轮等部分组成。由于稻麦类秸秆细而柔韧、质量轻，秸秆以切断为主，在满足动力负荷的条件下，多使用直刀甩刀式的秸秆粉碎还田机进行稻麦秸秆还田作业。工作时，拖拉机动力经万向节传到齿轮箱，再经皮带二级增速，带动刀轴和刀轴上的刀片高速旋转，利用高速旋转的粉碎刀对地上直立或铺放的秸秆从根部进行砍切，并在喂入口处负压的作用下将其吸入粉碎室，经过多次的砍切、打击、撕裂、揉搓后将秸秆粉碎成碎段和纤维状，最后被气流抛送出去，均匀抛撒到田间。其优点是动力消耗低，工作效率高，秸秆切碎质量好，方便土地耕整和播种作业。

图2-46　秸秆粉碎还田机

2. 安装与调整

（1）安装万向节　万向节与主机连接，应保证还田机与提升方轴时套管及节叉既不定顶死，又有足够的长度，保证传动轴中间两节叉的叉面在同一平面内。

（2）水平和留茬高度的调整　调节拖拉机悬挂机构的左右斜拉杆，使还田机左右水平；调节拖拉机上拉杆使其纵向接近水平。根据土壤疏松程度、作物种植模式和地块平整情况，调节地轮连接板前端与左右侧板相对位置，以得到合适的留茬高度。

（3）试运转　检查各零件和润滑部件，准备就绪后空车试运转。将还田机刀具提升至离地面20～25厘米，结合动力输出轴空转3～5分钟，确认各部件运转良好后方可投入作业。

五、水田秸秆还田机

1. 结构与组成

水田秸秆还田机（图 2-47）是水田耕整作业的机具，一次性完成耕翻、埋茬、碎土、起浆、平整等多道工序。整体主要由刀辊总成、犁体部件、悬挂架总成、机罩、挡土板、后拉杆、平地板和传动装置等部件组成。该机具可用于留高茬、秸秆较多的田块作业，拆去平地板和刮土板可直接进行旱地浅旋耕作业。

图 2-47　水田秸秆还田机

2. 安装与调整

① 改机采用三点标准悬挂方式直接挂接到拖拉机上。将万向节的两端分别装入拖拉机动力输出轴和耕整埋茬机第一轴，插好插销，保证中间两只夹叉口处于同一平面内，再将拖拉机上拉杆连接到埋茬机整机悬挂销上。

② 刀片通常采用螺旋式安装。降低整机高度，使刀辊接近地平面，调整拖拉机下拉杆的高度，使刀辊离地高度一致，以保证作业深度一致。

③ 观察万向节总成与整机一轴夹角是否接近水平，调整拖拉机拉杆式的位置使万向节与水平线夹角在±5°范围内。

④ 作业深度的调整。先试行 1～2 行程，达到所要求的作业深度后，停止前进，用限位块固定操纵手柄的下降位置，使刀辊每次下降到同样深度，保证作业深度一致。使用中如发现作业深度发生变化应及时调整限位装置。

⑤ 平地板的调整。平地板位置影响地表平整度，调整长、短弹簧压圈位置，使其适中，可保持平地板处于水平位置。

第三节　注意事项

一、小麦秸秆还田注意事项

① 旋耕作业机械动力要大，动力不足时要适当增加作业次数，旋埋秸秆要彻底干净。

② 小麦秸秆还田量控制在 500 千克以下，小麦超高产田块秸秆适当移出。

③ 配套科学水浆管理，减轻秸秆还田对水稻活棵分蘖的不利影响。

④ 水稻移栽前，田面保持一定水层浸泡秸秆 4～10 天（季节允许可适当延长），使田面水层自然落干或保持 1～2 厘米水层，以利于有害气体释放。

⑤ 实行水田旋耕埋茬作业的，要视田块土壤黏性提前 1～2 天放水浸泡软化土壤和秸秆，土壤吸足水分后保持一定水层，以利于机械作业。

⑥ 秸秆直接还田相应加快了除草剂等在土壤中的降解速度，缩短了药剂的残效期。因此，实施化学除草时，其有效施用剂量应适当提高。

二、水稻秸秆还田注意事项

① 旋耕作业机械动力要大，动力不足时要适当增加作业次数，旋埋秸秆要彻底干净。

② 水稻秸秆还田量控制在 500 千克以下，多余秸秆适当移出。

③ 水稻秸秆还田后播种小麦，墒情好的应立即镇压，要在小麦播种后用专门的镇压器镇压两遍，提高镇压效果，促使土壤密实，保证小麦出苗后根系正常生长，提高抗旱、抗寒、抗冻能力；墒情较差的，耕翻作业后应立即灌水。

④ 秸秆直接还田相应加快了除草剂等在土壤中的降解速度，缩短了药剂的残效期。因此，实施化学除草时，除草剂的有效施用剂量应适当提高。

⑤ 常年以旋耕作业作为整地作业的地块，宜采用两年旋耕、一年犁翻交替进行的方法，耕深以不打破犁底层为宜。田面差过大的田块可采用激光平整机械进行土地平整。

第四节　小麦-水稻农机农艺五融合技术

针对禁烧稻麦秸秆会影响生态环境、浪费资源，且无法实现农田种植业内部的废弃物资源循环利用的问题，通过稻麦两熟区秸秆还田全程机械化关键技术集成研究，集成研究形成"小麦-水稻绿色低碳农机农艺五融合技术模式"，该模式包括以下五项技术：①前茬小麦适当留高茬降损收获；②小麦秸秆全量还田精细整地（反旋埋茬旱整地或埋茬打浆水整地）；③水稻轻简化精准育秧［播种覆土轨道机＋基质盘育、水稻秸秆秧盘＋印刷播种＋自走式填（土）、播（种）、覆（土）、摆盘一体机作业］＋苗肥一体精插（或稻麦双免轻简机械化收播一体作业）；④适当留高茬机械降损收获；⑤低温烘干提质收储。这五项技术能解决秸秆直接还田的快速腐解、秸秆覆盖条件下作物的播种和保苗等技术瓶颈，实现秸秆直接还田循环利用，改善土壤结构，培肥土壤，提高秸秆综合利用效率。

小麦-水稻防缠绕覆盖还田施肥播种一体作业模式见表 2-9。

表 2-9　小麦-水稻防缠绕覆盖还田施肥播种一体作业模式

项目	作业步骤		
	1	2	3
作业程序	水稻收获、秸秆切碎 →	一次性完成深松、直刀深旋、秸秆覆盖、施肥、等行距摆种、覆土、独体镇压等工序 →	开沟作业、三沟配套
农机选型	全喂入履带式联合收割机＋秸秆切碎抛洒还田机（4FH-83 型）	改进型 2BWFD-6/12 全还田防缠绕施肥播种机	1KJ-35 型圆盘开沟机
作业规范	建议留高茬 30～40 厘米		畦面宽度 4～4.5 米
注意事项		需配套动力 90 马力以上四驱拖拉机	墒情较差时顺沟窨水

水稻收获秸秆覆盖还田小麦播种同步作业模式见表 2-10。

表 2-10　水稻收获秸秆覆盖还田小麦播种同步作业模式

项目	作业步骤				
	1	2	3	4	5
作业程序	一次性完成水稻收割、小麦摆播、稻草覆盖 3 道程序 →	机械镇压 →	开沟作业、三沟配套 →	机械镇压 →	肥料运筹
农机选型	全喂入履带式联合收割机＋秸秆切碎抛洒还田机（4FH-83 型）	专用平板镇压器	1KJ-35 型圆盘开沟机	专用平板镇压器	
作业规范	在其割台刀后、出草口前加装小麦均匀摆播装置	及时镇压，确保种子与土壤紧密接触	畦面宽度 4～4.5 米	确保抛土与秸秆紧密接触	小麦第 2 叶露尖时每亩撒施 45% 复合肥 50 千克
注意事项	水稻收获前不宜断水过早；适当留低茬收获				墒情较差时顺沟窨水

小麦秸秆埋茬水还田机插水稻作业模式见表 2-11。

表 2-11　小麦秸秆埋茬水还田机插水稻作业模式

项目	作业步骤				
	1	2	3	4	5
作业程序	同步完成小麦收割、秸秆直刀切碎和扩散匀铺作业 →	秸秆腐熟 →	放水泡田 →	一次性完成旋耕、耙浆、平地、覆盖等工序 →	机插水稻

（续）

项目	1	2	3	4	5
农机选型	全喂入式联合收获机，出草口加装4JQ-250(300)Z型秸秆切碎器			1GQM稻麦双轴旋耕机；或1JSN-X水田埋茬打浆机	
作业规范		亩施秸秆生态腐熟剂2千克＋尿素5~8千克	沙壤土泡田24小时；两合土泡田48小时；黏土泡田72小时	施基肥；沉淀10~30小时	插秧后3~5天浅水活棵
注意事项	摊匀田边地头堆积秸秆			水浆管理以干、湿交替为主，以便土壤气体交换和释放有害气体	

小麦秸秆埋茬旱还田机插水稻作业模式见表2-12。

表2-12 小麦秸秆埋茬旱还田机插水稻作业模式

项目	1	2	3	4	5
作业程序	同步完成小麦收割、秸秆直刀切碎和扩散匀铺作业 →	秸秆腐熟 →	秸秆再切碎并均匀翻埋 →	放水泡田；平田整地；施基肥 →	机插水稻
农机选型	全喂入式联合收获机，加装4JQ-250(300)Z型秸秆切碎器		1GFM-200型反转灭茬机		
作业规范		亩施秸秆生态腐熟剂2千克＋尿素5~8千克	切碎长度小于10厘米；均匀翻埋至5~15厘米耕层中	放水泡田10~24小时；平田整地；施基肥后沉淀10~30小时	插秧后3~5天浅水活棵
注意事项	摊匀田边地头堆积秸秆			水浆管理以干、湿交替为主，以便土壤气体交换和释放有害气体	

第三部分

气候智慧型旱地种植模式与技术

小麦-玉米、小麦-大豆、小麦-花生等一年两熟种植方式是河南省旱地的主要种植方式，也是我国旱地区域的主要种植方式，对我国粮油生产的发展起到了重要的推动作用。在过去的生产中普遍采用的，过度依赖增加各种农业投入的发展模式，已难以应对中国所面临的人口增加、耕地和水资源不足、水土流失、自然灾害、环境污染和气候变化等多方面挑战，而且这种模式显然是不可持续的。因此，在保障粮食主产区的粮食产量前提下，推广应用节能与固碳技术、土壤与水肥优化技术、农机农艺结合技术，提高土壤肥力和生产力，减缓土壤中温室气体的排放，已成为中国保持农业可持续发展的重要战略选择。

第一章
气候智慧型旱地作物发展与技术需求

第一节　河南小麦产业发展与提质增效栽培技术

一、国内外小麦产业形势与发展趋势

世界小麦播种面积为 32.6 亿亩左右，占谷物播种总面积的 32%；总产量 6.3 亿～6.7 亿吨，占谷物总产量的 28.9%；贸易量 1.2 亿～1.4 亿吨，占谷物贸易总量的 50%左右。印度小麦播种总面积达 4.2 亿亩，总面积居世界第一。中国小麦播种总面积 3.5 亿亩，单产高达 319 千克/亩，单产居世界第一。

1. 当前我国小麦产业发展趋势

作为我国第三大粮食作物，小麦是唯一与粮食"十二连增"保持同步的主要粮食作物。

我国小麦播种面积约占粮食播种总面积的 22%，产量约占粮食总产量的 21%。同时，小麦又是我国主要的口粮作物，全国约 60%的人以小麦为主食，小麦消费量最多，贸易量也最大。尽管如此，我国粮食生产形势依然十分严峻。近年来，我国粮食产量不断增长，库存量随之增大，粮价低但普遍高于国际粮价，进口数量逐年增加。我国粮食生产主要存在以下问题：

① 国内粮食生产结构存在矛盾。例如优质小麦缺口量大（全国年需 2 000 万吨，缺口 1 000 万吨）。

② 资源环境约束不断增强，国际竞争力越来越弱。分散化的农业生产方式，使农产品生产成本不断提高，连续 12 年保护政策使得粮价不断走高，导致大宗农产品价格逐步上涨，缺乏国际竞争力，发展趋势主要表现为国际粮价大幅下跌、国内外价差越来越大。

2. 当前我国小麦产业发展趋势

① 小麦消费总量呈现稳中趋增、结构迅速变化的趋势。我国小麦年消费总量 1.2 亿吨左右，其中，口粮 9 000 万吨左右，饲用 1 500 万吨左右，每年加工白酒消费 700 万～800 万吨。

② 资源环境约束不断增强，国内外价差越来越大，国际竞争力越来越弱。到岸税后价 2015 年 1 月国外与国内价差为 899 元/吨，6 月升至 1 136 元/吨，且价差将长期存在、不断扩大。

3. 我国小麦生产存在的问题和应对措施

稳粮增收，提质增效，创新驱动，以转变农业发展方式为主线，以保障国家粮食安全、促进农民增收为目标，推进农业转型升级，加快实施布局区域化、种植规模化、生产标准化、经营产业化，全面提升小麦综合生产能力和市场竞争能力。

4. 小麦栽培的主攻方向

① 高产。高产是现代小麦生产的刚性需求，是解决生存口粮的基础。

② 高效。用水高效是生存需求，用肥高效是发展需求，经济高效是可持续需求。

③ 优质。优质是农业高效和实现农业生产产业化的需求。

④ 生态安全。生态安全是农业、经济、社会持续发展的需求。

二、河南小麦生产发展的经验和启示

1. 改革开放以来河南省小麦生产发展历程

河南是全国第一小麦生产大省，2019 年小麦播种面积 8 500 万亩，平均亩产 440千克，比 2014 年 11 个小麦主产省平均亩产 363.4 千克高 76.6 千克；总产量为375.375 亿千克。

中华人民共和国成立以来，河南省小麦年总产量由 1949 年的 25.4 亿千克增长到2015 年的 350.1 亿千克，增加了 12.8 倍；平均单产由 21.25 千克/亩增长到 215.1 千克/亩，增加了 9.1 倍。自 2003 年以来，实现了 13 连增。2016 年河南省小麦播种面积 8 198.5 万亩，比 2015 年增加 60 万亩，增幅 0.7%；单产 422.8 千克/亩，比 2015年下降 7.4 千克，减幅 1.7%；总产 346.6 亿千克，比 2015 年下降 3.5 亿千克，减幅1.0%。亩穗数 37.54 万，比 2015 年减少 3.06 万。

2. 全球变暖可能会导致极端气候事件增多

随着全球气候变化的不断发展，干旱、高温、暴雨、大风、雷暴、厄尔尼诺、洪涝和沙尘暴等频发，小麦受灾严重。昼夜不对称增温、辐射降低、CO_2 浓度升高影响作物产量，但考虑到品种更替和技术应对，温度升高对作物产量的影响区域间、作物间差异明显。

三、河南小麦提质增效栽培关键技术

1. 栽培技术的适应性对策

（1）"三七"变"七三"　在栽培技术的理念上，由原来的"三分种、七分管"转变为"七分种、三分管"，以适应现在的小麦生产和农村劳动力实际。近几年的生产实践也证明了这一点。

（2）早晚适期播　播期问题争论较多，温度升高使得早播容易出现旺长冻害、倒伏，晚播又容易出现出苗不好、遭遇寒旱交加等问题，老百姓无所适从。笔者认为，在适期内应根据品种，看墒情、看天气适期播种，而不能武断地提出早播或晚播。

（3）精稀改适量　在精细整地和土壤墒情良好的情况下推行精量、半精量播种，严格控制播种量。但在秸秆还田和旋耕、土壤暄松翘空的地块，要根据整地质量定播量，应该在研究出苗率的基础上加"足"播种量，保证足够的基本苗。

（4）预防当为先　我们的生产实践大部分基本上以防治为主，真正落实预防为主的并不多，导致病虫害发生后再去防治效果不佳。另外，生产上发生较轻的一些次生病虫害，近几年也大面积发生，并上升为主要病虫害。因此，应从土壤处理、药剂拌种和苗期药剂喷洒等预防手段着手，变被动为主动，方能使病虫害对小麦产量造成的损失减少到最低限度。

（5）避减防未然　目前生产上提得更多的是"抗灾减灾"，主要针对灾害采取抗灾和减灾应急措施，譬如近几年全面动员，连续取得了抗特大干旱、抗持续低温等灾害的胜利，为实现河南省小麦连增做出了巨大贡献。但这样的战斗同样也付出了极大的代价，包括人力、物力、财力的支出。因此，如果能在基础设施、小麦生产的基础阶段采取一定的"避灾减灾"技术措施，提高抵御灾害的能力，那么"抗灾减灾"也会变得主动自如。

（6）规程要简单　随着生产、生态条件和品种的改变，一些原来的研究结果譬如苗情的诊断，"一类苗、二类苗、三类苗"和"假旺苗、旺苗、壮苗、弱苗"的概念，与现实生产情况不再十分吻合；生产上的旱灾是天旱、地旱还是苗旱，发生冻害的苗情状态与温度高低、温差大小、低温持续时间的关系等，含义不一样，标准不一致，使得技术人员指导生产时难以判断，农民群众就更不好应用。需要重新进行系统研究，形成直观、简单易行的标准。

2. 合理应变，和谐发育

小麦丰收的关键之一在于处理好"源""库""流"的关系。扩源增库，和谐统筹，才能取得整体产量的提高。狭义的源是指植株的绿色部分，包括绿色的叶、鞘、茎、穗、芒等器官所合成的光合产物。广义的源不仅包括绿色的叶、鞘、茎、穗、芒，还包括有机养料、无机养料临时或长期的供应器官。库是指光合产物的储存和积存器官。狭义的库是指经济产量的穗粒，广义的库是指暂时或永久集纳和需要养料的部分和器官。

此外，夯实"2个基础"，即播种基础和冬前壮苗基础也是后期良好发育的关键。播种至冬前是小麦产量形成的基础，其中，播种基础是牵动全局的关键措施，打好这个基础，年前就可以培育壮苗，并为全生育期争取主动。因此，一定要高质量整地播种，奠定好基础，促苗健壮生长，实现"冬壮"，保苗安全越冬。

3. 适期适量及时足墒均匀播种

播期：根据品种特性和地域生态条件，确定适播期。在精细整地、足墒下种的前提下，半冬性品种豫中北地区播期一般可在 10 月 6～13 日，豫南地区可在 10 月 15～23 日。春性品种豫中北地区播期可在 10 月 13～23 日，豫南地区可在 10 月 20～31 日。

播种量：在适播期范围内，早茬地种植半冬性品种每亩播种量 8～10 千克；中晚茬地种植弱春性品种每亩播种量 10～15 千克。晚播适当加大播种量。

足墒播种：小麦生产实践证明，足墒播种是夺取来年小麦丰收的一项重要措施。其优势主要表现为种子发芽快、种子发根多、分蘖早并且快。

精细匀播：下种均匀，深浅一致，播深 3～5 厘米，充分发挥个体增产潜力。

播种存在的问题：播量大，播期早，导致大群体、大倒伏、病害重、穗小、粒少、粒重降低；高产麦田播种不均匀，缺苗断垄和堌堆苗现象严重；旋耕播种和秸秆还田麦田播种过深，造成分蘖缺位和深播弱苗。

4. 施足底肥、合理追肥、科学测土配方施肥

研究表明，每生产 100 千克小麦籽粒，需氮（3.1±1.1）千克、磷（P_2O_5）（1.1±0.3）千克、钾（K_2O）（3.2±0.6）千克，三者的比例约为 2.8∶1∶3.0，但随着产量水平的提高，氮的相对吸收量减少，钾的相对吸收量增加，磷的相对吸收量基本稳定。根据北方冬小麦高产单位的经验，在土壤肥力较好的情况下（0～20 厘米土层土壤有机质 1%，全氮 0.08%，水解氮 50 毫克/千克，速效磷 20 毫克/千克，速效钾 80 毫克/千克），产量为每亩 500 千克的小麦，大约每亩需施优质有机肥 3 000 千克，标准氮肥（含氮 21%）50 千克左右，标准磷肥（含 P_2O_5 14%）40～50 千克。缺钾地块应施用钾肥。

施足底肥、合理追肥、科学测土配方施肥应做到以下几点：

① 增施有机肥。

② 合理施肥，以产定肥。

③ 分期施肥，"前氮后移"。有机肥、磷肥、钾肥全部底施，50%的氮肥作底肥，50%的氮肥于起身期或拔节期追施。

④ 分层施肥，底施氮肥的 1/3 撒垡头，其余深施翻入犁底。

5. 做足底墒、浇好三水

足墒播种，浇好底墒水、拔节水、灌浆水。小麦生产实践证明，足墒播种是夺取来年小麦丰收的一项重要措施。因为在足墒条件下种子发芽快、种子发根多、分蘖早并且快。灌浆水在开花后 5～10 天浇最好，开花 15 天后绝对不能再浇水，否则会造成氮素流失、倒伏、早衰，影响籽粒灌浆，降低小麦品质。

6. 抓好"春管"是关键

通过科学水肥管理，处理好春发与稳长、群体与个体、营养生长与生殖生长和水肥需求临界期与供应矛盾，搭好丰产架子。

① 春季小麦的根、茎、叶、蘖、穗等器官进入旺盛生长阶段，不仅对水肥需要量大，且对气候反应异常敏感，此期小麦生长很快，"过时不候"，错过了关键管理时期难以弥补，所以春季是小麦一生中管理的关键时期，也是培育壮秆、多成穗、成大穗的关键时期。

② 春季小麦生长具有生长发育快（返青、起身、拔节、孕穗、挑旗）、气温变化大（忽高忽低，常出现倒春寒）、矛盾多（地上与地下、群体与个体、营养生长与生殖矛盾）、苗情转化快（管得好，弱苗和旺苗可转为壮苗；管得不好，壮苗会转成弱苗和旺苗）的特点。

③ 春季麦田管理上一定要处理好春发与稳长的关系（春稳），即高产麦田应先控后促，促麦苗稳健生长，促穗花平衡发育，促两极分化集中明显，培育壮秆大穗，搭好丰产架子。尤其是拔节期管理很关键，后期出现的许多问题均于此期形成。

7. 时效防控

小麦常见病虫害主要有锈病、叶枯病、白粉病、全蚀病、赤霉病、纹枯病、蚜虫虫害等。

"一拌三喷"技术："一拌" 就是把好小麦播种时的拌种关，在播种前用广谱杀虫剂和杀菌剂复合拌种，既可防治小麦地下害虫，又可预防锈病、全蚀病、纹枯病、黄矮病等在苗期发生。播种前精选种子，选晴天晒种，1～2天后再进行包衣拌种。近几年，小麦种子包衣技术应用面积迅速扩大，合格的种子包衣剂一般含有杀虫剂、杀菌剂两种主要活性成分，不仅可以防止种子和幼苗遭受地下害虫的危害，而且还有壮苗的作用，还可控制小麦苗期和春季病害的发生程度。"三喷"是指在小麦拔节期到灌浆期根据病虫害发生情况，采用杀虫剂、杀菌剂和微肥混合喷施，既可防治小麦蚜虫和吸浆虫等虫害，又可防治病害的发生和后期干热风。

抓住关键，管好麦田；节本简化，保优增效： 出苗-拔节期应以培育壮苗为核心；拔节-开花期应以促进小穗小花分化、减少退化，协调群个体矛盾为核心；开花-成熟期应以促进灌浆、延缓衰老、提高粒重为核心。

"一肥"，指第二节伸长、药隔形成期追肥。

"一水"，指底墒（或越冬）水或拔节水或灌浆水。

"三防"，指防杂草、防病虫害、防早衰。

第二节 玉米种植业发展现状、问题与解决方案

一、玉米产业概况

1. 全球玉米供需情况

① 全球供给方面，全球总产破纪录。据世界银行数据，全球2016年玉米产量超

过 10 亿吨，为 10.12 亿吨，比 2015 年增长 5.44%。

② 全球需求方面，全球玉米需求增速同样亮眼。在过去十几年，受人口和经济增长的双重驱动，玉米需求总量增幅明显。2016 年全球玉米需求总量预计 10.26 亿吨（USDA 数据，需求 10.39 亿吨），比 2015 年增长 5.17%。

③ 全球库存方面，库存继续累积，累积速度放缓。

2. 国内玉米供需情况

（1）玉米面积和产量下降，单产水平提高　在农业供给侧结构调整政策推动下，2016 年我国玉米种植面积和产量均有所下降，玉米总产量为 2.19 亿吨，比 2015 年减少 500 万吨；播种面积 3 675.9 万公顷，比 2015 年下降 3.11%；玉米单产达到 5.97 吨/公顷，比 2015 年增长 1.36%。

（2）国内消费增加明显，但库存继续增加　2000—2016 年，我国玉米消费量由 1.18 亿吨大幅增长至 2.27 亿吨，涨幅达到 92%，年复合增长率 3.9%。目前我国玉米临储库存达到 2.36 亿吨，超过国内玉米年消费量（2016 年消费为 2.27 亿吨），其中 2015 年产的玉米为 1.25 亿吨，占比 53%。

3. 河南省玉米生产情况

2016 年是供给侧改革的第一年，在供给侧改革的指导下，2016 年河南省玉米生产情况如下：玉米播种面积为 6 315 万亩，总产量为 2 216 万吨，单产 350.9 千克/亩。

2019 年河南省玉米播种面积为 5 701 万亩，比 2016 年减少 614 万亩，减少 9.72%；单产 394.1 千克/亩，比 2016 年增加 43.2 千克/亩，增加 12.31%；总产量为 2 247.4 万吨，比 2016 年增加 31.4 万吨，增加 1.4%。

4. 国内玉米价格走势

（1）国际玉米价格仍呈持续下跌趋势　在供给较为充足的预期下，2016 年全球玉米价格持续下降。美国芝加哥短期期货价格由 2015 年 10 月的 150.11 美元/吨降至 2016 年 10 月份的 138 美元/吨，降幅 8.1%。美国墨西哥湾玉米出口价格由 2015 年 10 月的 172.65 美元/吨降至 2016 年 10 月的 156.59 美元/吨，降幅 9.3%。

（2）国内供应宽松导致价格仍面临下行压力　2016 年国内玉米供需形势较为宽松，加之国家取消玉米临时储备等因素共同作用，玉米价格与 2015 年相比又有明显下降。2016 年 10 月国内玉米价格约为 1.4 元/千克，比 2015 年下降 30%。玉米收购平均价格由前期 2014 年高点 2 271 元/吨下降至 1 483 元/吨，回落至 2009 年时期水平，降幅达 35%。

二、玉米种植业存在问题

1. 种植结构不合理，品种同质化严重，优良品种相对缺乏

① 普通玉米品种较多，特用玉米品种较少。

② 种植结构与市场需求脱节，玉米供求关系矛盾。

2. 生产技术

（1）农田基础设施不健全，抵抗旱涝灾害能力较差　目前，农业基础设施薄弱的局面没有根本改变，一半耕地处于水资源紧缺的干旱、半干旱地区，农田有效灌溉面积仅50%，约1/3耕地位于易受洪水威胁地区，大部分玉米产区农田水利设施落后，田间排灌设施陈旧老化、沟渠道路不配套，抗御自然灾害能力较差。

（2）栽培技术措施到位率较低，未能充分发挥品种的增产潜力　目前大部分地区玉米栽培技术落后或不到位：①大部分地区玉米栽培密度不合理，未达到合理密度，而个别区域存在不间苗、盲目增加种植密度现象；②因未科学合理搭配肥料种类、比例、数量、时间及采用地表撒肥等不合理的施肥方法，化肥利用率总体水平较低；③病虫害发生严重，玉米病虫害种类变化较大，土传病虫害不断加重，新型病虫草害不断出现；④中后期病虫害防控技术推广应用难度较大；⑤玉米籽粒真菌毒素超标问题普遍凸显。

此外，随着工业化和城镇化的快速发展，农村青壮年劳动力大多外出务工，留乡务农人员以中老年人为主，素质普遍偏低，对先进科学技术的理解和接受能力较差，先进科学技术的推广应用也因此受到较大限制，在一定程度上限制了玉米生产的发展。

（3）生产经营方式落后，玉米机械化水平仍较低　玉米生产规模小，机械化程度低，机械收获仍是薄弱环节，成为制约中国玉米生产机械化的最主要因素。此外，农机农艺措施不协调、不配套，各地玉米种植模式复杂、种植行距多样化以及套作模式等在很大程度上制约了机械收获的发展。另外，机械化水平较低也限制了玉米先进实用增产技术的推广和应用，这也是导致当前玉米增产缓慢的主要原因之一。在新的历史形势下，玉米全程机械化作业水平还有待进一步提高。

（4）收储条件不足，流通环节不畅　玉米收获后的储存环节，目前仍以农户储存为主。但大部分农户的玉米晾晒场所和储存设施简陋，特别是在东北地区，因玉米籽粒含水量较高，储存不当则易造成玉米霉变或虫害，进而造成玉米大量损失。在玉米的收购、储运环节，仓储物流设施陈旧老化也造成一定的玉米损失。此外，玉米流通环节不畅往往导致流通环节和成本增加，因此还需发展现代物流体系等。

3. 种植效益情况

（1）普通玉米种植效益　相关数据表明，2000年，我国玉米生产成本仅为287元/亩，到了2014年，生产成本达到了839元/亩，年均增长7.9%，与此同时，2010年以来，生产成本还在以年均14%的速度疯狂增长。

2003年以来，随着我国玉米加工业和畜牧业的发展，促进了需求增长，国内玉米市场价格逐年上涨，随后几年玉米生产效益提高，玉米种植的净利润在2011年达到顶峰，达到了 263 元/亩。后来，随着种植成本，特别是土地和人工成本的快速增加，玉米库存不断增高，2015 年，国家玉米收储政策也有了重大调整，导致玉米种植效益大幅度下滑。

（2）青贮玉米种植效益 按照每千克青贮饲料 0.3 元计算，每亩青贮玉米可实现收入 1 500 元。2016 年，四川省洪雅县青贮玉米平均亩产约 3.8 吨，按照每吨 430 元的价格，亩均产值 1 634 元，比种植普通玉米每亩平均增加产值 434 元。

（3）鲜食糯玉米种植效益 2016 年，安徽省无为县亩产鲜食糯玉米 600 千克，按每千克批发价 5 元计算，每亩产值约 3 000 元。扣除各项投入，鲜食糯玉米种植户每亩纯收入在 2 000 元以上。

4. 玉米产业链培育及贯通情况

① 玉米产业链将呈现出这样的格局：两端的集中化进度慢于中间仓储物流和分销，粮商在产业链中的掌控力强。

② 玉米种植与市场脱节严重，导致农民种出的粮食卖不掉，工厂需要的玉米没人生产。

③ 玉米产品质量差，影响销售价格，对玉米加工后续产品的质量也会带来不良影响。

④ 玉米产业链条延伸不足，特别是深加工企业培育不够，高端增值乏力。

三、解决方案

围绕"镰刀弯"地区结构调整的目标任务，重点是推进"六个调整"。

一是适宜性调整。重点是调减高纬度、干旱区的玉米种植，改种耐旱的杂粮和生育期短的青贮玉米。

二是种植、养殖结合型调整。重点是粮饲兼顾，调减籽粒玉米种植，发展青贮玉米和苜蓿，以养定种，把"粮仓"变为"粮仓"＋"肉库"＋"奶罐"。

三是生态保护型调整。重点是调减石漠化地区的玉米种植，改种有生态涵养功能的果桑茶药等经济林及饲草、饲油兼用的油莎豆等，既保护生态环境，又促进农民增收。

四是种地、养地结合型调整。重点是东北地区恢复大豆玉米轮作，因地制宜发展苜蓿、玉米轮作，华北地区实行冬小麦、夏花生（豆类）种植，发挥豆科作物固氮养地的作用。

五是有保有压调整。重点是稳定玉米核心产区，调减北方农牧交错区、西北风沙干旱区、西南石漠化区等非优势区的玉米种植，特别是调减黑龙江和内蒙古第五积温带及部分第四积温带的玉米种植。

六是围绕市场调整。重点是发挥龙头企业和新型经营主体的带动作用，实行订单种养、产加销融合。

第二章
旱地作物土肥优化管理技术

党的十九大以来，国家继续深化坚持资源节约和环境保护的基本国策，为生态农业建设提供了大环境，现代农业已经成为我国经济发展的重要保障，而土肥管理技术也逐渐成为我国农业健康发展的重要技术环节，只有解决好土肥管理技术，才能促进资源节约、环境友好型农业的发展。

第一节　测土配方施肥技术

河南省是农业大省，化肥施用量逐年增加，2015年河南省单位面积化肥用量居全国第六。2015年，农业部颁布了《农业部关于打好农业面源污染防治攻坚战的实施意见》，提出"一控""两减""三基本"，即减少化肥和农药使用量，实施化肥、农药零增长行动，确保测土配方施肥技术覆盖率达90%以上，肥料利用率达到40%以上，全国主要农作物的化肥、农药使用量实现零增长。

测土配方施肥技术以土壤测试和肥料田间试验为基础，根据作物需肥规律、土壤供肥性能和肥料效应，在合理施用有机肥料的基础上，提出氮、磷、钾及中、微量元素等肥料的施用数量、施肥时期和施用方法。通俗地讲，就是在农业科技人员指导下科学施用配方肥。测土配方施肥技术的核心是调节和解决作物需肥与土壤供肥之间的矛盾，同时有针对性地补充作物所需的营养元素。作物缺什么元素就补充什么元素，需要多少补多少，实现各种养分平衡供应，满足作物的需要，达到提高肥料利用率、减少用量、提高作物产量、改善农产品品质、节省劳力、节支增收的目的。

一、测土配方施肥技术的原理

1. 最小养分律

作物生长需要很多养分，其中土壤当中含量最少的养分是影响作物生长的主要因素，被称为最小养分。如果不增加最小养分，只是一味增加其他养分，则无法促进作物生长、提高作物产量。只有增加最小养分，才能为作物生长提供保障。测土配方施肥技术就是根据作物所需养分进行施肥，能够增加最小养分的含量，促进作物生长。

2. 养分归还学说

作物生长所需要的养分有一大部分来自土壤，但是土壤并不是用之不尽的养分宝库。只有合理施肥才能够保证土壤中养分充足，保证土壤养分输入与输出均衡。施肥能够为土壤提供养分，增强土壤肥力。

3. 不可代替律

作物所需要的每一种养分都有自身的作用，这些养分之间不可相互代替。比如，缺钾元素时不能通过施用氮肥来代替，只能缺哪种元素就补充哪种元素。

4. 报酬递减律

种植者会通过土地获得一定的报酬，且报酬会随着向土地投入的资本以及劳动量的增加而增加，但是达到某一个水平时，报酬可能会减少。施肥量一旦超过最大适宜施肥量，作物产量反而会随着施肥量的增加而减少。

5. 因子作用律

作物的产量由影响作物生长的各种因子共同作用决定，在这些因子中有一个主导因子，这一主导因子对作物产量的影响最大。因此，若要提高肥料利用率、增加作物产量，不仅需要综合应用施肥技术及其他技术，而且要协调各种养分。

二、测土配方施肥技术

测土配方施肥技术包括"测土、配方、配肥、供应、施肥指导"5个核心环节，以及以下9项重点内容：

1. 田间试验

田间试验是获得各种作物最佳施肥量、施肥时期、施肥方法的根本途径，也是筛选、验证土壤养分测试技术、建立施肥指标体系的基本环节。通过田间试验，可以掌握各个施肥单元不同作物优化施肥量，基肥、追肥分配比例，施肥时期和施肥方法；摸清土壤养分校正系数、土壤供肥量、农作物需肥参数和肥料利用率等基本参数；构建作物施肥模型，为施肥分区和肥料配方提供依据。

2. 土壤测试

土壤测试是制定肥料配方的重要依据之一，随着我国种植业结构的不断调整，高产作物品种不断涌现，施肥结构和数量发生了很大的变化，土壤养分库也发生了明显改变。通过开展土壤氮、磷、钾及中、微量元素养分测试，能了解土壤供肥能力状况。

3. 肥料配方设计

肥料配方设计是测土配方施肥工作的核心，通过总结田间试验、土壤养分数据等，划分不同区域施肥分区；同时，根据气候、地貌、土壤、耕作制度等相似性和差异性，结合专家经验，提出不同作物的施肥配方。

4. 校正试验

为保证肥料配方的准确性，最大限度地减少配方肥料批量生产和大面积应用的风险，在每个施肥分区单元设置配方施肥、农户习惯施肥、空白施肥 3 个处理，以当地主要作物及其主栽品种为研究对象，对比配方施肥的增产效果，校验施肥参数，验证并完善肥料配方，改进测土配方施肥技术参数。

5. 配方加工

配方落实到农户田间是提高和普及测土配方施肥技术的最关键环节。目前不同地区有不同的模式，其中最主要的也是最具有市场前景的运作模式就是市场化运作、工厂化加工、网络化经营。

6. 示范推广

为了促进测土配方施肥技术能够落实到田间，既要解决测土配方施肥技术市场化运作的难题，又要让广大农民亲眼看到实际效果。建立测土配方施肥示范区，为农民创建窗口，树立样板，全面展示测土配方施肥技术效果，是推广前要做的工作。推广"一袋子肥"模式，将测土配方施肥技术物化成产品，也有利于打破技术推广"最后一公里"的"坚冰"。

7. 宣传培训

宣传培训是提高农民科学施肥意识、普及技术的重要手段。农民是测土配方施肥技术的最终使用者，迫切需要向农民传授科学施肥方法和模式；同时，还要加强对各级技术人员、肥料生产企业、肥料经销商的系统培训，逐步建立技术人员和肥料经销商持证上岗制度。

8. 效果评价

为检验测土配方施肥的实际效果，应及时获得农民的反馈信息，不断完善管理体系、技术体系和服务体系。同时，为科学评价测土配方施肥的实际效果，必须对一定的区域进行动态调查。

9. 技术创新

重点开展田间试验方法、土壤养分测试技术、肥料配制方法、数据处理方法等方面的创新研究工作，不断提升测土配方施肥技术水平。

第二节 小麦高产高效施肥技术

小麦生产从土壤中吸收带走养分，使土壤中养分减少，所以施肥是培肥地力、实现小麦稳产高产的重要措施。在灌溉、耕作等相对稳定的前提下，作物产量随施肥量的增加而增加，但当超过一定限度后，随施肥量的增加反而减产。另外，小麦的产量也会受到土壤中各种养分含量的制约以及作物生长发育过程中各种自然灾害的影响。

因此，实现小麦高产应掌握以下施肥技术：

一、测土配方施肥

通过分析土壤中各种养分的含量对土壤做出评估，再根据评估结果拟定出科学合理的施肥计划，让小麦得到最合理的肥料供应。另外，根据产量定需肥量，在达到预期产量的同时，不浪费肥料。

二、"前氮后移"技术

小麦全生育期所需的氮肥中，底肥施用量减少到50％以下，追肥使用量增加到50％以上。对于土壤肥力高的麦田，底肥施30％～50％的氮肥，追肥施50％～70％的氮肥。同时，将春季追肥的时间推迟至拔节期，肥力高的地块可推迟到拔节期至旗叶露尖时。小麦前氮后移高产栽培技术适合在土壤肥力较高的麦田中采用，晚茬麦田和群体不足的麦田不宜采用。

三、均衡施肥

小麦从分蘖到越冬，麦苗虽小，但吸氮量却占全部吸氮量的12％～14％。另外，磷肥对小麦生根、增加分蘖有显著效果，并且可以明显增加小麦的抗寒、抗旱能力，充足的钾素供应可以使植株粗壮、生长旺盛，有利于光合产物的运输，加速籽粒灌浆。但任何肥料都不是越多越好，氮肥过多会导致作物贪青晚熟、倒伏减产；磷肥过多会导致小麦品质下降；钾肥过多会阻碍其他元素的吸收，常表现为缺钙、缺镁等症状。

四、增施有机肥

长期单施化肥会导致土壤性状恶化、农产品品质下降、环境污染等问题。适量增施有机肥可以改善土壤土质情况，有利于农业的可持续发展。有机肥不仅营养全面，而且具有较长的肥效，能促进土壤中微生物的繁殖，降低增施化肥所引起的土壤板结程度，有效改良土壤性状。另外，秸秆粉碎还田、根茬粉碎还田和整秆翻埋还田、堆腐还田等秸秆还田方式，具有便捷、快速、低成本、大面积培肥地力的优势，是一项较为成熟的技术。

五、深施基肥

小麦化肥深施机械化技术是指使用化肥深施机具，按农艺要求的品种、数量、施肥部位和深度适时将化肥均匀地施于土壤中的实用技术。它包括耕翻土地的犁地施肥技术，播种时的种肥深施技术和小麦生长前期的开沟深施追施技术。氮肥深施可以防止氨的挥发，磷肥、钾肥深施有助于作物根系吸收。北方区域相对来说降水量较小，在小麦播种前将有机肥和化肥撒施后耕翻入土，实现一次性深施，可以提高肥效。

六、适时追肥

冬小麦拔节到抽穗期，生长旺盛，吸收养分能力强，需要适时追施氮肥，以满足小麦对营养元素的需要，获得最佳的施肥效果。另外，追肥时间也要根据小麦长势而定，如果小麦分蘖少、苗情不好，可以适当早施拔节肥；如果苗情好，分蘖情况也好，则可以适当晚施。

七、叶面喷肥

小麦生长后期，根部吸收能力变弱，此时叶面施肥更加有效。喷施肥料的品种和浓度依据小麦生长情况及气候等具体情况来定。如出现叶色发黄、脱肥早衰现象，可用 1%～2%的尿素溶液对叶面喷施。小麦缺磷时，根系发育受抑制，下部叶片暗无光泽，叶片无斑点；严重缺磷时，叶色发紫，光合作用减弱。小麦缺钾时，植株生长延迟，茎秆变矮而且脆弱、易倒伏，叶片提前干枯；对缺磷或缺钾的麦田，可喷施 0.2%～0.3%的磷酸二氢钾溶液。另外，由于每年 5 月北方天气多干热风，此时为了防治干热风危害，可以适量喷施 0.2%磷酸二氢钾叶面肥 1～2 次，有助于提高千粒重。

八、巧施微肥

锌、硼等微量元素，小麦需用量很少，但对小麦的生长起着不可替代的作用。补锌，一般每亩施用硫酸锌 1～2 千克，与基肥混合施用；如果做叶面肥可在小麦苗期或拔节期喷施，用 0.2%的硫酸锌溶液，亩喷 40～50 千克；硼肥可每亩施硼砂 0.5 千克。

除了以上施肥技术，微灌水肥一体化节水高产技术也是一项高产高效施肥技术，该技术综合了水分和养分管理的现代化农业生产措施，具有节水、节肥、省工、高效等特点。由于我国的水肥一体化技术研究起步较晚，目前，主要以设施农业为主，在大田作物上的应用仍处在研究阶段。

第三节　高产土壤特征与培肥技术

我国农业对土壤的利用方式十分复杂，地质、地块等因素也决定了各个地方高产土壤的标准不同。但是，高产土壤的标准也是有共性的。

一、高产土壤的质量特征

1. 耕层有机质和养分丰富

有机质含量高,土壤结构和理化性状好,能增强土壤保水保肥性能,较好地协调土壤中肥、水、气、热的关系。根据研究与生产调查统计,高产麦田的土壤有机质含量至少在 1.2% 以上。含氮量≥1 克/千克,速效氮含量≥80 毫克/千克,有效磷含量≥20 毫克/千克,缓效钾含量≥0.2 克/千克,速效钾含量≥130 毫克/千克。

2. 耕层厚度

加深耕作层,能改善土壤理化性能,增加土壤水分涵养,扩大根系营养吸收范围,从而提高产量。有研究表明,在原有耕作层 12~15 厘米的基础上,加深耕作层到 18~22 厘米,当年小麦可增产 10% 左右。就目前条件看,高产麦田耕地深度应确保 20 厘米以上,能达到 25~30 厘米就更好。

3. 土壤容重

高产麦田的土壤容重为 1.14~1.26 克/厘米^3,空隙率为 48.6%~55.9%。上层疏松多孔,水、肥、气、热协调,养分转化快,下层紧实有利于保肥保水,最适宜高产小麦生长。

4. 土壤质地

土壤矿物质类型以及黏粒含量的反映指标,也是土壤结构的重要表征指标。土壤质地过沙,漏水漏肥,水肥保持性能差;土壤质地过黏,往往适耕性差,排水不畅,养分供应强度不够。尤其是土壤中存在大量蒙脱石、水云母类等 2:1 型矿物时,有效养分容易固定并变得无效。

5. 土体构型

土体构型影响土壤水分养分运移、作物根系下扎以及土壤微生物活性,高产土壤要求有良好的土体构型,即:上沙下黏。

二、我国麦区土壤的肥力现状

农田氮盈余不断提高,偏施氮肥,造成氮素肥料流失快、利用率低,氮素供给过量,小麦易出现叶片肥大、旺长、茎秆软弱,后期则出现叶色浓绿、贪青、晚熟、倒伏、易染病害等。

农田磷盈余不断提高,特别是在黄淮海区域。磷肥具有在土壤中移动性小、又易被固定的特点。部分地区由于多年连续施用较多的磷素肥料,土壤中磷的含量已经处在较高水平,在这种情况下,可适当减少磷肥的施入量,避免造成浪费,减少环境压力。

在重施氮、磷肥的高产麦田,常常忽略钾肥,导致土壤中的钾含量不能满足小麦生长发育的需要，必须通过施钾肥补充。

随着小麦生产的发展，不少地方的土壤出现缺少微量元素现象，尤以缺锌、硼、锰等微量元素较重，因此，适量补充微量元素肥料不可忽视。

耕层深度是土壤条件的基本特征，适合小麦生长的最低耕层深度在 22 厘米以上。美国土壤深耕和深松标准为 35 厘米，而目前我国农田土壤耕层深度平均为 16.5 厘米，黄淮海地区农田土壤耕层深度平均为 17 厘米。

土壤容重既是土壤紧实程度的重要指标，又能反映土壤有机质含量的高低与结构的优劣，作物根系生长适宜的土壤容重范围为 $1.1 \sim 1.3$ 克/厘米^3。我国农田 $5 \sim 10$ 厘米深度的土壤容重平均为 1.39 克/厘米^3，大大高于作物根系生长适宜的土壤容重范围。耕层容重偏高，土壤过于紧实，不利于根系生长。耕作机械动力低，导致难以保持深厚耕作层，麦田播种前以旋耕方式作业的面积大。

不少土壤存在障碍因素，例如土壤贫瘠、耕层变薄、质地过黏、土壤紧实、耕层障碍物质、土壤渍害、土壤干旱、地块小而不平。

三、高产土壤培育与地力提升

1. 高产土壤培育的基本技术

高标准农田建设，增施有机肥，作物秸秆还田，合理耕作与轮作，控制水土流失，平衡施用化肥。

2. 高标准农田建设-中低产田治理

将现代农业工程和信息技术（机、电、信）与现代农业科学技术（土、肥、水、种）完美结合，田成方，林成网，路成通，渠成连，井、桥、涵、闸、机、电、信综合配套，土、肥、水、种农业技术综合集成，低产变高产，高产变稳产。

3. 增加有机肥

将有机质和氮、磷、钾结合施用。

4. 激发式秸秆还田

有资料显示，与常规施肥相比，每亩增施 50 千克鸡粪后，农田产量增幅 16％左右。

5. 坚持投入养分与带出养分相抵盈余

投入养分即扩大贫瘠土壤养分库，带出养分即保持肥沃土壤养分库。土壤养分供给力的培肥标准要求如下所述。土壤氮素供给力标准：（不施肥时）土壤供氮量以不超过小麦高产的需氮量为上限，防止土壤矿化氮量超过此额度后造成氮淋失或反硝化损失。土壤磷素供给力标准：以不超过小麦高产的需磷量为下限，保证土壤不会出现缺磷障碍，并扩大土壤中磷储备。土壤钾素供给力标准：北方土壤（富含蒙脱石等 2∶1 型矿物）以满足小麦高产的需钾量为下限，而南方土壤以满足小麦高产的需钾量为上限。

6. 合理耕作与轮作

加深耕层，避免长期旋耕、浅耕；平整土地，等高种植，地面覆盖-控制水土流失；秸秆多途径还田（覆盖还田、过腹还田、沼渣沼液还田、直接还田）；增施有机肥料及磷、钾肥料，实现养分平衡；稻麦区渍害消减，采用机械开沟、沟渠配套、调整播种方式；旱区提高灌溉能力，发展蓄墒保墒和节水技术。

7. 平衡施肥技术

利用测土配方施肥技术，合理进行施肥推荐。氮肥推荐原则：总量控制；磷肥推荐原则：恒量监控；钾肥推荐原则：肥料效率函数；氮肥施用方法：分期调控；磷、钾肥的施用：周年运筹。

第四节　旱地小麦氮肥后移技术

一、技术原理

氮肥后移高产优质栽培技术是将冬小麦底肥、追肥数量占比减少，春季追氮时期后移和适量施氮相结合的技术体系，可使强筋和中筋小麦高产、优质、高效，是生态效应好的栽培技术。

在冬小麦高产栽培中，氮肥的施用一般分为两次：第一次为小麦播种前，随耕地将一部分氮肥耕翻于地下，称为施用底肥；第二次为结合春季浇水进行的春季追肥。传统小麦栽培，底肥一般占 60%～70%，追肥占 30%～40%；追肥时间一般在返青期至起身期。还有的在小麦越冬前浇冬水时增加一次追肥。上述施肥时间和底肥与追肥比例使氮素肥料重施在小麦生育前期，在高产田，会造成麦田群体过大、无效分蘖增多、小麦生育中期田间郁蔽、后期易早衰与倒伏，因而影响产量和品质，使氮肥利用效率降低。

氮肥后移技术将氮素化肥的底肥占比减少为 50%，追肥占比增加至 50%，土壤肥力高的麦田底肥占比为 40%～50%，追肥占比为 50%～60%；同时将春季追肥时间后移，一般后移至拔节期，土壤肥力高的地块及分蘖成穗率高的品种地块追肥可后移至拔节期至旗叶露尖时。

氮肥后移技术，可以有效地控制无效分蘖过多增生，塑造旗叶和倒二叶健挺的株型，使单位土地面积容纳较多穗数，形成开花后光合产物积累多、向籽粒分配比例大的合理群体结构；能够促进根系下扎，提高土壤深层根系比重，提高生育后期的根系活力，有利于延缓衰老，提高粒重；能够控制营养生长和生殖生长，有利于干物质的稳健积累，减少糖类的消耗，促进单株个体健壮，有利于小穗小花发育，增加穗粒数；能够促进开花后光合产物的积累和光合产物向籽粒器官运转，有利于提高生物产量和经济系数，显著提高籽粒产量；能够提高籽粒中清蛋白、球蛋白、醇溶蛋白和麦谷蛋白的含量，提高籽粒中谷蛋白大聚合体的含量，改善小麦的品质。

二、技术要点

1. 播前准备和播种

（1）培肥地力及施肥原则　较高的土壤肥力有利于改善小麦的营养品质和加工品质，所以应保持较高的有机质含量和土壤养分平衡，培养土壤肥力达到耕层有机质1.2%、全氮0.09%、水解氮70毫克/千克、速效磷25毫克/千克、速效钾90毫克/千克、有效硫12毫克/千克及以上。在上述地力条件下，考虑土壤养分的余缺平衡施肥。一般总施肥量：每亩施有机肥3 000千克，氮肥14千克，磷肥（P_2O_5）10千克，钾肥（K_2O）7.5千克，硫酸锌1.5千克。有机肥、磷肥、钾肥、锌肥均作底肥，氮肥50%作底施，50%于第二年春季小麦拔节期追施。硫酸铵和硫酸钾不仅是很好的氮肥和钾肥，而且也是很好的硫肥。

（2）选用良种　选用经审定的优质强筋和中筋小麦品种，同时小麦品种应具有单株生产力高、抗倒伏、抗病、抗逆性强、株型较紧凑、光合能力强、经济系数高、不早衰的特性，有利于优质高产。

（3）整地与播种　深耕细耙，耕耙配套，提高整地质量，坚持足墒播种，适期精细播种。

2. 田间管理

（1）冬前出苗后要及时查苗补种　浇好冬水有利于保苗越冬，利于年后早春保持较好墒情，以推迟春季第一次肥水，增加小麦籽粒的氮素积累。应于立冬至小雪期间浇冬水，不施冬肥。浇过冬水、墒情适宜时及时划锄，以破除板结、疏松土壤、除草保墒、促进根系发育。

（2）春季（返青期-挑旗期）　小麦返青期、起身期不追肥、不浇水，及早进行划锄，以通风、保墒、提高地温，利于大分蘖生长，促进根系发育，加强麦苗碳代谢水平，使麦苗稳健生长。

将一般生产中的起身期（二棱期）施肥浇水改为拔节期至拔节后期（雌雄蕊原基分化期至药隔形成期）追肥浇水。施拔节肥、浇拔节水的具体时间，还要依据品种、地力水平和苗情决定。在地力水平较高、群体适宜的条件下，分蘖成穗率低的大穗型品种，一般在拔节初期（雌雄蕊原基分化期，基部第一节间伸出地面1.5～2厘米）追肥浇水；分蘖成穗率高的中穗型品种宜在拔节中期追肥浇水。

（3）后期（挑旗期-成熟期）　挑旗期是小麦需水的临界期，此时灌溉有利于减少小花退化，增加穗粒数，并保证土壤深层蓄水，供后期吸收利用。如小麦挑旗期墒情较好，可推迟至开花期浇水。

小麦灌浆中后期土壤含水量过高，会降低强筋小麦的品质，因此强筋小麦在开花后应注意适当控制土壤含水量不要过高，在浇过挑旗水或开花水的基础上，一般不再灌溉，尤其要避免麦黄水。

小麦病虫害会造成小麦粒秕，严重影响品质。赤霉病、白粉病、锈病、蚜虫等是小麦后期常发生的病虫害，应加强预测预报，及时防治。

测定结果表明，蜡熟中期至蜡熟末期千粒重仍在增加，品质指标逐步提高，在蜡熟末期收获，籽粒的千粒重最高，籽粒的营养品质和加工品质也最优。应在蜡熟末期至完熟初期，提倡秸秆还田。

第五节　化肥零增长的技术途径

化肥的大量施用，使氮素明显过剩，加剧了农业面源的富营养化程度。大量盲目施用化肥对土壤造成的污染主要表现为以下两点：一是土壤酸化。土壤 pH 平均从原来的 6.0 下降到 5.5，特别是蔬菜土壤酸化现象严重，许多蔬菜土壤的 pH 降到 5.0以下。二是土壤养分含量不平衡。特别是大棚蔬菜土壤中氮、磷、钾元素含量过多，会产生肥料盐害，抑制作物对钙、镁、锰、硼、锌等中量元素和微量元素的吸收。

一、有机肥替代部分化肥施肥技术

有机肥包含畜禽粪尿、商品有机肥、资源化利用的有机废物等。有机肥部分替代化肥可以显著降低秸秆对土壤原有有机质降解的激发效应，施用氮、磷、钾并没有改变秸秆诱导的激发效应，而氮、磷、钾＋有机肥则显著降低了激发效应。

二、秸秆还田替代技术

秸秆含有丰富的有机质、氮、磷、钾和微量元素成分。实践证明，利用秸秆还田，能有效增加土壤有机质含量，改良土壤结构，培肥地力。

秸秆直接还田是指秸秆就地收割、就地利用，不需要堆制，让秸秆在土壤中分解腐烂。秸秆还田不仅可以节省大量的化肥投入，节省大量劳动力，降低农业生产成本，而且可以培肥土壤，保持水土，避免因焚烧秸秆造成的大气污染，保护生态环境。

三、生物炭

生物炭是以作物秸秆、玉米芯、花生壳、稻壳、林业三剩物、废弃蘑菇盘（棒）等农林业废弃生物质为原料，在绝氧或有限氧气供应条件下，400～700 ℃热裂解得到的稳定的固体富碳产物。

生物炭既有肥料的作用，又有改良土壤的效果。

① 可使秸秆中的钾（5%）、硅（3%～10%）、镁等多种元素回田。

② 增加土壤的孔隙度，改善土壤的通气、透水状况。土壤中增加 4% 的炭，土壤密度从 1.39 克/厘米³ 减少到 1.20 克/厘米³。

③ 抑制土壤对磷的吸附，改善作物对磷的吸收。土壤中增加 4% 的炭，土壤对磷的吸附率为 22.3%，而未加炭土壤的吸附率高达 52.43%，土壤对磷的解析则由 0.85% 提高到 22.81%。

④ 可修复重金属污染的土壤。土壤中加入 4% 的炭，小白菜叶中镉的含量减少 49.45%，根中镉的含量减少 73.51%。

⑤ 提高土壤地温 1～3 ℃，作物的成熟期可提前 3～5 天。

⑥ 可提高土壤的持水能力，有良好的保水作用。土壤中增加 4% 的炭，土壤最大持水量从 37.7% 增加至 41.7%。

⑦ 秸秆炭的比表面积高达 100 米²/克以上，对土壤中的肥料和农药均有缓释作用，使肥料成为缓释肥。

⑧ 农作物秸秆炭制成复合肥回田，实现了秸秆从土壤中来又回到土壤的循环，可以使土壤既肥沃又健康。

四、减少面源污染

采用减氮肥、调磷肥、稳钾肥施肥技术。过去的农田缺氮、少磷、富钾。当时的粮食产量很低，全国肥料产能也很低，各种物质匮乏；目前则各种物质产能过剩，特别是氮肥生产远远超出农业生产需求。

五、根据土壤结构、作物营养规律及肥料特性制定施肥方式

施肥分为施基肥和追肥两大类。基肥是指在种植作物前施入土壤中的肥料，主要供给作物整个生长期中所需要的养分，也有改良土壤、培肥地力的作用，一般为有机肥料。追肥是指在作物生长季节追施的肥料，用于满足作物某个时期对养分的大量需要，或者补充基肥的不足。

六、大力开展新型肥料研制及使用技术研究推广

1. 新型肥料与常规肥料的区别

新型肥料有别于常规肥料，表现在如下几个方面或其中的某个方面：

① 功能拓展或功效提高。例如某些新型肥料除了提供养分作用以外，还具有保水、抗寒、抗旱、杀虫、防病等其他功能，所谓的保水肥料、药肥等均属于此类。此外，采用包衣技术、添加抑制剂等方式生产的肥料，其养分利用率明显提高，从而增

加施肥效益，这一类肥料也可归于此类。

② 形态更新。此类新型肥料的形态出现了新的变化，如除了固体肥料外，根据不同使用目的而生产的液体肥料、气体肥料、膏状肥料等，通过形态的变化，改善了肥料的使用效能。

③ 应用新型材料。应用的新型材料包括新型的肥料原料、添加剂、助剂等，它们使肥料呈现品种多样化、效能稳定化、易用化、高效化。

④ 运用方式的转变或更新，针对不同作物、不同栽培方式等特殊条件下的施肥特点而专门研制的新型肥料。尽管这类肥料在形态上、品种上没有过多的变化，但其侧重于解决某些生产中的问题，具有针对性，此类肥料如冲施肥、叶面肥等。

⑤ 间接给植物提供养分。某些物质本身并非是植物必需的营养元素，但可以通过代谢或其他途径间接给植物提供养分，如某些微生物接种剂等。

2. 新型肥料符合的条件

新型肥料必须适应市场需求，新近开发生产的产品，应全部或部分符合下列条件：

① 能够直接或间接地为作物提供必需的营养成分。

② 能够调节土壤酸碱度、改良土壤结构、改善土壤理化性质、生物化学性质。

③ 调节或改善作物的生长机制。

④ 改善肥料品质、性质，或能提高肥料的利用率。

3. 新型肥料特点

随着人口的增长，人类对粮食和农产品需求量增多，只有加快新型肥料的发展速度，才能保证农业生产沿着高产、优质、低耗和高效的方向发展。新型肥料特点如下：

① 高效化。农业生产的进一步发展，对新型肥料的养分含量提出了更高的要求，高浓度不仅有效地满足作物需要，而且还可省时、省工，提高工作效率。

② 复合化。农业生产要求新型肥料要具有多种功效，以满足作物生长的需要。目前，含有微量元素的复合肥料，以及含有农药、激素、除草剂等的新型肥料在市场上日趋增多。

③ 长效化。随着现代农业的发展，对肥料的效能和有效期都提出了更高的要求，肥料要根据作物的不同需求来满足需要。

市场上鱼龙混杂，某些非法企业以新型肥料为名，炒作概念，误导消费者。此外，市场上也存在着对某些新型肥料功效夸张宣传的问题，影响农民正常购肥、用肥。因此，购买新型肥料应当仔细甄别，切忌一味求新、求异，忽视肥料的实际应用效果，对没有把握的新型肥料应多咨询，在专家指导下科学使用，或者进行必要的肥效试验后再进行推广应用。

第三章
旱地作物高产高效管理技术

中国粮食主产区在保证粮食产量的同时，面临着有机碳损失、氮肥施用量大、温室气体节能减排任务艰巨等一系列问题。这些问题如果得不到重视和有效解决，将会严重制约我国农业的可持续发展。在保证粮食产量和质量安全的前提下，提高农业生产的减排能力和增加土壤固碳水平，将成为我国积极应对气候变化、确保粮食安全的重要举措。

第一节　小麦高产高效栽培技术

河南省小麦常年种植面积在 8 500 万亩左右，对河南省乃至全国粮食安全具有重要战略意义。新常态下的粮食安全，要求按照科学发展观，探索高产与资源高效利用的作物生产技术新途径，研发提高耕地质量、改善土壤肥力状况、持续提升土地生产能力、谋求化肥和化学农药替代品的绿色环保技术。

一、品种的选择与利用

根据当地地区的气候、土壤、地力、种植制度、产量水平和病虫害情况等，选用最适应当地气候特点的、通过有关部门审定的小麦品种，同时加强种子筛选和处理，提高种子质量。在品种搭配和布局上，一个县区、乡镇要通过试验、示范，根据当地生产条件，选用表现最好、适合当地自然条件和栽培条件的高产稳产品种 1～2 个作为当家（主栽）品种，再选表现较好的品种 1～2 个作为搭配品种。此外，还应有潜在有苗头的高产优质品种。

1. 根据当地地区的气候条件选种

豫西地区干旱频繁发生、灌溉条件差，宜选择抗旱稳产品种；豫南地区冬季气温高、春季田间湿度大，宜选择抗病性强的品种；豫东、豫北等倒春寒易发地区，应选择春季发育缓慢、抗寒能力强的品种。

2. 根据生产水平选种

在旱薄地，应选用抗旱耐瘠品种；在土层较厚、肥力较高的旱肥地，应种植抗旱耐肥的品种；在肥水条件良好的高产田，应选用丰产潜力大的耐肥、抗倒、高产品种。

3. 根据当地自然灾害的特点选种

干热风重的地区应选用适当早熟、抗早衰、抗青枯的品种，以躲避或减轻干热风的危害。倒春寒多发区、干旱多发区注意选择抗逆性强的品种。

4. 根据当地病虫害种类选种

近些年，锈病感染较重的地区应选用抗（耐）锈病的品种，南方多雨、渍涝严重的地区宜选用耐湿、抗（耐）赤霉病及种子休眠期长的品种。

选用良种要经过试验示范，要根据生产条件的变化和产量的提高更换新品种，同时要防止不经过试验就大量引种调种及频繁更换良种。在种植当地主要推广良种的同时，注意积极引进新品种进行试验、示范，并做好种子繁殖工作，以便确定"接班"品种，保持高质量生产用种。

鉴于近年来极端天气和病虫害重发已成常态，对小麦品种要求越来越高，应根据农业供给侧改革和智慧型农业发展的要求，以优质高产稳产为中心，以抗灾避害为重点，结合品种抗性、高产、高效性和品质特性，因地制宜，最大限度地发挥品种增产潜力。

二、种子处理技术

播前进行药剂拌种或种子包衣，是防治小麦苗期病虫害以及中后期蚜虫等病虫害的有效措施，因药剂种类众多，处理不当易影响出苗及出苗后的生长，要严格按照要求，规范操作。种子包衣要尽量提前，以保证药剂被种子充分吸收。

1. 地下害虫一般发生区

用40%辛硫磷按种子量0.2%拌种，也可用48%毒死蜱乳油按种子重量0.3%拌种，拌后堆闷4～6小时，可有效防治蝼蛄、蛴螬、金针虫等地下害虫，兼治苗期红蜘蛛、蚜虫、灰飞虱等。

2. 腥黑穗病、散黑穗病、根腐病、纹枯病、全蚀病等发生区

选用2%戊唑醇（立克秀）干拌剂或湿拌剂10～15克拌种10千克，或2.5%咯菌腈（适乐时）悬浮剂10～20毫升拌种10千克，或40%五氯硝基苯按种子量的0.4%～0.5%拌种。

3. 防治纹枯病、根腐病、腥黑穗病

用25克/升咯菌腈悬浮剂种衣剂，每10毫升兑水0.5～1千克，拌种10千克；或30克/升苯醚甲环唑悬浮剂种衣剂按种子量0.2%～0.3%拌种，或15%多·福种衣剂1∶60～1∶80（药种比）拌种。

4. 防治蚜虫、地下害虫及锈病

可选用60%吡虫啉悬浮剂种衣剂（高巧）30毫升＋6%戊唑醇悬浮剂种衣剂（立

克秀) 10 毫升, 加水 0.3～0.4 千克, 包衣 15～20 千克种子。

三、规范化播种技术

小麦规范化播种技术包括耕作整地、耕翻或旋耕后耙压、适宜墒情、前茬秸秆还田后浇水造墒、镇压踏实土壤、适期适量播种、保证播种质量、播后镇压等。实施规范化播种技术是苗全苗壮的基础,可以提高小麦抗逆能力,减轻或免受因气候异常导致的灾害性天气危害。

四、田间管理技术

1. 出苗-越冬期关键技术

冬小麦从出苗到越冬,生育特点是长根、长叶、长分蘖,完成春化阶段,即"三长一完成",生长中心是分蘖。该阶段在河南省北部为 10 月上旬至 12 月下旬,中部为 10 月中旬至 12 月下旬,南部为 10 月下旬至 12 月底或 1 月初,西部山区为 10 月初至 12 月初。田间管理的核心任务是在保苗基础上促根增蘖,使弱苗转壮、壮苗稳长,确保麦苗安全越冬。其主要管理措施包括以下几个方面:

(1) 查苗补种 出苗后要及时查苗,发现缺苗断垄及漏播要立即补种,否则影响成穗数或利于杂草生长。用萘乙酸或清水浸种催芽,浸种后晾干播种。

(2) 因苗制宜、分类管理 苗情诊断以 10 月下旬为宜,识别出壮苗、旺苗及弱苗,根据苗情采取控、促不同的管理措施。方法是"两查两看",即查播种基础、查墒情,看长势长相、看群体结构。

(3) 适时冬灌 小麦越冬前适时冬灌是保苗安全越冬及早春防旱、防倒春寒的重要措施。适宜的冬灌时间应根据温度和墒情来定,一般在平均气温 7～8 ℃时开始,到 3 ℃左右时结束,此时"夜冻昼消"。灌水量要根据墒情、苗情和天气而定。一般每亩浇水 40～60 米³。冬灌水量不可过大,以能浇透且当天渗完为宜。切忌大水漫灌,以免造成地面积水,结成冰层使麦苗窒息而死。冬灌后,特别是早冬灌的麦田,要及时锄划松土,防止龟裂透风,造成伤根死苗。

播种时底墒充足、翻耕整地的麦田,可不进行冬灌,以提高水分利用效率,减少水资源浪费。

(4) 病虫草害防治 冬前杂草密度大的地块,要在小麦 3～5 叶期、日均温 8 ℃以上时,及时开展冬前化除。

冬前蚜虫、红蜘蛛、潜叶蝇和地下害虫危害较重的地块应进行化学防治。地下害虫发生严重的地块,可用毒饵诱杀或拌毒土撒施。

2. 返青-孕穗期管理技术

返青-孕穗期是冬小麦营养生长与生殖生长并进的时期,这个时期的管理要以多成穗、成大穗、防倒伏为主要管理目标。

（1）因苗管理，运筹肥水　返青期是氮素营养临界期，在底肥充足、冬季已施肥、浇水或土壤肥力水平较高田块，可不施返青肥水；旱地麦田或晚播麦田，小麦长势弱，可在返青后每亩施尿素8～10千克。起身期施用肥水，可巩固冬前分蘖，促进春季分蘖，提高分蘖成穗率。对群体较小的麦田可亩施尿素10～15千克；对返青期经过深中耕且群体过大的田块，应少施或不施。拔节期以提高分蘖成穗率、促穗大粒多为目标，对苗情好、分蘖多、群体和个体生长适宜的麦田，应促控结合，拔节中后期每亩施尿素10千克。

（2）水肥一体化管理　水肥一体化灌溉技术集施肥、灌溉于一体，实时监测土壤实际情况和植物生长规律。通过对土壤水分和养分的监测，结合作物的需求规律、土壤水分肥力、土壤性质等条件提供最合适的水肥灌溉方案。按照该方案进行定量合理灌溉、精准施肥，提高用水效率和肥料利用率，有利于改变农业生产方式，提高农业综合生产能力，并有助于从根本上改变传统农业结构，大力推进生态环境保护和建设。物联网传感器全自动化控制，能减少人力成本投入，实现高效管理。

灌水方案：小麦拔节前，土壤相对含水量≤65%时进行灌溉，每次亩灌水量为20～25米^3。孕穗或灌浆期，土壤相对含水量≤70%时进行灌溉，每次亩灌水量为20～25米^3。不同区域小麦全生育期灌溉总量符合DB 41/T 958规定。

通过使用水肥一体化田间设施设备，按拟定的制度进行灌溉、施肥。土壤水分监测符合NY/T 1782的规定。灌溉总量较常规灌水量减少30%～40%，施肥总量较常规施肥量减少20%～30%。

（3）病虫草害防治　返青拔节期要加强病虫草害的监测与防治，重点防治小麦纹枯病、条锈病、白粉病、红蜘蛛等。小麦孕穗期是防治小麦吸浆虫的第一个关键时期。

（4）春季冻害的预防与补救　做好春季冻害预测预报，并采取相应措施加以防御或补救，是春季麦田管理的重要措施之一。适时浇水是预防和减轻冻害的最有效措施。为预防晚霜冻害，在小麦拔节期应浇一次水，保持土壤水分充足。如果拔节期浇水后，天气持续干旱，应在小麦冻害最敏感期再浇一次水，或者在寒流到来之前1～2天及时浇水。在冻害发生前后喷洒黄腐酸之类的植物生长调节剂，可有效缓解冻害对小麦幼穗发育的影响。

早春冻害的补救措施如下：①及时追肥。早春冻害严重的麦田，一般都是旺长麦田，一旦冻害发生，要把旺苗当成弱苗来管，立即追施速效化肥。一般情况下，每亩追施尿素7.5～10千克，追肥后要及时浇水。②喷洒化学调节剂。冻害发生后，每亩用磷酸二氢钾200克喷洒小麦植株，对促进小麦恢复生长具有良好作用。应结合喷洒植物生长素和农药，防治病虫害的发生。③返青后，对已经提前拔节的麦田，主茎和大分蘖已冻死，不要再进行镇压，应以促为主。

低温冷害的补救措施如下：①受害后灌水。在天气干旱条件下，低温冷害后应及时灌水。灌水后，小麦恢复生长越快，成穗质量越高。②追肥。冷害后浇水应结合追肥进行，效果更佳。③叶面喷施肥料、植物生长调节剂。小麦受冷害后及时喷洒磷酸二氢钾和植物生长调节剂，对增加穗粒数、提高粒重作用很大，同时做好病虫害防治工作对减少损失也有重要作用。

3. 抽穗-成熟期关键技术

抽穗-成熟期的关键是防治病虫害，防止脱肥和脱水，确保小麦正常灌浆。小麦抽穗扬花后是小麦白粉病、蚜虫、锈病、叶枯病、吸浆虫和赤霉病防治的关键时期。病虫草害防治应根据病虫草发生情况、品种抗性，确定防治对象和时期，以防为主、以治为辅。应选用高效低毒农药防治，提倡综合防治，推行"一喷三防"，减少用药次数，降低用药成本。

（1）水肥运筹

① 适时浇好灌浆水。在小麦开花一周内土壤含水量低于田间持水量70％的，适当浇水以确保小麦正常灌浆，同时密切注意天气预报，风雨来临前严禁浇水，以免发生倒伏。在没有明显的旱情时，应适当控制浇水，避免小麦头沉遇风倒伏，防止氮素的淋溶，影响籽粒光泽度、角质率和加工品质。灌浆水对强筋小麦产量有不同程度的提高，但不宜浇得过晚，否则将导致后期籽粒氮素积累减少。

② 补施氮肥。对中低产田，为防止生育后期植株早衰，在浇灌浆水的同时，随水追施少量氮肥，灌浆期追施氮素，可增加生育后期的叶绿素含量及硝酸还原酶（NR）活性，促进氮素代谢与转化（雷振生等，2006），追氮肥量不宜过大，一般5千克/亩，时间不能过晚。

（2）病虫害防治　科学防治蚜虫。当百株有蚜量500头时，亩用5％高效氯氰菊酯20～25毫升或吡虫啉乳油20毫升，或10％吡虫啉可湿性粉剂20～30克，兑水50千克喷雾防治一次。如效果不好，可亩用5％高效氯氰菊酯20～25毫升再加吡虫啉乳油10毫升，或10％吡虫啉可湿性粉剂5～10克，兑水50千克进行第二次防治。在条件允许的情况下，也可利用生物措施进行防治，例如利用蚜虫的天敌草蛉或黄板诱捕蚜虫，生态效益突出。

小麦锈病一般发生在拔节期至灌浆期多雨潮湿、地势低洼的阴湿地块，锈病一般发生较重。应加强锈病监测和白粉病预防，发现发病立即施药防治，亩用12.5％禾果利可湿性粉剂20～30克或15％粉锈宁可湿性粉剂75～100克兑水50千克喷雾。

在小麦抽穗扬花期，阴雨、潮湿天气持续时间越长，赤霉病发生就越重（李金永，2008）。由于气候变暖，赤霉病发生频率不断上升。对赤霉病应以预防为主，及早测报，及时防治。在小麦抽穗至扬花期遇有 2 天以上阴雨、大雾或大面积露水等天气，必须在齐穗至扬花初期喷药预防；对高感品种，首次施药时间应提早至破口抽穗期。每亩用 50 克多酮混剂（多菌灵 40 克加三唑酮 10 克有效成分）或 12.5％烯唑醇 30 克，或氰烯菌酯粉剂 30～50 克，兑水 50 千克左右喷雾。喷药后 6 小时内遇雨应补喷。喷药应加大用水量，均匀喷洒，确保防治效果，亩用水量不少于40～45 千克。

（3）干热风防控　近年来，气候变暖导致小麦灌浆期干热风频发，干热风是河南省冬小麦生长后期危害籽粒灌浆最严重的气象灾害，对小麦高产、稳产造成严重威胁。干热风持续时间越长，小麦千粒重越低，一般年份可造成小麦减产 5％～10％，偏重年份可减产10％～20％，且对小麦品质影响较大。在建立农田防护林带、达到农田林网化、选用抗逆性强品种的基础上，喷洒化学制剂，是防御干热风最经济、最有效和最直接的方法。抽穗至灌浆期喷洒植物生长调节剂麦健，以扬花后使用效果最佳。每亩用麦健 50 毫升，兑水 30～40 千克均匀喷洒，可显著提高小麦植株抗逆能力，减轻干热风危害，提高粒重，改善小麦品质。选择晴朗无风天气进行喷洒，若 6 小时内降水应补喷，可与其他农药混用，分别稀释后再混合。结合病虫害防治，将叶面肥与杀菌剂、杀虫剂混喷，一喷三防，具有较好的增产效果。

（4）拔除野燕麦和田间杂草　野燕麦等禾本科杂草在河南南部麦区发生尤为严重，种子随着成熟落于地表，如不及时拔除，将会越来越严重。对野燕麦、麦蒿等杂草要尽快人工拔除。

4. 适期收获、安全储藏

从五月底至六月中旬由南向北逐渐步入小麦收获期，要及时收获以防止小麦断穗落粒、穗发芽、霉变等，争取把损失减少到最低限度。机械收获以完熟初期为宜，密切关注天气变化，适时抢收，减少不必要的损失，同时注意留茬高度，以利于玉米播种。

农机合作社为农户提供机收、秸秆处理、产后烘干、粮食销售对接等"一站式"综合服务，加强农机区域调度和应急调度。对优质专用小麦，优先搞好机收服务，专收、专运、专晒，防止混杂。

第二节　玉米高产高效栽培技术

一、良种的选择

品种的好坏直接会影响到玉米产量，因此要针对当地气候特点、土壤状况、栽培管理水平、因地制宜选择合适的玉米品种。主要以高产稳产品种为主。河南省适宜种植的品种具备以下特点：耐密植、产量高；抗病虫草害；耐高温、干旱，耐阴雨寡照；抗倒伏、宜机收；中早熟（从出苗到成熟 90～105 天）。

选择品种时应该选通过国家或省作物新品种审定委员会审定的品种，选品种审定公告中适宜当地种植的品种，选国家及当地农业管理部门推荐的品种，选可信赖的农业技术专家推荐的品种，选经自己或邻居多年种植表现良好的品种。

二、播种前准备

1. 前茬秸秆处理

前茬残留物可作清除或还田处理。冬小麦收获时选用带秸秆粉碎和抛撒装置的联合收割机，麦秆切碎＜10 厘米并抛撒均匀，留茬高度＜20 厘米，以解决秸秆对播种机具的缠绕堵塞问题，保证播种质量和出苗均匀，同时秸秆覆盖可起到保墒效果。

2. 种子处理

（1）晒种　选择晴天上午 9:00 到下午 4:00 进行晒种（注意：不要在铁器和水泥地上晒种，以免烫坏种子），连续暴晒 2～3 天，可提早出苗 1～2 天，出苗率提高 13%～28%。

（2）精选　选用籽粒饱满、大小均匀的种子。

（3）发芽试验　随机取 100 粒种子在麦行间种植，查看出苗时间、出苗率、幼苗长势。

3. 肥料准备

玉米常用肥料包括尿素、磷酸氢二铵、过磷酸钙、硫酸钾或氯化钾、氮磷钾复合肥、中微肥、配方肥、硫酸锌、有机肥等。若以尿素、磷酸氢二铵、氯化钾为基础肥料，一般高产田块，每亩需尿素 15～25 千克、磷酸氢二铵 6～10 千克、氯化钾 5～10 千克、硫酸锌 2～3 千克。

肥料准备见表 3-1。

表 3-1　肥料准备

项目	目标产量/千克	纯氮用量/（千克/亩）	五氧化二磷用量/（千克/亩）	氯化钾用量/（千克/亩）
高产田	600～800	14～16	3～6	5～7
超高产田	＞800	18～20	5～8	6～8

三、播种

1. 播种时间

麦收后要抢时播种，力争 6 月 10 日之前播种结束。

2. 播种方式

建议采用种、肥一体化单粒机播。种肥一般占总施肥量的 10%～30%，以氮、磷、钾复合肥或磷酸氢二铵为宜，速效氮肥（如尿素）不宜作种肥，种肥要施在距种子 3～5 厘米的侧下方。宜采用宽窄行播种，宽行 70 厘米，窄行 50 厘米。播种深度以 3～5 厘米为宜。墒情较好的黏土，适当浅播；疏松的沙质壤土，适当深播。

3. 合理密植

根据品种特性和土壤肥力确定播种量和适宜密度，目前河南省高产耐密型品种适宜种植密度为 4 500～5 000 株/亩。

4. 浇好出苗水

播种后根据土壤墒情，及时适量浇出苗水，要浇足、浇匀，以实现出苗整齐、长势均匀。

四、田间管理

1. 苗期管理

（1）治虫防病　地下害虫防治见表 3-2。

表 3-2　地下害虫防治

农业防治	物理防治	化学防治
土壤翻耕，施用有机肥要充分腐熟	黑光灯、高压汞灯诱杀	药剂包衣；播前沟施 3% 辛硫磷颗粒剂

地上害虫防治见表 3-3。

表 3-3　地上害虫防治

农业防治	物理防治	化学防治
搞好田间卫生，清除田边、地沟杂草	糖醋酒液诱杀；黑光灯、高压汞灯诱杀	播后苗前和苗后用高效氯氟菊酯、氰戊菊酯、氯虫苯甲酰胺喷施

苗期病害防治见表 3-4。

表 3-4　苗期病害防治

农业防治	化学防治
种植抗病品种；增施磷钾肥和硫酸锌，增强植株抗性	根腐病可用甲霜·戊唑醇等包衣。病毒病可用寡糖·噻·氟虫包衣或低聚糖素、氨基寡糖素、噻虫嗪等喷雾

（2）化学除草

① 选对时。苗后 3～5 叶期，晴天傍晚无风时。

② 选对药。每亩用 60 毫升烟嘧磺隆＋100 毫升 38% 的莠去津。

③ 选对器。使用专用喷嘴或加防护罩。

④ 用对技。近地面，要均匀，退行走，单行间。

⑤ 防药害。出现药害要灌溉，同时喷施 920。

⑥ 四不准。不准随意增加剂量；不准在高温干旱的条件下喷施；不准在风雨天喷施；不准在有机磷农药包衣或 7 天内喷施过有机磷农药的玉米田喷施烟嘧磺隆（已有保护剂）。

2. 穗期管理

（1）追肥　根据玉米需肥规律、玉米长势以及肥料种类施肥，肥料应深施，氮肥宜后移。若上茬留肥较多，可不施种肥，在拔节期和大口期分次追肥。也可在封行前一次性施入玉米专用缓控释肥。

（2）排灌　根据玉米需水规律合理灌溉；根据玉米旱情灌溉；施肥后应及时灌溉，以水调肥，效果增益。

（3）治虫防病　重点防治玉米螟、黏虫等害虫及弯孢霉叶斑病、顶腐病等病害，在小喇叭口至大喇叭口期用辛硫磷颗粒剂进行灌心，或用生物杀虫剂喷雾，或用氯虫苯甲酰胺＋噻虫嗪茎叶喷雾，或在玉米螟、棉铃虫产卵高峰期放赤眼蜂进行防治。并结合治虫，用适宜杀菌剂防病。

3. 花粒期管理

（1）追施粒肥　玉米后期如脱肥，可上午 9:00 之前或下午 17:00 之后叶面喷施叶面肥或 1% 尿素＋0.2% 磷酸二氢钾溶液。

（2）保墒防衰　在玉米生长后期，保持土壤较好的墒情，可防止植株早衰，提高灌浆强度，增加粒重。

五、适时收获

在苞叶发黄后 7～10 天，即籽粒乳线消失、基部黑层出现时收获。

第三节　花生高产高效栽培技术

河南是我国花生的主产省份，花生种植面积超过 2 000 万亩，占全国的 22%；总产量 445.71 万吨，占全国的 27.28%，河南花生种植面积和花生总产量均居全国第一位。

花生是河南第一大经济作物。在全省 158 个县（市、区）中，花生种植面积超过 10 万亩的县（市、区）有 53 个，其中超过 20 万亩的县（市、区）有 40 个，超过 40 万亩的县有 9 个。花生产业在河南省 1/3 以上的县（市、区）中已成为农民增收和农村经济发展中的支柱产业，在发展河南县域经济中发挥着重要作用。

一、花生的需肥规律

每生产 100 千克花生荚果，需肥量为纯 N 5.45 千克、P_2O_5 1.0 千克、K_2O 2.6 千克、CaO 2～2.5 千克。

花生吸收氮、磷、钾、钙的比例为 3：0.4：1：0.6。

花生靠根瘤菌供氮可达 70%～80%，实际上要求施氮水平不高，突出花生嗜钾、钙的营养特性。

花生每同化 15 份氮素需要 1 份硫素。

花生对硼、钼、铁、锌和锰等元素要求迫切。

氯元素过量会抑制花生种子发芽和根瘤菌固氮，加重土壤酸化，对钙的流失也有一定影响。

二、花生高产栽培技术

1. 选择适宜的品种

良种推广应用对于农业增产及品质改善具有重要作用。品种不同，其产量水平、适应区域、市场适应性均不相同。应根据当地的生态条件、耕作方式、生产目的和市场需求来选择适宜的品种。

目前适合河南省推广的高产优质花生品种主要如下：

大果品种有豫花 9502、豫花 9326、豫花 9331、豫花 9719、豫花 9620、豫花 15 号等。

中果品种有豫花 9327、远杂 9847、豫花 9830 等。

小果品种有远杂 9102、远杂 9307、豫花 22 号、豫花 23 号等。

特用品种有黑花生豫花 0215、红皮花生远杂 5 号，高油酸花生开农 61、DF06、DF12 等。

2. 选择适宜的种植方式

河南花生种植主要有平作、垄作两种方式。

平作：地势高燥、土壤肥力低、无水浇条件的旱薄地和排水良好的沙地，适于平作，即平地开沟（或开穴）播种。

垄作：土层深厚、地势平坦、有排灌条件的中等以上肥力的地块，应提倡垄作。垄作的优点是结果层疏松通气，便于排灌，烂果少，易收刨；缺点是易跑墒，密度受限制。

垄的规格一般为垄距 80～90 厘米，垄高 10～12 厘米，垄面宽 50～60 厘米。肥力偏低地块种植较矮小紧凑品种，垄宜小些；肥力高的地块种植植株高大品种，垄宜大些。

3. 浇水

花生耗水量大，降水量不能满足高产的要求。花生对水分敏感，旱、涝的危害大。水分还影响土壤通透性及花生结果和充实性能，可造成发芽烂果。苗期可适度干旱，水分适应范围大（为田间持水量的40％～50％）。应根据花生叶片发生萎蔫的早晚及恢复的快慢来确定灌溉时间。灌溉以沟灌、喷灌、滴灌形式最好，尽量避免大水漫灌，并避开中午阳光强照的高温时段；灌溉用水地上水优于地下水。

花生一生中有两个需水高峰期，干旱将导致其严重减产，这两个需水高峰期如下：

（1）开花下针期　根据试验，此时期遇旱浇水可使前期有效花增加6％，结实率和饱果率分别提高4.5％和33.5％。此时期如果发现花生叶色黑绿，开花量开始减少，叶片中午萎蔫、日落才能恢复，应及时沟灌润浇，解除旱情，促花开放。但切忌大水漫灌。

（2）结荚期　此时期也是花生一生中需水最多的时期，遇旱严重影响果针入土结实，特别是结荚后期干旱会引起大幅度减产。因此，此时期若植株叶片泛白、傍晚才能恢复，应及时浇水。此时期是高产成败的关键，不容忽视。

4. 控旺

随着生产条件的改善，旺长倒伏已成为限制花生高产的重要因素。采用化学调控技术，抑制花生的过快生长，防止旺长倒伏，实现花生个体与群体、营养生长与生殖生长的协调发展，为花生高产创造良好的生态环境，是夺取花生高产的一项重要措施。化控最适宜的时期为盛花后期或植株高度超过35厘米时（最终植株高度控制为45～50厘米）。

5. 治虫

花生虫害主要有蛴螬、棉铃虫、菜青虫、蚜虫、红蜘蛛等。蛴螬是花生田最主要的虫害。在蛴螬的防治上应贯彻"预防为主，综合防治"的植保方针，根据虫情，因地制宜，协调使用各项措施，做到"农防化防综合治、播前播后连续治、成虫幼虫结合治、田内田外联合治"，将蛴螬量控制在经济允许水平以下，最大限度地减少危害。

三、花生产业发展趋势

① 花生播种机械化、种植规模化是必然趋势，麦套花生将减少。

② 花生收获机械化程度将不断提高。

③ 花生收贮将公司化，农民收获的花生直接进入公司烘干、贮藏、剥壳、分级、销售。

④ 花生管理不断轻简化。

⑤ 优质专用花生生产规模将不断扩大。

第四节　大豆高产高效栽培技术

大豆是我国的一种基本农作物，大豆栽培技术直接影响到大豆的整体品质和产量。大豆相比其他农作物，需要更高的栽培种植技术。因此，想要提升大豆的产量、质量与效益，还需要进行精细化田间管理。

一、品种选择

大豆在我国各地都能大量种植，因此地域分布广泛。为了提高大豆的产量与经济效益，在种植作业开展前，应当针对本区域的地形、土壤、气候与种植要求等因素，选择高产优质大豆品种。黄淮海北部要考虑前茬小麦收获腾茬晚、下茬小麦播种早的特点，应选用生育期 90 多天的早熟大豆品种；黄淮海中部地区应选用生育期 100～105 天的中熟大豆品种；黄淮海南部地区应选用生育期 110 天左右的中熟品种。近年来，气候变暖，小麦播种推迟，黄淮海南部地区可选用生育期在 120 天左右的中晚熟品种。

二、适时播种

黄淮海夏大豆应在 6 月上中旬麦收后进行播种，播种过早会导致病虫害加重。本地区夏大豆的播期受降雨及土壤墒情的影响很大，麦收后土壤墒情好或麦收后降雨，大豆可及时早播。麦收后干旱、墒情差，可以灌水造墒后播种。灌水最好采用喷灌的方式进行，既可以确保田间灌水均匀，避免因土地低洼造成田间积水，影响大豆播期的一致性，也可以减少田间的灌水量、节约灌溉成本。

三、合理施肥

坚持以施用有机肥为主，有机肥、无机肥相结合；增施化肥，氮、磷肥配合，补施微肥；高产田重施磷、钾肥，薄地重施氮、磷肥；以基肥为主，追肥为辅，酌情施用种肥和叶面喷肥。

河南省农业科学院土肥所研究显示，优质高产大豆底肥用量比例为纯氮：五氧化二磷：氧化钾＝（0.3～0.4）：1：（0.8～1.0）。追肥应减少到 40% 左右。

四、生育期管理

1. 幼苗期

夏大豆从出苗到分枝出现，称为幼苗期，这一阶段是以生长根、茎、叶为主的营养生长时期。幼苗对低温的抵抗能力较强，最适宜温度为 25 ℃左右。此时期幼苗较能忍受干旱，适宜土壤湿度为 $10\%\sim22\%$。幼苗期所需营养、水分处于全生育期最少阶段，但又是促进根系生长的关键时期。

夏大豆幼苗期主攻目标是苗全苗壮，根系发达，茎叶茂盛。为达此目标必须抓紧时间查苗补苗，凡断垄 30 厘米以内的，可在断垄两端留双株；凡断垄 30 厘米以上的，应补苗或补种。补苗越早越好，最好对生子叶展开，对生子叶尚未展开的芽苗进行带土移栽。移栽应于下午 4:00 后进行，栽后及时浇水，成活率可达 95% 以上。补种也应及早进行，对种子可浸泡催出芽后补种。在全苗的基础上，实行手工间苗，手工间苗的株距因品种、土地肥力略有不同，一般情况下 $0.4\sim0.5$ 米行距，株距应在 13 厘米左右。间苗时拔去密集的成堆成疙瘩的苗、弱苗、病苗、小苗和其他品种的混杂苗，留壮苗、好苗，达到幼苗健壮、均匀、整齐一致。如遇干旱或病虫害严重，可先疏苗间苗，后定苗，分两次手工间苗。

适期播种的大豆，在适宜的光、温、水、肥条件下可生长成壮苗。对于高肥土地上的壮苗，应适当蹲苗，促进根系发育，防止后期倒伏。对于肥力条件好、墒足、生长偏旺的壮苗，要控制其生长，可深中耕 $3\sim5$ 厘米，伤一部分表层细根，促进根系下扎，在伤根的初期，根部吸收能力受到影响，旺长可得到控制，随着根系的逐渐恢复，根系吸收能力将更强，为以后的丰产打下良好的基础。对土壤肥力基础差的大豆壮苗，要早追肥、早浇水，避免水肥接不上，壮苗塌架，影响中后期生长发育。

大豆弱苗产生的原因有多个，一般弱苗的特点是苗瘦弱，叶小，茎细，根少，叶色淡，叶面无光泽，生长速度慢。因干旱造成的弱苗，应浇水，然后锄地保墒。因水渍造成的弱苗，应锄地松土散墒，并追肥促苗。因缺肥造成的弱苗，可追肥浇水。因密度过大造成的弱苗，要手工间苗，并追肥浇水。因晚播或播种过深形成的弱苗，可追肥、浇水，中耕促苗。

2. 分枝期

夏大豆从分枝出现到开花为分枝期，从播种到分枝期大约需 25 天。分枝期实际上是营养生长和生殖生长共同进行的时期，此时根瘤已具有固氮功能，根瘤菌由寄生关系变为与根系的共生关系。

分枝期的主攻目标是使植株强壮，促进分枝和花芽分化。具体措施是清除杂草，中耕培土，有条件的地区遇旱可浇水。注意防治造桥虫、菜青虫、棉铃虫、蚜虫和红蜘蛛等危害。肥力偏低的土地在分枝期追肥是经济有效的办法。从开花到鼓粒，是需肥高峰期，在此之前的分枝期追肥，恰好可以满足大豆养分的需求。大豆追肥，要注意氮、磷的配合，这不仅能使土壤缺磷状况得到改善，而且氮、磷的协调供应，使植株体内氮、磷代谢功能增强，有利于对氮、磷的吸收利用，从而提高肥效。一般大豆开花前每亩追施磷酸氢二铵 $15\sim20$ 千克，可达到明显的增产效果。

3. 花荚期

开花株数达总数一半的日期定为开花期。黄淮海夏大豆8月上中旬为结荚期。结荚期和开花期无明显的界限，大豆开花后15～20天，幼荚可发育至成荚的大小，这一时期可称为大豆的花荚期。大豆花荚期是生长发育最旺盛的时期。此时期茎叶和根系生长非常迅速，也是根瘤固氮的高峰期。

花荚期的主攻目标是促进多开花、多结荚，保花保荚，减少脱落。应在前期苗全、苗匀的基础上，根据具体情况加强水肥管理。对播种偏晚、土壤瘠薄、群体偏小的大豆，要利用初花阶段长枝叶的一段时间，努力促分枝，有条件的可浇水以调肥，可叶面喷肥，分枝期未追肥的可追施少量氮肥，尿素2～3千克/亩。对前期长势旺、群体大、有徒长趋势的大豆，要在初花期及早控制。花荚期处于雨季，遇涝注意排水。此时期要注意病虫害防治，如防治造桥虫、豆天蛾等。

4. 鼓粒成熟期

8月中旬，当籽粒明显鼓起的植株达50％以上，即进入鼓粒成熟期。鼓粒成熟期需要足够的水分和养分，同时，需要足够的阳光和适当的温度。如果这些条件得不到满足，秕荚、秕粒会增多，产量会降低。此时期所需水分占全生育期耗水量的19％左右，在成熟期土壤干燥些有利于大豆提早成熟，在水分过多的情况下，会延迟成熟。此时期温度低，种子发育受影响，会增加秕粒并延迟成熟。

大豆鼓粒成熟期的主攻目标是保叶、保根，延长叶片和根系的功能期。在田间管理措施方面，必须满足后期生育所需要的养分和水分，及时防治病虫害，遇旱浇水，及时排涝，鼓粒前期可叶面喷肥。成熟期应降低土壤水分，加速种子和植株变干，便于及时收获。还应防止肥水过多，造成贪青晚熟，影响及时收获和倒茬，对有裂荚习性的品种要注意早收获，以免造成损失。

第五节　小麦化学调控技术

一、小麦化学调控技术的概念

小麦化学调控技术是在小麦生长发育过程中应用外源植物激素或植物激素类似物调控小麦的基因表达、器官建构和器官功能，从而实现对小麦外部形态特征和内部生理代谢进行调控的技术。此项技术能够实现小麦生长发育过程与环境条件的协调、个体生长与群体结构的协调、营养生长与生殖生长的协调，最终达到充分利用自然资源（光、热、水、肥等）的目的，取得优质、高效和高产。

二、小麦化学调控技术的应用

1. 小麦生育前期化学调控技术的应用

小麦一生可分为幼苗期（出苗至起身）、器官建成期（起身至开花）和籽粒形成期（开花至成熟）三个阶段。冬小麦幼苗期管理目标的核心是培育足蘖壮苗，增强植株耐寒能力。此时期运用化学调节剂（如壮丰安）拌种能促进分蘖的形成和根系的发育，有利于壮苗的形成，并能提高植株的抗寒能力，这是由于调节剂拌种能显著提高植株的抗寒能力。

小麦器官建成期管理目标的核心是大穗和壮秆。由于小穗数在幼苗期已经决定，因此增加小花分化数和减少小花退化数，即提高幼穗发育质量是形成大穗（实际为多粒）的关键。此时期在小麦拔节前喷施植物生长调节剂，能增加穗粒数，抑制基部节间伸长，更利于后期产量的形成。

2. 小麦生育中后期化学调控技术的应用

小麦籽粒形成期管理目标是提高粒重，促进灌浆，抵御后期干热风和病虫害的危害。小麦生育后期易受干热风、病虫害等的影响，此时期可以运用"一喷三防"技术进行综合防治，通过喷施叶面植物生长调节剂、叶面肥、杀菌剂、杀虫剂等混配液，防干热风、防病虫、防早衰，达到增粒增重的目的，确保小麦丰产增收。

小麦喷施调节剂，可以延缓根系衰老，促进根系活力，保持灌浆期根系的吸收功能；减少叶片水分蒸发，避免干热风造成植株大量水分损失而形成青枯早衰；促使小麦叶片的叶绿素含量提高，延长叶片功能期，延缓植物衰老，促进叶片光合作用，增强糖类的积累和转化，促进籽粒灌浆，提高粒重，增加产量。

调节剂主要是灌浆期抗干热风专用的小麦抗逆增产调节剂（如麦健）；杀菌剂主要是防治白粉病、锈病、赤霉病的药剂（如多菌灵、三唑酮等）；杀虫剂主要是防治蚜虫、吸浆虫、麦叶蜂、麦秆蝇类的有机磷和氨基甲酸酯类的杀虫剂（如吡虫啉、抗蚜威等）。在生产上，除了增粒增重剂等生长促进剂外，喷施磷酸二氢钾等措施也有一定的效果。

三、小麦化学调控技术应用的注意事项

1. 选择调节剂的类型

调节剂的选用原则是针对小麦生长过程中存在的问题对症下药，调节剂的主要作用有抗倒伏、抗低温或高温、抗强光或弱光、抗旱或抗涝等，应有针对性地选择适宜的调节剂。

2. 调节剂的使用方式

调节剂在小麦上的应用目标主要是趋利避害，使用的方式主要包括浸种、拌种、包衣、叶面喷施及土施等，使用时应根据小麦的生育时期分阶段、有选择地使用。

3. 调节剂的使用时期

调节剂的使用时期决定调控的有效性，主要遵循小麦叶龄模式原理，应严格掌握小麦对药剂的敏感期和用药时期，以确保达到最优效果。

四、化学调控技术的展望

化学调控技术作为一项新技术，可以突破环境因素限制，简化常规栽培技术体系，提高效益和安全性，在我国发展极为迅速，尤其是在大田作物上的应用推广处于世界领先地位，并且被视为提高作物生产力和实现农业现代化的一项重要资源。

面对人口增加，耕地减少，产出压力增加，资源、能源匮乏，粮食供应紧张，环境污染以及全球性气候变化引起的诸多自然灾害，高产、稳产、优质、安全将逐渐成为农业生产的主要目标，在这种形势下，化学调控有巨大的潜力可被挖掘，同时体现了化学调控技术的主导思想"天促人控，天控人促"，这就促使化学调控技术与传统栽培技术的革新和融合。化学调控技术与模式化栽培的融合，能提高作物任何生长时期的形态指标和生理指标，控制作物生长发育的整个进程。此外，化学调控技术在提高作物的抗逆性、改良品质、防止病虫害、繁育良种、提高劳动效率和经济效益等方面有积极互补作用，这将是今后研究的热点内容之一。

伴随着作物化学调控理论的成熟，另一种化学调控技术与常规栽培技术革新有机融合的新技术体系——"作物化学控制栽培工程"诞生。"作物化学控制栽培工程"是对我国化学控制理论的完善，也是化学控制技术的革新，在农业生产中已显现出强大的功能和广阔的应用前景，这也是未来化学控制的应用方向。

总之，随着化学调控技术的推广应用，它将更受到人们的关注。化学调控技术不仅是临时的应急措施，而且还能解决农业生产中的许多"瓶颈"问题，成为农艺措施中颇有特色的一项技术。化学调控技术具有技术简单、用量少、见效快、效益高、便于推广应用等优点，且对环境和产品均安全，在农业生产中可以代替许多常规的栽培技术。因此，与遗传技术、生物工程技术、信息技术、网络技术等一样，化控技术将是 21 世纪农业的核心技术或主导技术之一，具有广阔的应用前景。

第六节　小麦规范化播种技术

小麦规范化播种技术包括耕作整地、耕翻或旋耕后耙压、适宜墒情、前茬秸秆还田后浇水造墒或镇压踏实土壤、适期适量播种、保证播种质量、播后镇压等。实施规范化播种技术是奠定苗全苗壮的基础，可以提高小麦抗逆能力，减轻或免受气候异常导致的灾害性天气危害。

一、秸秆还田、培肥地力

目前河南省内麦区前茬多为玉米，把玉米秸秆直接掩于土中作为小麦底肥是当前正在推广应用的一项重要技术，要加强秸秆还田配套技术应用。玉米秸秆粉碎均匀覆盖地表，割茬高度≤10厘米，秸秆还田粉碎长度≤5厘米，秸秆粉碎合格率≥90％，秸秆抛撒不均匀率≤20％。注意土壤墒情，土壤墒情不足时，要在秸秆掩埋前和翻耕后浇水，保证秸秆快速腐烂分解。为加速还田后的秸秆在土壤中的分解，可将秸秆腐熟剂与秸秆同时撒于地表翻耕，或补施适量氮肥。秸秆还田量与玉米产量相关，河南省玉米高产区的秸秆还田量在500千克/亩以上。秸秆量过大的地块，提倡秸秆的综合利用，部分回收与适量还田相结合。

二、耕翻深松、简耕免耕及播后镇压

近几年，小麦受旱、受冻的经验表明，播种前耕翻、深松，旋耕后进行耙地镇压，以及小麦播种后经过镇压，麦苗生长相对正常，受旱、受冻较轻；反之，旋耕后没有耙压，播种后也没有经过镇压，会造成耕层土壤暄松，失墒快，冬季透风，根系受冷受旱，死苗较重。因此，耕后耙地镇压和播种后镇压是保苗安全越冬的重要环节。总的原则是以隔年耕翻或深松为基础，使旋耕、耙、耢（耱）、压、开沟、作畦等作业相结合，正确掌握宜耕、宜耙作业时机，减少耕作费用和能源消耗，做到合理耕作，保证作业质量。

总结各地经验，麦田整地要做到"深、细、净、平、实、足"。"深"是指通过耕翻或深松加深耕层，以打破犁底层为原则，因地制宜，要求耕层深度达到25～33厘米；"细"是指耕耙精细，不漏耕、不漏耙，无坷垃；"净"是指前茬秸秆掩埋严实，地表无残茬秸秆；"平"是指犁垡翻平扣严，地面平整，利于排灌；"实"是指耕层土体上虚（0～5厘米）、不板结，下层（5～20厘米）紧实度适中，使小麦幼苗的根系与土壤颗粒既能紧密结合，又不过分紧实，有利于出苗和扎根；"足"是指土壤含水量较充足，达到足墒下种。

三、适墒播种

小麦播种时耕层的适宜墒情为土壤相对含水量70％～80％。在适宜墒情的条件下播种，能保证一次全苗，使种子主根和次生根及时长出，并下扎到深层土壤中，提高抗旱能力，因此播种前墒情不足时要提前浇水造墒。底墒充足标准：播种时沙壤土含水量要达到14％～16％，壤土含水量16％～18％，黏土含水量18％～22％，当含水量不到足墒标准时，一定要浇足底墒水，不能欠墒播种，力争一播全苗。

四、适期播种

近年来河南省暖冬、倒春寒现象频繁发生，若按以前的适宜播期播种，小麦冬前易旺长，遇倒春寒受冻减产。为应对气候变化，调整适播期成为当前小麦高产的必要措施。冬小麦的适播期应比过去的适播期适当推迟，同时根据不同年份的气候条件，采用相应的栽培措施促进小麦各器官协调发展（孙本普，2004）。如果播期偏早，冬前积温过高，冬季或春季容易遭受冻害。小麦播种期应在传统播期范围基础上推迟一周左右，以确保小麦冬前（播种至越冬）积温控制在550～600 ℃，最高不超650 ℃。由于不同年份之间的温度有一定变化，在调整播种期时还应注意当季的气温变化，把最佳播种期控制在日平均气温16～17 ℃的范围内（赵广才，2009）。

从半冬性品种在河南省不同区域的产量表现可以看出，在豫北济源和豫东太康，播种期10月10～15日产量差异较小，随着播种期推迟，亩成穗数显著降低，产量也明显降低。在豫北原阳，播种期过早，产量与千粒重均因倒伏降低。

从弱春性品种郑麦9023在河南省不同区域产量表现可以看出，在豫北济源，播种期10月25日产量最高；豫中和豫东播种期10月15日产量最高。

应结合主推品种特征特性和气象条件，因地制宜地确定适宜播期。豫北麦区半冬性品种适播期为10月5～15日，弱春性品种为10月13～20日；豫中、豫东麦区半冬性品种适播期为10月10～20日，弱春性品种为10月15～25日；豫南麦区半冬性品种适播期为10月15～25日，弱春性品种为10月20日至10月底。

优质强筋、中强筋小麦品种应在适播期内适当晚播，防止盲目抢耕抢种，避免因土壤偏湿造成播种质量差，影响出苗质量。

五、适量播种

掌握适宜的播种量是小麦栽培技术中最为关键的一步。播种量过大会导致群体拥挤、个体发育弱、茎秆细弱、病虫害加重、穗头变小、易倒伏、易早衰、产量不高等；播种量过小会造成缺苗断垄或群体不足而减产。适宜的播种量可以协调小麦群体结构、平衡产量三要素，有利于创造优良群体，获得高产稳产。选用适宜播种量，能影响小麦群体发育质量，进而影响小麦抗倒伏、抗病、抗冻害的能力，最终间接影响小麦产量的高低。在适期播种、墒情适宜、种子发芽率正常的情况下，可根据"斤种万苗"原则确定播种量。

在秸秆还田条件下，适播期内亩播量控制在12.5千克。底墒充足且整地质量高的田块亩播量控制在10千克左右，黏土、砂姜黑土可适量增加播量，最多不宜超过15千克（李向东等，2017）。综合比较品种间的产量水平，河南省主导小麦品种适播量为10～12.5千克/亩（周继泽等，2019）。在实际生产上还应综合考虑品种特性、播期早晚、肥力高低、墒情好坏及整地质量等因素，调整具体播量。

在适期播种情况下，每亩适宜基本苗15万～18万株。在此范围内，高产田宜少，中产田宜多。晚于适播期播种，每晚播2天，每亩增加基本苗1万～2万株。旱作麦田每亩基本苗12万～16万株，晚茬麦田每亩基本苗20万～30万株。如果播种期推迟，应适当增加播种量，一般每晚播1天，播种量增加0.25～0.5千克。播种时要使用播种机，要求播种量精确、下种均匀、深浅一致，保证播种质量。

六、底肥施用技术

应根据各地气候、土壤类型、土壤肥力水平、目标产量水平，按原有地力水平和目标产量参考确定施肥总量和底肥用量。

小麦亩产为450～550千克：亩施底肥量为氮、磷、钾复合肥（含氮量22%以上）40～50千克＋微肥，剩余5千克左右氮作追肥，无水浇条件的旱地底施50～60千克复合肥并增施磷肥，底肥、追肥比例为7∶3。

小麦亩产为550～650千克：亩施底肥量为氮、磷、钾复合肥（含氮量22%以上）50千克＋土杂肥2 000～3 000千克＋硫酸锌1千克＋硫黄粉3～4千克，剩余4～9千克氮作追肥，氮肥底肥、追肥比例为6∶4或5∶5。

小麦亩产650～700千克以上：亩施底肥量为氮、磷、钾复合肥（含氮量22%以上）50千克，其余氮用尿素作追肥。氮肥底肥、追肥比例为4∶6较好。

为了节约化肥用量，提高养分利用率，一般底施尿素不超过22千克。磷酸氢二铵是以磷为主的复合肥，每亩用量要以施磷量计算，亩用量不超过15千克；硫酸钾（氯化钾）不超过15千克。硝酸磷肥中的氮素在土壤中易流失，施肥用量最好不超过20千克；黄土丘陵旱地比较适宜施用，降水量较多地区不宜选用。

第七节　小麦抗旱应变栽培技术

干旱是小麦主要气象灾害之一，结合河南省干旱灾害的发生特点及冬小麦生育期内的不同水分需求，干旱灾害的防御应重点从以下几个方面入手：

一、选用抗旱品种，增强抗旱能力

优良品种是主动应灾的基础，不同品种抗旱性不同，合理选用良种并进行适当搭配，是提高水分利用效率、实现抗旱增产的重要措施。小麦品种的抗旱能力是由植株自身的生理抗性、结构特征以及品种能否把其生殖周期的节奏与农业气候的因素以最好的形式配合起来决定的。不同小麦品种对干旱的耐性程度是不同的。生产上可依据形态指标和生理生化指标，对各小麦品种的抗旱性进行筛选鉴定，以确定各个小麦品种的利用价值，为合理选用抗旱高产小麦品种提供科学依据。

例如，在矮抗58、郑麦366、开麦21、衡观35、周麦26、西农979这6个河南省主推的小麦品种中，衡观35、开麦21、西农979和矮抗58在受到干旱胁迫时过氧化物酶（POD）活性、过氧化氢酶（CAT）活性的降幅小于郑麦366和周麦26。在轻度干旱胁迫下，有效穗数和产量降幅较大；在严重干旱胁迫下，穗粒数、千粒重和产量均下降，降幅更明显。干旱胁迫引起的小麦叶片相对含水量、株高、叶面积、干物质积累量、POD活性的降幅和丙二醛（MDA）含量的增幅与抗旱系数、抗旱指数呈显著或极显著负相关。衡观35和开麦21抗旱性较强，西农979和矮抗58抗旱性中等，郑麦366和周麦26抗旱性较弱。

二、改善土壤耕作技术，蓄积更多雨水

土壤里贮存的能被植物利用的水分多少，决定了作物的水分供应状况。当土壤有效水分贮存量减少到一定程度时，作物就可能受到干旱危害。土壤水库储蓄水分的多少，与土层厚薄、土壤结构和耕作管理等有关。生产实践证明，采用耕翻、耙糖、镇压、中耕、保护性耕作等精耕细作措施，可大大改善土壤理化性质，提高土壤蓄水保墒能力。在旋耕面积逐渐扩大的情况下，应及时镇压，防止土壤散墒；有深耕条件的，加深耕层达25厘米以上，并及时耙糖，增加土层贮水，扩大根系吸收范围；在灌溉或雨后及时采取划锄等技术措施，注重蓄水保墒，防止土壤水分散失。

（1）合理进行土壤耕作　科学应用土壤耕作措施能提高土壤蓄水保墒能力，保证播种时有良好的底墒条件。一般情况下，长期不深耕的土地会形成犁底层，每3年左右需要进行一次深耕或深松，最好选择在雨季或农闲时进行。深松的主要作用是疏松土壤，打破犁底层，增强降水入渗速度和容量，作业后耕层土壤不乱，动土量少，水分蒸发减少。播前气候干旱、耕作有失墒危险时宜浅耕或镇压。要重视镇压的运用，镇压后的土壤耕层紧实度提高，孔隙度变小，干土层变薄，种床墒情提高，有利于提高出苗率，增产效果显著。同时在生育期间要适时进行中耕、镇压等作业，实现提墒保墒。充分利用有限水资源，也是旱地小麦高产稳产的有效措施之一。

（2）秸秆粉碎直接还田　上茬作物收获后，应将使用秸秆粉碎还田机粉碎后的秸秆均匀抛撒在地面，或通过耕翻土壤翻埋到土层促进腐烂，或直接保留在地表作为地表覆盖物。秸秆粉碎还田作业一般要在作物收获完后立即进行，因为此时秸秆的脆性大，粉碎效果较好，容易腐烂。

（3）保护性耕作技术　保护性耕作技术是以机械化作业为主要手段，在地表有作物秸秆或根茬覆盖的情况下，通过免耕、少耕方式播种的一项先进农业技术。它的基本特征是：不翻耕土地，地表由秸秆或根茬覆盖，免耕少耕播种。国内外研究与实践表明，保护性耕作能有效改善土壤结构，提高土壤肥力，增加土壤蓄水、保水能力，减少土壤风蚀、水蚀，实现稳产、增产，保护生态环境，降低生产成本，提高经济效益，在有条件的地方可以推广应用。

三、改革施肥技术

旱地干旱缺水，常与土壤瘠薄、养分缺乏、结构不良相伴出现。增施肥料可以改

善土壤结构、"以肥调水"、增强小麦对自然降水的利用率。在肥料施用上不仅要满足当季需求，还要兼顾培肥地力。

（1）注意有机肥与无机肥的配合施用 有机肥含有丰富的有机质，养分全面、肥效长，有利于改良土壤，提高土壤肥力，对土壤有很好的改善作用，可增强土壤的保水供肥能力。但有机肥肥效慢，应适当配施速效的无机肥，及时提供作物所需要的营养元素，使无机肥和有机肥相互促进，可以达到长期培肥地力与短期效益相平衡的目的。

（2）氮、磷、钾肥配合施用 旱地小麦施肥必须注意氮、磷、钾肥配合施用，需要加大磷肥、钾肥的比例。这是因为旱地大多氮、磷、钾养分不足，既缺氮，也缺磷和钾，单施氮肥或磷钾肥容易引起营养比例失调，不能充分发挥肥效。只有氮、磷、钾肥配合施用才能保持营养平衡，互相促进，显著提高肥效。

四、大力推广节水灌溉

采取智能灌溉技术与农艺技术相结合，常规技术与计算机技术相结合，农业技术与工程技术相结合。硬化水渠，减少水渗漏。改大水漫灌为喷灌、滴管、畦灌，在拔节期、开花期等关键时期灌水。

第八节 小麦低温灾害应变栽培技术

小麦冻害分为越冬冻害、冬季冻害和春季霜冻。越冬冻害是指小麦在越冬时发生的冻害。其主要特征是冻伤部分叶片，冻死分蘖的现象很少。春季霜冻是小麦生理拔节后发生的冻害，该期气温快速回升，植株生长旺盛，抗冻能力下降，遇突然冷空气侵袭即可造成晚霜冻害。小麦春季由以营养生长为主阶段转为营养生长与生殖生长并进阶段，此阶段小麦幼穗对低温非常敏感，所以此时冻害对小麦影响较大。

一、早春冻害的防控技术

1. 选用抗寒品种

在品种选用上要综合考虑其丰产性、抗寒性，特别是要考虑拔节后耐寒性，选用抗寒品种是防御冻害的有效措施之一。根据近几年的品种表现，周麦22、矮抗58、西农979和百农207可以作为早茬、中茬地块的主要品种，晚茬应以郑麦366、新麦26为主，以利于充分发挥品种的优势，增强抗逆性。

2. 适时播种，培育壮苗

在做好品种布局、选好抗性品种的同时，控制好适宜的播种期和播种量是预防早春冻害的关键。在冬季经常遭受寒潮侵袭的地区，要严格掌握各品种的合理播种期，春性、弱春性品种不能播种过早。适播期根据昼夜平均温度确定，昼夜平均气温稳定在 14～16 ℃是半冬性品种的适播期。同时，也要施足底肥，合理控制播量，保持足墒，促使苗齐、苗壮，增强小麦的抗寒能力。

3. 提高播种质量，培育壮苗，安全越冬

小麦冬前壮苗的植株体内有机养分积累多，植株土壤上部器官和分蘖节的细胞含糖量高，在低温情况下，细胞不易结冰，所以具有较强的抗寒力。即使在遇到不可避免的温差变化剧烈的冻害情况下，其受害程度也大大低于旺苗和弱苗。培育壮苗的主要措施有培肥地力、适期播种、高质量播种和配方施肥等。

4. 中耕保墒，加强肥水管理

中耕镇压可压碎坷垃，沉实土壤，减少水分蒸发。小麦拔节后植株由营养生长和生殖生长并进，逐渐转化为以生殖生长为主，满足小麦生长发育所需的养分，能增强抵御冻害的能力。在寒流来临前浇水，能有效增加土壤热容量，缓冲地温，减轻冻害。浇水时间应根据天气预报确定，在寒流来临前 1～2 天进行浇水，寒流到来时，立刻停止浇水，寒流过后、天气转暖时再浇水。早春小麦喷施微肥、植物生长调节剂等 2～3 遍，可增加抗逆能力，减轻冻害。

5. 改善小麦田间气候，缓冲寒流强度

使麦苗受光均匀，减少气候对小麦的不利影响的措施有：在农田进行农林间作；将草肥施在麦垄内；提高地表附近的温度。

二、对于已受冻害麦田的补救措施

1. 及时追施氮素化肥，促进小分蘖迅速生长

根据实践经验，早春二月小麦发生冻害后，上部绿色部分全部受冻害，分蘖节和根系有活力，及时进行追肥、浇水、科学管理，仍可发生分蘖、成穗，形成产量，获得较好的收成。晚春小麦遭受冻害后，大分蘖幼穗冻死，小分蘖穗分化进程慢，一般受影响较轻，及时进行追肥浇水，可促进小分蘖快速生长，发育成穗，挽回损失。对于主茎和大分蘖已经冻死的麦田，要分两次追肥。第一次在田间解冻后即追施速效氮肥，每亩施尿素 10 千克；磷素有促进分蘖和根系生长的作用，缺磷的地块可以尿素和磷酸氢二铵混合施用。第二次在小麦拔节期，结合浇拔节水施拔节肥，每亩用 10 千克尿素。一般受冻麦田，仅叶片冻枯，没有死蘖现象，早春应及早划锄，提高地温，促进麦苗返青，在起身期追肥浇水，提高分蘖成穗率。

2. 加强中后期肥水管理，防止早衰

受冻麦田由于植株体的养分消耗较多，后期容易发生早衰，在春季第一次追肥的基础上，应看麦苗生长发育状况，依其需要，在拔节期适量追肥，促进穗大粒多，提高粒重。

三、加强中耕，增温保墒

施用肥水后，要及时进行中耕，松土保墒，破除板结。中耕能减轻病虫危害，改善土壤状况，提升地温，促进根系生长，增加有效分蘖。

第九节　小麦高温灾害应变栽培技术

河南属季风大陆性气候，5～6月地面接收的热辐射迅速增加，冷空气入侵时变化加快，温度升高，南方暖气团北上势力较弱，极易出现又热又干的灾害性天气。在小麦生育后期，易出现高温、低湿天气，并伴随一定的风力，即形成典型的干热风天气。

植株受干热风危害后水分蒸腾加速，导致体内缺水、籽粒灌浆速度降低、灌浆时间缩短、粒重降低，一般可减产10％～15％，重者甚至可减产40％～50％。预防干热风的发生、减轻灾害损失，是小麦后期管理中的一项重要技术措施。

一、适时播种，选用抗逆性强的品种

选用早熟、抗逆性强的丰产品种，可增强小麦本身抗御干热风的能力。在高产田块，应选用适宜本地生长、矮秆、半矮秆、株型紧凑、茎秆粗壮、韧性强、根系发达的高产、优质、抗病、抗倒品种。还应高质量播种，促苗早发早熟，培育壮苗，促小麦早抽穗，合理施肥，适时浇好灌浆水，补充蒸腾掉的水分，使小麦早成熟，避开干热风的危害。

二、精耕细作，奠定良好基础

加深耕作层，熟化土壤，有条件的地方要充分发挥大型农业机械的作用，统一机耕、机耙。没有条件的地方可采取前犁后套的方法，加深耕层，耕深一般不少于25厘米，并争取每3年进行一次30厘米深耕，打破犁底层，增加耕作层，同时精细整地，达到净、细、实、平的质量标准，以利于小麦根深叶茂、高产不倒。田块旋耕要与耙、磨、镇压相结合。确保粉碎坷垃、土地平整、上虚（0～5厘米）下实，小麦出苗后根系与土壤紧密结合，不悬空，以利于培育壮苗，为后期抗倒伏打下良好的基础。苗期控水松土，促进根系下扎，提高后期的防御干热风能力。增施有机肥和磷肥，适当控制底施氮肥用量，合理施肥不仅能保证供给植株所需养分，而且对改良土壤结构、蓄水保墒、抗旱防御干热风起着很大作用。

三、叶面喷肥，延长叶片功能

小麦孕穗到灌浆期于叶面喷洒磷酸二氢钾、萘乙酸1～2次，可补充根系吸收养分

的不足，有效增加植株体内的磷素和钾素，增强小麦抗逆能力，延长叶片功能期，提高小麦生理活性，加快灌浆速度，落黄好、成熟早，并可预防和减轻干热风和青枯危害，增加穗粒数，稳定千粒重，从而提高产量和改进品质。叶面喷肥可单独使用，也可结合防病治虫农药混合喷洒。叶面肥要在上午 9:00 以前或下午 4:00 以后喷施，尤以下午 4:00～5:00 效果最好，此时段更利于叶面肥吸收利用。若喷后 4 小时遇雨，必须重喷。

四、合理灌水，减轻干热风危害

保证灌浆期土壤不缺水是预防干热风危害的主要措施。小麦抽穗后土壤水分不足，常会导致籽粒退化，降低穗粒数，使粒重下降。小麦粒重有 2/3 来自开花后制造的光合产物。因此，早浇扬花灌浆水，保持小麦籽粒灌浆期适宜的土壤水分供应，是延长叶片光合功能期、预防早衰和干热风、提高粒重的重要措施。应于小麦扬花后 7～10 天内及时浇好灌浆水，掌握"风前不浇，有风停浇"的原则，防止后期倒伏，提高穗粒重。

第十节　玉米晚收增产技术

玉米进入灌浆后期时，应把握该时期的关键措施"晚收"。实现玉米适时晚收，对增加玉米单产至关重要，是实现增产、增效、增收的高效途径。

据调查，很多农民在玉米苞叶刚发黄时就开始收获玉米，此时距玉米实际完熟还有 10～15 天，严重影响玉米产量。试验证明，"玉米晚收 10 天，每亩增产百斤"。玉米晚收 1 天，千粒重增加 2～3 克，按每亩玉米 4 000 穗、每穗 500 粒左右，即每亩产 200 万粒计算，晚收 1 天增产 4～6 千克，晚收 10 天就增产 40～60 千克。玉米适时晚收不仅增产，而且提高了品质，是一项不需要增加投入的增产措施，因此应大力推广玉米适时晚收增产技术。对于玉米适时晚收增产技术，需做到以下几点：

1. 推算玉米晚收时间

一般情况下，按玉米正常生育期算，需延长 10～15 天再进行收获为宜。根据河南省气候特点和多年实际情况，玉米最佳收获期应由 9 月 15～20 日推迟至 9 月底。

2. 根据长相定玉米最佳收获期

完熟期是玉米的最佳收获期。有些农民担心雨天影响秋收，耽误小麦种植，有些农民更担心自己的果实被别人"抢走"，因此常常见到农民抢收现象。玉米是否进入完熟期，可以从玉米植株的外观长相上看出：植株的中、下部叶片已变黄，基部叶片干枯，果穗苞叶呈黄白色而且松散，籽粒乳线消失、黑层出现、变硬，并呈现出品种固有的色泽，这时玉米已进入完熟期。

玉米完熟期特征见图 3-1，玉米乳线发育进程见图 3-2，玉米黑层发育进程见图 3-3。

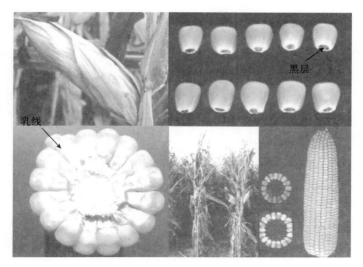

图 3-1　玉米完熟期特征

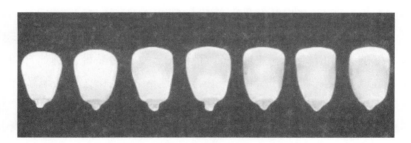

图 3-2　玉米乳线发育进程

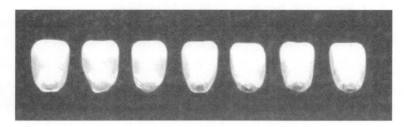

图 3-3　玉米黑层发育进程

3. 收获要快、要及时

提前看好天气预报，安排好人员、车辆等预收前的各项准备工作，大力推广机械收获，力争一次性完成收获。

4. 收获后不要进行堆垛

收获的玉米应及时进行扒皮。

5. 及时脱晾

因晚收玉米的含水量一般为 30% 左右，在晴朗天气及时进行脱粒晾晒，晾晒到玉米含水量在 14% 以下为宜。

第十一节　玉米抗倒栽培技术

玉米倒伏就是玉米的茎秆完全或是部分被破坏，倾斜度为 30°，甚至更多。在倒伏过程中，会出现根系发育不良的现象，部分玉米会连根拔起。玉米中后期易倒伏，特别是多风的天气条件下，很容易倒伏，给玉米的产量和品质造成一定的影响。就如何提高玉米抗倒伏能力，在栽培技术上提出以下几点：

一、选择适宜品种

抗倒伏玉米品种一般具有以下特点：首先是根系发达，尤其是地上部分根系（气生根）发达，轮数多，数目多，防止倒伏；其次是茎秆下部节间短，茎基部纤维素含量高，茎秆有弹性、不发脆；再次是穗位比较低，玉米不上晃；最后是活秆成熟。例如郑单 958、先玉 335、华农 98、滑玉 168、裕丰 303 等都是抗倒伏性较好的品种。另外，玉米品种的选择应结合当地环境，选择适合种植的品种。例如郑单 958 更加适合种植在淮海地区，华农 98 则适合种植在东北地区，要因地制宜地选择抗倒伏品种以更好地发挥玉米品种的优势。此外，不同品种搭配种植也会增加玉米产量，主要因为良好的搭配可以提高不同品种玉米之间的优势互补效率，提高玉米的种植质量，增强玉米的抗倒伏能力。

二、玉米垄侧保墒栽培-玉米宽窄行休闲种植

实行苗带宽窄行种植，宽行 90 厘米（或 80 厘米）为休耕带，窄行 40 厘米为种植带，休耕带与种植带隔年交替。在玉米高密度种植的情况下，加大行间距离的设置，能提高通风与透光性，提高玉米秸秆的强度和韧性，减轻玉米种植密度大而导致植株通风不良从而出现的茎秆纤细的现象，提高植株的抗倒伏能力。种植带玉米种植是垄侧开沟种植，在两条垄的内侧开沟施肥、播种、覆土、镇压全是机械作业一次完成，另一半原垄不动，土壤坚实，有固定根系抗倒伏的作用。

三、合理密植

玉米独棵单穗，自动调节能力差，通过增加种植密度，确保收获穗数，对于玉米高产意义重大。但种植过密，会使玉米植株徒长易倒伏，空秆也多，影响通风透光，适得其反。如今玉米品种特性逐步由平展型转变为紧凑型，特别是紧凑大穗型良种越

来越多，这些品种适宜密植，在较高密度下，才能发挥出品种的丰产潜力。不同品种对密度要求不同，平展稀植型品种根据当地的生产水平，每亩 3 000～3 500 株，半密植型品种每亩 3 500～4 500 株，紧凑型品种玉米群体叶面积之和可为土地面积的 5～7 倍，每亩 4 500～5 500 株。

四、均衡施肥

玉米种植过程中，要注重均衡的营养供给，避免出现过于重视氮肥与磷肥，而忽视其他肥料的现象。通过制定完善的肥水管理制度，可有效提高玉米的抗倒伏能力。可在玉米大喇叭口期追肥，每公顷追施尿素 150 千克，一定要深追在两株玉米的土表 5 厘米以下，确保玉米后期不因脱肥死秆而倒伏，保证活秆成熟。另外，在施用高含量玉米专用肥的同时，每公顷可增施优质农肥 30～45 米^3。施用农家肥的玉米生长健壮，根深叶茂，抗旱、抗倒伏能力强。

五、应用化控技术

用植物生长调节剂喷洒玉米植株，可使玉米植株矮化、粗壮，从而提高玉米植株的抗倒伏能力。在玉米长出 8～10 片叶子的时候喷施玉米控旺剂，能够让玉米根部生长更加有力，秸秆更加粗壮，重心下移，让玉米穗位下移，并且改善植株的通风透光性，对提高玉米抗倒伏能力非常有效，并且比较省时省力，还能够提高玉米的产量，但控旺剂要严格按照说明书的要求进行配比，以免浓度不对，造成适得其反的效果。

六、防治病虫草害

应做好田间杀虫除草工作。玉米钻心虫是危害玉米的一大害虫，非常容易导致玉米发生倒伏，严重时会造成玉米减产。玉米钻心虫在 3 龄后会钻入玉米茎秆，所以及早防治较为关键，一般在玉米 11～12 片叶完整后，也就是在大喇叭口期首选氯虫苯甲酰胺和四氯虫酰胺，其他菊酯类农药、甲维盐等的效果可能差很多。玉米的钻心虫成虫具有较强的趋光性，可以使用频振式杀虫灯等引诱，一般在 5 月开始悬挂，不仅能诱杀钻心虫成虫，还能捕杀其他害虫。生物防治方面，可以投放赤眼蜂，赤眼蜂能够有效防治钻心虫；一般生物防治效果不是立竿见影的，需要前期做好预防工作。

第十二节　玉米低温寡照应变栽培技术

玉米是 C$_4$ 作物，具有喜光的特性，在全球气候不断变化的新形势下，因降水时空分布不均和光辐射减少造成的阴雨寡照已成为区域玉米生长关键季节常发的隐性灾害之一，尤其在黄淮海夏播玉米区和西南山地丘陵玉米区较为严重，且玉米生长期间阴雨寡照的发生概率呈增加的趋势，例如河南省 2003 年发生了严重的阴雨寡照，使玉米减产高达 37.3％，给玉米生产带来很大的影响。

一、选择良种

选择优良的玉米品种是突破光照时数不足的一个关键因素，低温寡照条件下，选择抗病性强、适应性广且收获季节多雨不霉坏或少霉坏的玉米品种（如保玉 7 号、保玉 8 号、会单 4 号等品种）是稳产高产的重要措施，选用带有地方种质的适应型抗病高产良种，是最经济、有效的措施，也是应对玉米生育期间低温寡照的一项重要措施。

二、科学播种

1. 适时早播

小麦收获后，要及早翻犁碎土，开沟施肥，准备好种子和农药。灌溉区在清明节播种；雨养区可在 4～5 月，当降水量一次性达 40 毫米以上时抢墒播种。若采用地膜覆盖，播种期可提早 10～15 天。另外，可用营养袋同时培育一部分预备苗，以备查苗补缺。

2. 种子处理

通过种子包衣，或用少量杀菌剂（如多菌灵、甲基托布津等）浸种，可有效防治由于土壤、肥料、种子带菌而导致的植株感病。

三、田间管理

1. 水肥管理

（1）施足基肥 采用地膜覆盖时，每公顷施 15 000 千克左右农家肥，并将磷、钾、锌肥和总氮量的 40％混合，或以相应的复合肥一次施入；若不盖地膜，则留 20％氮肥作提苗肥。

（2）及时追肥 玉米拔节到抽雄期，营养生长和生殖生长同步进行，茎节伸长变粗，叶片增大，是玉米需肥量最多的阶段，此时期应采用总氮量 50％攻穗，结合中耕培土，低凹地要注意田间排水，严防水糟根；遇旱要浇水，防治病虫害等。

（3）叶面喷肥 花粒阶段，玉米以生殖生长为主。为防止早衰、争取籽粒饱满，可在叶面喷施云大 120、磷酸二氢钾等，尽可能地延长玉米功能叶有效期，增加籽粒重量。

2. 人工授粉或引进蜜蜂辅助授粉

玉米进入扬花授粉期遭遇连降暴雨，会造成不能授粉，即使授粉也可能被雨水冲刷无法形成有效授粉，使玉米不能正常结穗，即使出穗也容易形成秕籽、秃穗。因此可考虑人工授粉，人工授粉是一项比较成熟的玉米生长措施，但由于操作起来有一定难度，应尽量引进蜜蜂辅助玉米授粉。这样既省工省时，又能有效地提高玉米的授粉质量。

3. 综合防治病虫害

（1）病害防治　低温寡照条件下玉米生产上较严重的病害主要有大斑病、小斑病、玉米锈病和穗粒腐病。近年来推广的新品种，对前3种病害的抗性有了显著提高，而穗粒腐病目前仍然危害极大。

（2）虫害防治

① 地下害虫。玉米地下害虫以地老虎为主，地老虎可造成玉米缺苗断垄。通过包衣拌种，或用少量西维因、甲敌粉等拌种，可有效防治地下害虫。

② 螟虫。玉米螟主要钻蛀到植株内部进行危害，造成植株穗数不足而减产。对螟虫的防治，可在玉米长至12片叶时，每亩用3％呋喃丹颗粒剂2.5千克拌细沙土5千克左右，或每亩用98％巴丹原粉100克拌细沙土10千克放入喇叭口内，防效较好。

③ 蚜虫。蚜虫不但传播病害、加重玉米矮花叶病及红叶等病害，还直接危害叶片和雌雄花，影响玉米正常生长发育，导致减产。对蚜虫要本着治早、治小、治了的原则，采用氧化乐果兑水喷雾效果较好；玉米出苗后还可以用菊酯类农药兑水喷雾，兼治蚜虫。

四、带穗收获，提早腾茬

玉米带穗收获，使玉米穗在其秆上还能继续吸收养分，有利于玉米产量的提高，同时对小麦正常播种又不造成太大的影响。另外，收获后及时晾晒，能避免后期多雨造成粒籽霉烂或被老鼠吃等损失。

第十三节　青贮玉米栽培技术

青贮玉米（又称饲料玉米）是将新鲜玉米存放到青贮窖中（即进行青贮），经发酵制成饲料或工业原料。青贮玉米并不是指玉米品种，而是鉴于农业生产习惯对一类用途玉米的统称。青贮玉米一般可分为专用型、通用型、兼用型3种类型。青贮玉米是优良的饲料作物，单位面积产量高，地上部茎叶、籽粒的营养丰富，适口性好，可长时间存放，青饲料喂养家畜后，能显著提高家畜的繁殖率和泌乳能力。

一、选用良种

青贮玉米的品种选择，一般根据当地自然条件，因地制宜选用生物产量高、植株成熟后茎叶青绿、营养丰富的专用型或粮饲兼用型品种。

选用原则：遴选国审、省审的青贮专用型或粮饲兼用型，抗病性、抗倒性好的优质高产品种。亩产干物质 1 吨以上，生物产量 4 吨以上。

国审青贮专用品种：郑青贮 1 号、大京九 26、宁禾 0709、先玉 1658、曲辰 19 号、雅玉青贮 8 号等。

河南省审粮饲兼用品种：郑单 528 等。

二、适时播种

在气温、湿度、地温、水分、光照等诸多因素中，以气温和地温对玉米种子的发芽、根系生长影响最大。一般以地表 5～10 厘米的地温稳定在 10～12 ℃作为最早播期，最迟播期应以玉米吐丝期日平均气温不低于 20 ℃为限。

三、合理密植

青贮玉米栽培的目的是为了获得较大的茎、叶等生物学产量，因此种植密度一般比收获籽粒为主的普通型粮食玉米密度适当高一些。综合考虑品种特性、气候和肥力条件，一般要求为 5 000～7 000 株/亩。

四、田间管理

青贮玉米的种植密度一般都较高，生育期间对水分、养分的要求较高，为了保证其生长发育的需要，应结合灌溉，增施基肥和追肥，加强田间管理，防止倒伏，以获得高质量的绿色青贮植物体。

田间管理主要技术措施：增施基肥、高质量播种、重施拔节孕穗肥、防止倒伏。

五、适时收获

青贮玉米生物学产量以抽雄后 15 天为最高。此时玉米的株高、茎粗已定型，正是植株进行光合作用的旺盛阶段，植株含水量充足，所以单株鲜重最高。

确定青贮玉米的收割期，必须兼顾产量和质量，满足生育期，掌握最佳期，分批收割，提高收割质量；乳熟末期至蜡熟后期为青贮玉米产量和营养的最佳收获时期。

第十四节　青贮玉米青贮技术

一、青贮的好处

① 青贮能长期保存多汁饲料，是既经济又安全的生产方式。一般窖藏玉米能保存几个月；青贮玉米能保存 6～10 年，甚至更久。

② 玉米青贮后能增进家畜食欲。青贮玉米发酵后可产生芳香族化合物，具有酸香味，消化率高、适口性好，能增进家畜食欲。

③ 玉米青贮能提高植株利用率。青贮玉米养分损失不超过 10%，且茎、叶柔软多汁，可消化的维生素、蛋白质、脂肪和无氮浸出物等养分含量丰富，一般比风干、晒干的玉米茎秆高 2～4 倍。

④ 玉米青贮能消灭害虫。缺氧和高酸度条件下可杀死茎、叶中越冬的玉米螟。

⑤ 青贮在单位容积内的储量大。每立方米可储存青贮玉米 700～800 千克，干物质 150 千克，干草仅 70 千克。

二、青贮的原理与方法

① 青贮玉米的发酵。通过玉米茎、秆的密封贮藏，利用乳酸菌的厌氧发酵，产生乳酸，使贮藏窖内的 pH 降到 4.0 左右，此时大部分微生物停止繁殖，而乳酸菌本身由于乳酸的不断积累，酸度不断增加，pH 降到 4.2 以下，开始静止、稳定，最后被自身产生的乳酸所控制而停止活动，从而达到青贮的目的。

② 获得优良青贮饲料的主要环节关键是提供有利于乳酸菌繁殖的良好条件。

A. 排除窖内空气。青饲料铡细碎，平铺窖内，踩实压紧。

B. 掌握适宜的水分含量。青贮时玉米植株水分含量一般应保持在 65%～75%。

C. 青贮料中要含有一定糖分。青贮料的含糖量一般不低于新鲜原料重量的 1.5%。

三、青贮窖的建造

1. 青贮窖址的选择

选择地势干燥，土质黏重，地下水位不高，无沙石砖瓦，距离河流、沟渠、水井、池塘、林地较远，且靠近饲养场所的地方作为窖址比较适宜，这样的窖可以防止透气、漏水或塌陷，也便于取饲。

2. 青贮窖应具备的条件

① 密封不透气，窖内壁平滑垂直，窖壁不渗水。

② 青贮窖的排列应采取双列或多列式，以节省建筑材料。

③ 窖的方向以南北向为好。夏天开北门，可防止高温日晒和暴露的青饲料变质；冬天开南门，可减轻青饲料受冻程度。

3. 青贮窖的种类

① 按形状分为圆形青贮窖、沟形青贮窖、马蹄形青贮窖。

② 按位置分为地上式青贮窖、地下式青贮窖、半地下式青贮窖。

③ 按建筑材料分为钢筋混凝土青贮窖、砖石水泥青贮窖、黏土三合土青贮窖、塑料青贮窖。

4. 青贮窖的体积

青贮窖的体积主要取决于青贮数量、劳动力和当日收割玉米植株的多少。除杂

10%，平均密度为 499.5 千克/米³。由于青贮原料发酵下沉 15％，故青贮窖的体积为青贮料体积的 1.15 倍。

5. 青贮窖的保养

青贮窖中饲料用完后，应清残渣，用水冲刷一遍，及时检查窖壁，发现孔隙、裂缝及时修理；入窖前一周左右，对窖进行一次严格的检查、整修和消毒。

四、青贮饲料的调制

（1）青贮玉米原料的质量要求

① 适时收割。在蜡熟期收割，此时期玉米籽粒灌浆乳线到达籽粒中部。

② 保持植株的新鲜和清洁。植株应不枯黄、不沾泥、不带根。

③ 掌握适宜的含水量。青贮饲料水分含量以 70％～75％为宜；水分含量＞75％，乳酸形成明显减少，pH 升高，养分下降；水分含量＜70％，不利于踩紧压实。

（2）青贮饲料的调制

① 切碎。切碎利于压实、汁液的渗出。

② 装填。压实以排除原料间隙中的空气，迅速形成有利于乳酸菌繁殖的无氧环境；窖顶应堆成馒头形，并高出窖顶 2 米以上，压实后的青贮料下沉度不超过 10％，防止下沉后低于窖顶而进雨水。

③ 密封。隔绝外界空气，尽快使窖内呈现厌氧状态，抑制好气性细菌的发酵。薄膜结合处进行严格的黏合密封，薄膜与窖接口处必须用砖块等物压紧后再用湿土封好。

（3）青贮添加剂的应用　青贮添加剂可有效确保青贮玉米的品质并提高青贮饲料的营养价值。青贮添加剂包括以下几种：

① 甲酸。可保持青贮饲料的营养价值，提高青贮饲料的品质，添加量以 0.3％为宜。

② 丙酸。微生物抑制剂，有抑制大多数与青贮腐败有关微生物的作用（每千克干物质用 12.5 克丙酸）。

③ 苯甲酸。可作为一种保存剂进行添加（每 2 000 千克青贮玉米用 3 千克苯甲酸）。

④ 尿素。作为一种营养成分进行添加，可提高青贮饲料中的粗蛋白含量（尿素用 30 倍水溶解后，填装时每隔 20 厘米厚均匀喷洒一层）。

五、青贮饲料的质量鉴定

感官鉴定，按照鉴定标准可分为优、中、劣 3 个等级。其鉴定标准主要包括色泽、酸味、气味、质地和结构等。

青贮饲料的实验室鉴定如下：

① pH 鉴定。优：3.8～4.2；差：4.2～5；劣质：5～6。

② 含酸量鉴定。优良的青贮料 2％的游离酸中，乳酸占 1/2 以上，醋酸占 1/3 左右，酪酸含量高则出现臭味，影响品质。

③ 氨量。优质青贮料中的蛋白质分解成氨基酸，品质低劣的则进一步分解为氨。

六、青贮饲料的利用

青贮玉米含有乳酸、醋酸、酪酸和丙酸等挥发性脂肪酸，醋酸、酪酸有合成脂肪中短链脂肪酸的功能，丙酸是合成葡萄糖和乳糖的原料。但是青贮玉米中所含挥发性脂肪酸的比例并不完全符合乳牛瘤胃的要求，以青贮玉米饲喂反刍家畜时，需要配合蛋白质和淀粉含量高的饲草、饲料；饲喂奶牛时，应在挤奶之后喂，每次喂完之后都要把槽洗净，以防奶汁吸附青贮饲料的气味。

第十五节　玉米籽粒机械化收获技术

一、选择耐密、高产、适合机械化作业品种

创玉 107、新单 68、怀川 39、联祥 98 是河南省首批审定的机收籽粒玉米品种。

二、及早播种，争取一播全苗

早播有利于早熟高产，要求在 6 月 15 日前播种。小麦收获后，墒情不足的，可以采取贴茬播种，播种后浇足蒙头水，利于早出苗、出齐苗。

三、合理密植

亩产 400～500 千克的中低产田宜适当稀植，每亩密度控制为 4 000～4 500 株；亩产 500～600 千克的高产田，每亩密度控制为 4 500～5 000 株；亩产 600 千克以上的超高产田可以适当密植，每亩密度控制为 5 000～5 500 株。

四、行距设计适合机械收割要求

机械收获要求对行才能不掉穗，一般要求 60 厘米等行距种植，也可以 40 厘米与 80 厘米相间的宽窄行种植。

五、肥料配比要适当

有条件的要进行测土配方施肥，氮、磷、钾配比合理，搭配微肥，一般肥力的田块可选用三元复合肥（N-P-K，15-15-15），每亩 30～40 千克作底肥；或者用高氮三

元复合肥（氮、磷、钾含量比例为 30∶8∶7），每亩 40～50 千克。微肥可选用硫酸锌每亩 1～2 千克、硼肥每亩 0.5～1 千克；追肥时间早有利于机械追施，追肥一般要求播种后 30～35 天，每亩追施尿素 25～30 千克。

六、合理浇好丰产水

玉米生育期相对较短、生长量大，又处于夏季高温季节，需水量相应较多。保证水分的供应，是获得玉米高产的重要措施。

七、化学除草

化学除草采取的主要方式：一是播后苗前喷施封闭式除草剂，注意土壤墒情要好，下午 4:00 以后喷洒效果较好，阴天全天均可进行；二是出苗后 4～6 叶期喷施除草剂，喷施时要注意不要漏喷。

八、科学防治病虫害

减轻玉米病虫害，延长叶片功能，提高千粒重，增加产量。

九、防止玉米倒伏

在玉米拔节前，可以适当喷洒控制株高、控制旺长的药剂。

十、适时收获

根据天气预报，选择晴天收获，使茎秆中残留的养分输送到籽粒中，充分发挥后熟作用。

玉米完全成熟特征主要表现为：叶片变黄，苞叶呈白色，籽粒乳线消失变硬，基部尖冠出现黑色糊粉层。根据豫东地区往年玉米播种和成熟的情况看，玉米的收获日期为 9 月 20 日至 10 月 5 日。玉米完全成熟可以提高玉米产量，满足玉米的机收要求。机器收获时籽粒含水量一般在 28％以下，籽粒含水量为 20％～25％的玉米最适宜收获，籽粒破碎率较低。收获后要及时晾晒或烘干，籽粒水分降到 14％以下就可以安全入仓。

第四章
旱地作物病虫草害绿色防控技术

绿色防控是指以确保农业生产、农产品质量和生态环境安全为目标，以减少化学农药使用为目的，优先采取生态调控、生物防治、物理防治和科学用药等环境友好型技术措施控制农作物病虫草害的行为。其能达到保护生物多样性、降低病虫害暴发概率的目的，同时它也是促进标准化生产、提升农产品质量安全水平的必然要求，还是降低农药使用风险、保护生态环境的有效途径。绿色防控的内涵是按照"绿色植保"的理念，以保护农作物、减少农药化肥施用为目标，协调运用农业防治、物理防治、生物防治、生态调控等手段，科学、合理、安全地使用农药。

第一节　作物绿色防控技术

实施作物绿色防控是贯彻"公共植保"和"绿色植保"理念的重大举措，是发展现代农业、建设资源节约型和环境友好型农业的有效途径。应有效控制农作物病虫害，确保农作物生产安全、农产品质量安全和农业生态环境安全，促进农业增产、农民增收。

一、作物绿色防控意义

绿色防控是指以确保农业生产、农产品质量和生态环境安全为目标，以减少化学农药使用为目的，优先采取生态控制、生物防治、物理防治和科学用药等环境友好型技术措施控制农作物病虫草害的行为。

经过多年努力，"绿色植保"理念深入人心，绿色防控技术取得了显著进步，在国内农作物病虫草害防治中取得了显著的成效，生态调控、植物免疫诱抗、"四诱"、天敌保护利用、微生物农药、植物源农药和高效低毒化农药等系列化绿色防控技术在不同作物、不同地区普遍应用。

农作物绿色防控贯彻了"预防为主，综合防治"的植保方针，是绿色植保战略的重要举措。

1. 绿色防控是持续控制病虫草害、保障农业生产安全的重要手段

我国防治农作物病虫害主要依赖化学措施，在控制病虫草害的同时，也带来了病虫草抗药性上升和病虫害暴发概率增加等问题。推广应用生态调控、生物防治、物理防治、科学用药等绿色防控技术，不仅有助于保护生物多样性，降低病虫草害暴发概率，实现病虫草害的可持续控制，而且有利于减轻病虫草害损失，保障粮食丰收和农产品的有效供给。

2. 绿色防控是促进标准化生产，提升农产品质量安全水平的必然要求

传统的农作物病虫草害防治既不符合现代农业的发展要求，也不能满足农业标准化生产的需要。大规模推广农作物绿色防控技术，可有效解决农作物标准化生产过程中的病虫草害防治难题，显著降低化学农药的使用量，避免农产品中的农药残留，提升农产品质量安全水平，增加市场竞争力，促进农民增产增收。

3. 绿色防控是降低农药使用风险、保护生态环境的有效途径

病虫草害绿色防控技术是资源节约型和环境友好型技术，该技术不仅有效替代高毒、高残留农药的使用，还能降低生产过程中的病虫草害防控作业风险，避免人畜中毒事故。同时，还显著减少农药及其废弃物造成的面源污染，有助于保护农业生态环境。

二、农作物绿色防控技术体系

1. 生物防治技术

生物防控技术目前以寄生天敌、捕食天敌等的繁殖为主。

① 寄生天敌的生物防治技术。寄生天敌的生物防治技术的应用都是以寄生幼虫体繁殖发育目标宿主，通过消耗宿主而达到清灭害虫的目的。目前，普遍应用的寄生性天敌昆虫有姬蜂、茧蜂、赤眼蜂、丽蚜小蜂等，它们已经被广泛应用到玉米、水稻、果蔬等农作物虫害的防治工作中。其中，"生物导弹"技术，指通过带毒赤眼蜂对靶标昆虫卵块的寄生，达到虫害防控的最终目的。

② 捕食天敌的防控技术。通过捕食昆虫的繁殖放养控制虫害已经被证实有不错的效果。目前，常用的捕食昆虫有瓢虫、捕食螨、食蚜蝇、食虫蝽、步甲等，利用天敌天性捕食害虫能遏制害虫繁殖数量，起到控制危害的目的。

在农作物虫害防治工作中，生物防治展现的天然优势，逐渐被广大农户所接受。但是，其推广普及却存在不小问题。比如：昆虫繁殖成本高，销售市场有限。部分有益昆虫像是丽蚜小蜂、捕食螨等，繁殖较为困难，生产供应商有限，需要工厂化养殖天敌以满足大面积虫害的防控要求。此外，何时放养天敌益虫，同样有待考究。目前，病虫害预警系统不完善、生物防治技术应用不恰时，很可能错过最佳防治时间，因而造成虫害的大量繁殖，起不到控制虫害的目的。为此，今后应以信息技术为导向，开发完善病虫害预警机制，借助人工智能、网络系统等现代化手段，做好病虫害的诊断和预警，提升病虫害防治的时效性，减少因病虫害而造成的损失。

2. 理化诱控技术

理化诱控技术主要是利用虫害的趋光性、趋化性，通过预先布设灯光、色板、昆虫信息素、气味剂等起到诱杀虫害的目的。这项技术同样被用于玉米、水稻、花生、小麦等农作物的病虫害防治。

① 杀虫灯主要有频振式杀虫灯和太阳能杀虫灯。利用昆虫对不同波长、波段光的趋光性，对害虫进行诱杀，诱虫量大，诱杀成虫效果显著，对人畜安全。

② 色板诱虫利用害虫对颜色的趋向性，通过板上黏虫胶防治虫害。色板诱虫应用广泛，有黄板、蓝板及信息素板，对蚜虫、白粉虱等害虫有很好的防治效果。

③ 糖醋液诱杀适用于苹果小卷蛾及桃、梨小食心虫等害虫的防治。

④ 栽种趋避植物如蒲公英、鱼腥草、薄荷、大葱、芝麻、金盏花等，这类植物在果园中有驱散虫害的作用。

⑤ 防虫网产品和银灰色地膜等驱害避害技术产品利用物理隔离、颜色负趋性的原理有效防止害虫危害。

⑥ TBS 灭鼠技术是近年来国际上兴起的一项控制农田鼠害的技术，通过捕鼠器与围栏结合的形式，可有效控制农田害鼠，不使用杀鼠剂，具有安全、持续、高效、环保、经济等特点。

⑦ 昆虫信息素诱控技术中应用广泛的信息素有报警信息素、空间分布信息素、产卵信息素、取食信息素等，用于防治粮食作物和经济作物上水稻螟虫、玉米螟、小麦吸浆虫、大豆食心虫等多种害虫。

3. 生态控制技术

生态控制技术是通过人工调控作物生长环境等方法，协调田间有益生物、有害生物及环境之间的相互关系，起到保护有益生物、控制有害生物、保护生态环境的目的。比如水稻生态控制技术，在水稻种植区利用作物高低不同，通过间作、套作形成物理屏障，阻断病害传播，从而起到控害目的，同时推广稻鸭、稻鱼共育技术，既可保护农田生态系统的多样性，又可改善土壤肥力，增加农业生产总值。

4. 生物农药防治

目前可供选择的生物农药种类繁多，有植物源农药、微生物源农药、生物化学农药等 50 多种，生物农药被广泛应用于小麦、玉米、水稻等粮食作物以及茶叶、果蔬、棉花、大豆等经济作物的病虫害防治。例如生成的枯草芽孢杆菌、苏云金杆菌种间融合菌株等，用于多种农作物病原菌的抑制，以及毒杀鳞翅目幼虫。生物药剂治蝗，同样取得了不错成效。可供选择的微生物农药有蝗虫微孢子虫、绿僵菌等。蝗虫微孢子虫，是一种单体的活体寄生虫，目前可感染清灭多种蝗虫及其他的直翅目昆虫，随着草原植保工作开展的深入，此种微生物药剂被普遍推广应用，持续时间较长，使用成本低廉，环保，无毒害作用。绿僵菌是一种昆虫病原真菌，发展到目前为止已有12个种和变种。绿僵菌通过体表入侵到害虫体内，在害虫体内不断繁殖，通过消耗营养、机械穿透、产生毒素使害虫致死，具有专一性、不污染环境、无残留、不产生抗性等优点。实践证明，用绿僵菌治理蝗虫灾害，有效减退率高达85%，最终防治率在75%以上。

生物环保型农药有高效、低毒、低残留的优势，可用于田间病虫害防治，要注意几种药物的轮换、交替使用，以避免耐药性的形成。此外，生物型农药的使用，应配用新型施药器械，以提升用药喷施的雾化效果，避免"跑、冒、滴、漏"，做到用药的适期、适量、对症高效，提升生物型农药的使用效率。目前，在推广应用期间，此项防治技术的应用难度较高。错误的施用时期、保存方法，都将降低生物农药的效力。同时，用药选择要及时，用于早期防治效果较理想，后期效果不显著，证明生物农药的时效性较差，这是目前制约生物农药推广的最大障碍。因此，今后应继续研发新型的防治效果好、环境兼任性强、毒副作用小的生物农药以及配套研发使用便捷、安全、高效的施药新技术、新器械，确保高效的用药效力，保证安全用药，同时保护自然天敌，做好病虫害防治的关键切入点。

5. 农业防治技术

① 选用抗病虫草害品种。早期选栽的农作物品种，符合农艺性状好、地方适应性强、抗病性突出等要求，在生长发育过程中减少各种病虫草害的感染概率，从而减少或避免使用农药，降低农药频繁使用而造成的环境污染问题。

② 注意改善田间管理。根据地方农作物栽种实际情况，匹配科学、合理的绿色防病虫害栽种计划，注意完善农田栽培管理制度、统一田间病虫草害苗木补给、统一病虫害绿色防控管理制度、统一安排专人指导优化田间管理，确保病虫草害绿色防控措施的有序实施和开展。优化推广成熟的栽培管理制度，注意科学肥水管理。

③ 合理轮作。严防连茬有效降低了重茬种植而导致土传性病害大面积发生的风险。清洁田园，及时清除前茬作物的病枝烂叶和病虫残体，减少病菌侵染源，秋耕深翻，减少越冬虫源。

④ 消毒。在播种之前进行棚室消毒，可以有效降低下茬作物病虫害的发生，主要有臭氧消毒、夏天闷棚消毒、冬季冻棚消毒等。

第二节　种衣剂使用技术与注意事项

种衣剂是一项增加种子科技含量、促进农业增产增收的高新种子包衣技术，是作物物化栽培技术的重要组成部分，是实现良种标准化、栽培管理轻简化及农业生产节支增收的重要途径。种子包衣不仅对防治病虫害、提高种苗抗逆性及生长素质、增加作物产量等有很强的促进作用，而且在增强农药的防治效果和减少环境污染等方面具有潜在优势。种子包衣的特点是处理效果好、目的性强，适应农作物种子加工现代化、种子质量标准化的需求。

一、种衣剂特点

种衣剂是由农药原药（杀虫剂、杀菌剂）、成膜剂、分散剂、防冻剂和其他助剂加工制成的，可直接或经稀释后包覆于种子表面，具有一定强度和通透性的保护层膜的农药制剂。

种衣剂在土壤中遇水膨胀透气而不被溶解，从而使种子尽快发芽，使农药化肥药效缓慢释放，具有杀灭或趋避地下害虫、防治种子病菌、提高种子发芽率、减少种子使用量、改善作物品质的作用。种衣剂紧贴种子，药效集中，利用率高，比喷雾、土壤处理、撒毒土等施药方法省药、省工、省时、省种；种衣剂使用隐蔽，对大气、土壤无污染，不伤天敌，使用安全；种衣剂包覆种子后，农药一般不易迅速向周边扩散，不受日晒雨淋和高温影响，故具有缓释作用，持效期长。

另外，有的种衣剂含锰、锌、钼、硼等微量元素，可有效防治作物营养元素缺乏症，促进生根发芽、刺激植物生长，进而提高产量。

二、种衣剂的作用

1. 提高种子发芽率，促进苗齐苗壮

种衣剂含有填充剂和高分子树脂吸水材料，能起到通气、吸水和透气的作用。吸水材料的吸水量可达到自身的上百倍，这对促进和确保种子发芽，尤其是旱区播种有着积极的作用。一般情况下，包衣种子较不包衣种子的发芽率可提高5％～10％，保证一播全苗。种衣剂中还含有微量元素、激素和肥料，逐渐溶于水中，被种子及幼苗吸收利用，促进幼苗生根破土、苗壮成长。

2. 增强种子及作物的抗虫抗病能力

种衣剂除了含有上述成分外，还添加有杀虫杀菌剂、除草剂、驱鼠剂等毒性农药，能有效防止害虫及有害菌对种子和幼苗的侵袭，从而提高种子的发芽率和幼苗成活率。另外，有些种衣剂针对性地增添了抗病农药，如同给种子注入了抗病疫苗，被吸收后显著增强作物的抗病防病能力。

3. 减少投入，提高单产

因包衣种子确保了苗全苗壮，可以相对减少用种量。同时因种衣剂中含有丰富的微量元素、肥料及抗虫抗病农药，播种后两个月内基本不用喷施农药，大大减少了农民在管理上的人力、物力投入。微量元素和化肥因种而施，吸收利用率高达100％，既降低了生产成本，又有助于提高单产。

三、种衣剂使用及注意事项

1. 种衣剂的贮存保管

种衣剂应放在牢固、密闭的容器内，贴上标签，存放于远离火源、热源、儿童及家畜不能接触到的干燥、凉爽库房或荫蔽处，由专人保管。严禁与食物、饮料混存。

2. 科学贮运

认真做好种衣剂和包衣种子的保存、运输工作，谨防包衣种子丢漏散失造成畜禽误食中毒。

3. 注意使用范围

种衣剂多数只能用于对干种子的包衣，不能用作喷施防病。此外，含有呋喃丹的各种型号种衣剂，都不能在瓜果、蔬菜上应用，尤其禁止在叶芽类蔬菜上应用，严禁将其稀释作为水剂喷施。

4. 把握好用药量

严格按照药剂生产厂家推荐的药、种比例使用，不可随意增减。

5. 包衣要均匀

种子生产企业采用机械对种子包衣时，要严格按照技术规程操作。农户对少量种子进行包衣时，可先将种子装入双层塑料袋中，然后倒入种衣剂，再扎紧袋口反复晃动摇匀。

6. 工作人员要搞好个人防护

对种子进行包衣时，工作人员必须有保护措施，要求穿劳保服装，戴口罩和乳胶手套，避免徒手接触种衣剂，包衣结束后必须用肥皂洗净手、脸等皮肤裸露处，禁止未采取保护措施的人员进入包衣车间或施药区。

7. 不可随意混用其他药剂

种衣剂不能与敌稗（除草剂）同时使用。如先用包衣种子，则必须在播后 30 天方能使用敌稗；如已施用敌稗，则应在 3 天后再播种包衣种子，否则容易发生药害或降低包衣效果。以生物制剂为有效成分的生物种衣剂，如 ZSB 生物种衣剂等，不能与含铜物质、402 及链霉素等医用杀菌剂混用，可与一般农药、化肥等混合使用，但最好在使用前做试验。

8. 注意施药酸碱度

种衣剂的水解变化受水温及 pH 的影响较大，一般偏碱、湿度较高时，其水解速度较快，故不能将其与碱性农药肥料同时使用，也不宜在重碱性土壤中应用，否则易分解失效。

9. 药械的清洗

对于装盛包衣种子的用具，用过后要用清水充分冲洗，且不宜再盛装食物、饲料等。清洗用水应倒入水田或树根部，严禁倒入河流、水塘、水池、井边，以免人、畜中毒。

10. 防止家禽、家畜二次中毒

包衣种子的幼苗不得喂牲畜，中毒死亡的牲畜严禁食用。包衣种子播种后，若发现田间有死虫、死鸟，应将其集中深埋，防止家禽、家畜吃食后发生二次中毒。

11. 妥善保管包衣种子

包衣后的种子要尽快播种，不能久贮。种播时如果墒情不足，则应先浇水，待水分下渗后再播种。

第三节　小麦主要病害识别与防治

小麦病害是指在小麦生长发育过程中，真菌、细菌、病毒、线虫等病原物侵染小麦植株，造成小麦不健康生长的现象。其结果是小麦产量减少和品质降低。小麦病害防治指通过一些措施控制或减轻病害，从而挽回小麦产量损失或保证品质。

根据侵染植株器官不同，小麦病害可分为以下 4 类：

穗部病害，如赤霉病、黑穗病。

叶部病害，如白粉病、锈病、叶枯病。

根茎部病害，如根腐病、茎基腐病、纹枯病、全蚀病。

全株性病害，如病毒病、霜霉病。

一、穗部病害

1. 赤霉病

小麦赤霉病别名麦穗枯、烂麦头、红麦头，从幼苗到抽穗都可受害，主要引起苗枯、茎基腐、秆腐和穗腐，其中危害最严重的是穗腐。赤霉病是由真菌侵染小麦穗部，引起穗腐或白穗，造成减产。病麦粒中含有对人、畜有害的毒素，严重影响品质，以致失去食用价值。

（1）发病规律

① 小麦赤霉病菌，在土表的稻茬或玉米秸秆等作物病残体上存活。春季温湿度适宜时产生子囊孢子，经气流传播到小麦穗部，条件适合时造成侵染。

② 小麦赤霉病的发生受天气影响很大。春季旬平均气温 9 ℃以上、3～5 天降雨时，越冬菌源才能产生子囊孢子。

③ 小麦抽穗扬花期在有大量成熟子囊孢子存在的情况下，连续 3 天以上有一定降水量的阴雨天气，即可造成小麦赤霉病大流行。

④ 河南省小麦赤霉病流行具有暴发性和间歇性的特点。

（2）防治措施　防治上，应采取以农业防治为基础，结合选用抗病品种和在预测预报指导下适时进行药剂保护的综合防治措施。

① 农业防治。

A. 在病害常发区，注意选用抗病、耐病品种。

B. 结合深耕灭茬，消灭地表菌源。

C. 开沟排水、降低田间湿度。

② 药剂防治。如预报抽穗扬花期多阴雨天气，应抓紧在齐穗期用药。

药剂推荐：50％戊唑·多菌灵悬浮剂 50～60 毫升/亩、30％多·酮可湿性粉剂 100～150 克/亩、28％井冈·多菌灵悬浮剂 100～125 克/亩、30％苯甲·丙环唑乳油 150～200 克/亩、36％丙环·咪鲜胺悬浮剂 40～50 克/亩、15％丙唑·戊唑醇悬浮剂 40～60 克/亩、48％氰烯·戊唑醇悬浮剂 40～60 克/亩、20％氰烯·己唑醇悬浮剂 110～140 克/亩、75％肟菌·戊唑醇水分散粒剂 15～20 克/亩、23％戊唑·咪鲜胺水乳剂 40～50 克/亩、40％唑醚·氟环唑悬浮剂 20～25 毫升/亩、30％唑醚·戊唑醇悬浮剂 20～25 克/亩。

2. 黑穗病

小麦黑穗病主要有散黑穗病、腥黑穗病、秆黑粉病 3 种。散黑穗病病穗比健穗较早抽出，最初病小穗外面包一层灰色薄膜，成熟后破裂，散出黑粉（病菌的厚垣孢子），黑粉吹散后，只残留裸露的穗轴。腥黑穗病一般病株较矮，分蘖较多，病穗稍短且直，颜色较深，初为灰绿，后为灰黄，病粒较健粒短粗，初为暗绿色，后变灰黑色，包外一层灰包膜，内部充满黑色粉末，破裂散出含有三甲胺的鱼腥味的气体。秆黑粉病病株多矮化、畸形或卷曲，多数病株不能抽穗而卷曲在叶鞘内，或抽出畸形穗。病株分蘖多，有时无效分蘖可达百余。

（1）发病规律　黑穗病是由黑粉菌侵染引起的，其特点是每年只侵染一次，在小麦穗部或茎秆和叶部造成危害，产生黑粉，病株颗粒无收。

① 散黑穗病。小麦开花时正赶上病菌孢子飞散，侵染种子。病菌在种子内长期存活，并借种子传播。

② 腥黑穗病。病菌黏附在种子表面，或者在粪肥、土壤中长期存活，传播危害。小麦出苗时，病菌孢子萌发侵入。

③ 秆黑粉病。病残体落入土壤，或少量混入种子和粪肥，成为来年的侵染源。小麦出苗时，病菌孢子萌发侵入。

（2）防治措施　小麦黑穗病是一种种子带菌、系统侵染的病害，防治的关键是进行种子处理。利用无病种子和对种子进行药剂处理，再配以适当的栽培措施和利用抗病品种，可取得很好的效果。

① 无病田搞好检疫，把好种子带菌关。用无病种子，不用病残体沤肥等措施，

控制病菌传入。

② 药剂拌种。利用内吸杀菌剂拌种，对种传、土传和粪肥传播的黑穗病都有很好的防效。

药剂推荐：4.8％苯醚·咯菌腈悬浮种衣剂 104～312.5 克/100 千克种子、9％氟环·咯·苯甲种子处理悬浮剂 111～222 克/100 千克种子、10％咯菌·戊唑醇悬浮种衣剂 30～50 克/100 千克种子、16％戊唑·福美双悬浮种衣剂 2～3.3 千克/100 千克种子。

二、叶部病害

1. 白粉病

小麦白粉病是小麦生长中后期的主要病害之一，该病可侵害小麦植株地上部各器官，但以下部叶片和叶鞘为主，发病重时向上延伸，颖壳和芒也可受害，给小麦生产带来严重影响，并直接影响小麦的品质与产量。一般发病后减产 10％～20％，严重发病后减产可达 40％～60％。

（1）发病规律

① 病菌孢子通过气流传播到小麦植株，造成侵染。

② 在 0～25 ℃内均能发病，在此范围内温度越高，发病越快。

③ 湿度高有利于孢子萌发和侵入，但雨水不利于孢子萌发或传播。光照可抑制病害发展。因此，阴雨天多则病害重。氮肥施用过多，植株密度过大等也有利于病害发生。

④ 小麦大面积感病品种的存在，是白粉病近年大发生的一个重要原因。

（2）防治措施　采用以推广抗病品种为主，辅以减少菌源、农业栽培防治和化学药剂防治的综合防治措施。

① 利用抗病品种。目前河南省主导品种郑麦 9023、矮抗 58 和郑麦 366 等抗性较好，应根据当地情况合理利用抗病品种。

② 栽培防治。合理密植、合理施肥促使植株健壮，增强抗病力，减轻病害。

③ 化学防治

A. 小麦拌种是防治白粉病的有效措施，药剂推荐：14％辛硫·三唑酮乳油300～400 克/100 千克种子、20.80％甲柳·三唑酮乳油 50～150 克/100 千克种子、10％唑酮·甲拌磷拌种剂 800～1 000 克/100 千克种子。

B. 药剂喷雾，在发病初期喷药防治。

2. 锈病

小麦锈病病害主要发生于叶片，也可侵染叶鞘、茎秆和穗部。在叶片上产生病斑，上生黄色或红褐色粉状物，有条锈、叶锈和秆锈病三种或混生。

（1）发病规律　小麦发生条锈病后，叶绿素被破坏，养分被消耗，水分蒸腾增加，小麦生长发育受到严重影响，引起穗数、穗粒数减少，千粒重降低，品质变坏。春季小麦条锈病流行有两种情况，一种情况是以本地越冬菌源为主情况下，主要决定于以下几点：①大面积感病品种存在；②有一定数量的越冬菌源；③3～5月有一定雨量；④早春气温回升快。另一种情况是经大气传播的外来菌源较多，可引起中后期大流行，且具有暴发性，应引起特殊重视。

（2）防治措施

① 农业防治。

A. 因地制宜种植抗病品种，这是防治小麦锈病的基本措施。

B. 小麦收获后及时翻耕灭茬，消灭自生麦苗，减少越夏菌源。

C. 搞好大区抗病品种合理布局，切断菌源传播路线。

② 药剂防治。

A. 拌种药剂推荐：25％三唑醇干拌剂150克/100～110千克种子、24％唑醇·福美双悬浮种衣剂833克/100～125千克种子。

B. 药剂喷雾发病初期，在叶面进行均匀喷雾。

药剂推荐：250克/升粉唑醇悬浮剂16～24毫升/亩、20％氟环·多菌灵悬浮剂70～90毫升/亩、30％己唑醇悬浮剂5～9毫升/亩、30％醚菌酯悬浮剂50～70毫升/亩、20％烯肟·戊唑醇悬浮剂13～20毫升/亩、19％啶氧·丙环唑悬浮剂52.6～70.2克/亩、30％氟环·嘧菌酯悬浮剂40～45克/亩、35％甲硫·氟环唑悬浮剂90～100克/亩、75％肟菌·戊唑醇水分散粒剂15～20克/亩、38％唑醚·氟环唑悬浮剂16.8～28克/亩、30％唑醚·戊唑醇悬浮剂20～25克/亩。

3. 叶枯病

小麦叶枯病是指病菌侵染后，在小麦叶片上产生枯斑症状的一类病害。叶片上产生枯死病斑，后期病斑连片造成叶片全部或部分枯死。

（1）发病规律

① 有多种叶枯病是由真菌寄生引起的。

② 病菌可以在种子内外、田间病残体上和自生麦苗上越夏，引起秋苗初侵染。

③ 小麦发病后，病部产生分生孢子随气流或雨水传播，引起再侵染。

④ 这些叶枯病单独或混合发生，一般病田减产10％左右，重病田可减产30％以上，且使小麦品质变坏。

（2）防治措施　小麦叶枯病防治，应采用农业措施提高植株的抗病能力为主，结合药剂防治进行。

① 农业防治。

A. 种植抗病品种，各地应因地制宜推广种植抗病性强的品种，淘汰高感品种。

B. 加强田间管理，避免病菌传播。

C. 合理密植，科学施肥。

② 药剂防治。

A. 药剂拌种。对于造成苗期危害的可采用药剂拌种。

药剂推荐：50％福美双可湿性粉剂 200～300 克/100 千克种子、33％三唑酮·多菌灵可湿性粉剂 200 克/100 千克种子、12.5％烯唑醇可湿性粉剂 120 克/100 千克种子。

B. 田间喷雾防治。在发病初期（4 月中下旬）喷施 15％粉锈宁可湿性粉剂 100 克/亩、80％多菌灵超微粉剂 50 克/亩、75％百菌清可湿性粉剂 100～120 克/亩、20％三唑酮乳油 100 毫升/亩、50％甲基硫菌灵可湿性粉剂 30～40 克/亩、12.5％烯唑醇可湿性粉剂 10～30 克/亩。

三、根茎部病害

1. 根腐病

小麦根腐病主要危害小麦的根、茎、叶、穗和种子，各个生长发育期均可发病，表现为根部腐烂、叶片出现病斑、茎枯死、穗茎枯死等症状。苗期发病时，小麦芽鞘和根部变为褐色甚至严重到腐烂。发病轻的植株苗弱，发病严重的幼芽不能出土，进而枯死；分蘖期发病根茎部出现褐色病斑，叶鞘变褐色腐烂，无效分蘖增多，严重时幼苗枯死；生长后期发病，病株易拔起，但不见根系腐烂，引起倒伏和形成"白穗"。

（1）发病规律

① 春季气温不稳定，返青期遇寒流，麦苗受冻后抗病能力下降，易诱发根腐病，造成大量死苗。

② 抽穗期后遇高温多雨或多雾天气，有利于根腐病菌孢子萌发侵染，病害发生严重，导致叶片早枯。

③ 开花期以后遇持续高温多湿天气穗腐重，种子感病率高。

（2）防治措施

① 选用抗病品种。

② 加强栽培管理提高播种质量，配方施肥，防治苗期地下害虫。

③ 药剂防治药剂拌种。

药剂推荐：30％嘧·咪·噻虫嗪悬浮种衣剂 333～500 克/100 千克种子、25 克/升咯菌腈悬浮种衣剂 150～200 毫升/100 千克种子、4％咯菌·噻霉酮悬浮种衣剂 125～175 克/100 千克种子、23％戊唑·福美双悬浮种衣剂 250 克/100～138 千克种子、27％苯醚·咯·噻虫悬浮种衣剂 400～600 克/100 千克种子。

药剂喷雾：苗期发病初期，用 250 克/升丙环唑乳油 33～37 毫升/亩喷淋。

2. 茎基腐病

基部 1～2 节叶鞘和茎秆受侵染，严重的第三节叶鞘也受害，根茎基部叶鞘颜色逐渐变为暗褐色，节间受侵染变褐、易折断，严重染病的田块陆续出现死苗。该病发病初期与纹枯病极其相似，但发病后期没有云纹状典型病斑，通常第一叶鞘发病严重，第二叶鞘次之，并逐渐向上发展。

小麦茎基腐病与其他"白穗"病症区别：在茎基部根腐病和赤霉病无明显病症；纹枯病有波纹病斑；全蚀病有"黑膏药"状菌丝体。

（1）发病规律

① 4 月上旬发病率开始上升，至 5 月上中旬，病情将达到第二个显症高峰期，对产量影响较大。

② 小麦茎基腐病呈现逐年加重趋势，由零星病株扩展为成片发病，再扩展为连片发病。小麦茎基腐病会导致小麦减产 10％～70％。

（2）防治措施

① 农业措施。

A. 轮作换茬。重病田改种大蒜、大葱、棉花、大豆等经济作物。

B. 选用抗病品种以培育壮苗为中心。如适期适量播种，增施磷肥、钾肥和锌肥，及时防治地下害虫，适时浇水补墒。

C. 清理病残体。在夏收或秋收时，将小麦秸秆或玉米秸秆清出病田。

② 药剂防治。种子包衣或药剂拌种。种子包衣用苯醚·咯·噻虫种子处理悬浮剂 50 毫升兑水 0.5～0.75 千克，包 50 千克种子，或用 4.8％苯醚·咯菌腈悬浮种衣剂 150 毫升＋70％噻虫嗪种子处理可分散粉剂 100 毫升，包 50 千克种子。

药剂拌种用多菌灵＋苯醚甲环唑（1∶1）1∶500，或多菌灵＋嘧菌酯（1∶1）1∶500。

结合耕翻整地用多菌灵、代森锰锌、甲基托布津、高锰酸钾等药剂处理土壤。

在小麦返青起身时喷药控制。用噁霉灵、甲霜噁霉灵或戊唑醇、苯醚甲环唑或咯菌清、嘧菌酯等兑水顺垄喷雾，控制病害扩展蔓延。

3. 纹枯病

小麦感染纹枯病后，幼苗叶鞘出现中部灰白、边缘褐色的病斑，叶片渐呈暗绿色水渍状，之后枯黄，病重时死苗。拔节后茎基部叶鞘出现中部灰白、边缘褐色的云纹状斑。病斑扩大相连，形成典型的花秆症状。由于花秆烂茎，常引起小麦倒伏，或主茎和分蘖抽不出穗，成为枯孕穗，或抽穗后形成枯白穗。

（1）发病规律

① 小麦纹枯病菌以菌核或附着于病残体上的菌丝在土壤中长期存活，侵染小麦根、茎部。

② 纹枯病的流行过程包括冬前始病期—越冬静止期—返青期病株率上升期—病位上移期—发病高峰期等几个连续阶段。

③ 小麦群体过大、肥水过多、田间湿度大等，有利于纹枯病发生。

（2）防治措施　以农业措施结合化学药剂防治综合进行。选用抗病和耐病品种。

① 农业措施。适期适量播种、增施有机肥和磷肥、钾肥，及时排灌、降低田间湿度等都对控制纹枯病起一定作用。

② 药剂防治。

A. 药剂拌种。药剂推荐：5%苯甲·戊唑醇种子处理悬浮剂 55～70 毫升/100 千克种子、20%多·福·唑醇悬浮种衣剂 2 千克/100 千克种子、4%咯菌·嘧菌酯种子处理微囊悬浮剂 100～150 克/100 千克种子。

B. 可用 1 亿孢子/克木霉菌水分散粒剂 50～100 克制剂/亩灌根，也可采取喷雾防治。

药剂推荐：75%肟菌·戊唑醇水分散粒剂 15～20 克/亩、5%井冈·三唑酮悬浮剂 80～133 克/亩、50%苯甲·丙环唑水乳剂 12～18 毫升/亩、10%己唑醇悬浮剂 15～20 毫升/亩、40%唑醚·氟环唑悬浮剂 20～25 毫升/亩、25%噻呋·吡唑酯悬浮剂 24～29 克/亩、75%戊唑·嘧菌酯水分散粒剂 10～15 克/亩。

4. 全蚀病

小麦全蚀病又称为小麦立枯病、黑脚病，是一种由真菌侵染引起的根部病害，病苗根和地下茎变黑腐烂。分蘖前后，基部老叶变黄，分蘖减少，生长衰弱，严重的枯死。在抽穗灌浆期，茎基部变黑腐烂明显，形成典型的黑脚症状，叶鞘易剥离，内侧和茎基表面为黑色。由于根部和茎基腐烂，植株早枯，形成"白穗"，穗不实或秕粒。

（1）发病规律

① 在土壤中长期存活的病原菌，是主要的侵染源。混有病残体的种子是远距离传播的主要途径。

② 小麦从苗期至抽穗期均可侵染，但以苗期最易受侵染，造成的损失也最重。

③ 土质松散、碱性，有机质少、缺磷、缺氮、肥力低下的土壤发病均重。

④ 一块地从零星发生全蚀病到成片死亡，只需 3 年，发病地块一般减产 10%～20%，重者 50%以上，甚至绝收，是一种毁灭性病害。

（2）防治措施　小麦全蚀病防治，要分类进行：无病区防止传入；初发区采取扑灭措施；老病区采用以农业措施为基础，积极调节作物生态环境，辅以药剂防治的综合防治措施。

① 农业措施。

A. 合理轮作。有水源地区稻麦轮作；旱地小麦与非寄主作物如棉花、甘薯、烟草等轮作可明显减轻病情；对即将衰退的田块，要保持小麦玉米复种或连作，促进全蚀病自然衰退。

B. 加强田间管理。增施有机肥、深耕细耙、及时中耕、加强肥水管理等都可减轻病情。

② 药剂防治。

A. 土壤处理。70％甲基托布津可湿粉或50％多菌灵可湿粉每亩2～3千克，加土20千克，混匀后施入播种沟内，防效可达70％以上。

B. 种子处理。药剂推荐：10％硅噻菌胺悬浮种衣剂310～420克/100千克种子、0.8％腈菌·戊唑醇悬浮种衣剂2.5～3.3千克/100千克种子。

C. 药液喷浇。可用5亿芽孢/克荧光假单胞杆菌可湿性粉剂100～150克/亩灌根，80亿个/毫升地衣芽孢杆菌水剂60克/亩喷雾。

四、全株性病害

1. 病毒病

小麦病毒病，是由病毒侵染而造成的一类病害的总称。河南省小麦全株性病毒病害主要有小麦黄矮病、小麦丛矮病和小麦黄花叶病3种。小麦黄矮病主要表现为叶片黄化，植株矮化。叶片典型症状是新叶发病从叶尖渐向叶基扩展变黄，黄化部分占全叶的1/3～1/2，叶基仍为绿色，且保持较长时间，有时出现与叶脉平行但不受叶脉限制的黄绿相间条纹。小麦丛矮病染病植株上部叶片有黄绿相间条纹，分蘖增多，植株矮缩，呈丛矮状。冬小麦播后20天即可显症，最初症状为心叶有黄白色相间断续的虚线条，后发展为不均匀黄绿条纹，分蘖明显增多。小麦黄花叶病染病后冬前不表现症状，到春季小麦返青期才出现症状，染病株在小麦4～6叶后的新叶上产生褪绿条纹，少数心叶扭曲呈畸形，之后褪绿条纹增加并扩散。

（1）发病规律

① 小麦黄矮病由蚜虫传播，一般只在局部地区发生，危害严重。小麦整个生育期都能发病，但一般发病越早，植株矮化和减产越严重。

② 小麦丛矮病由北方禾谷花叶病毒引起。小麦、大麦等是病毒主要越冬寄主。套作麦田有利于灰飞虱迁飞繁殖，发病重；冬麦早播发病重；邻近草坡、杂草丛生的麦田发病重；夏秋多雨、冬暖春寒年份发病重。

③ 小麦黄花叶病由土壤中一种低等真菌传播。

（2）防治措施　小麦病毒病的防治应采用以抗病品种和栽培措施调节为主，辅以药剂治虫的综合防治方法。

① 选用抗病品种。选用抗病品种是防治病毒病最有效的措施。对病毒病，一般都很容易找到相应的抗病品种，且抗性持久。

② 栽培措施。

A. 适当迟播，避开侵染高峰时期。

B. 避免不合理的间作套种。

C. 及时中耕锄草，降低昆虫媒介数量，可减轻昆虫传播的病毒病。

D. 开沟排水、降低水位对土传病毒病有一定防治效果。

E. 加强田间管理、及时施肥、促进植株健壮生长，对于减轻症状、减少产量损失都有一定作用。

③ 药剂防治。

A. 对于昆虫传播的黄矮病，采用杀虫剂拌种，如 30% 噻虫嗪种子处理悬浮剂 200～400 毫升/100 千克种子、70% 吡虫啉种子处理可分散粉剂 250 克/100 千克种子，或者播种时喷施杀虫剂，可防治苗期蚜虫或灰飞虱传毒，如 10% 吡虫啉可湿性粉剂 25～30 克/亩、21% 噻虫嗪杀虫剂 5～10 毫升/亩、50% 抗蚜威可湿性粉剂 15～20 克/亩、2.5% 联苯菊酯微乳剂 50～60 毫升/亩。

B. 小麦丛矮病主要由小麦灰飞虱传播，可用 50% 吡蚜·异丙威可湿性粉剂 25～30 克/亩、50% 吡蚜酮可湿性粉剂 8～10 克/亩喷洒，既可杀虫，也可防治灰飞虱入侵。

C. 对于土传黄花叶病，可用 0.2% 戊唑醇悬浮种衣剂 2 千克/100～140 千克种子拌种，还应用 50% 多菌灵可湿性粉剂对土壤进行处理，防止受害面积扩大，也可用 0.06% 甾烯醇微乳剂 30～40 毫升/亩喷雾。

2. 霜霉病

小麦霜霉病是一种真菌性病害，苗期染病病苗矮缩，叶片淡绿色或有轻微条纹状花叶。返青拔节后染病叶色变浅，并出现黄白条形花纹，叶片变厚，皱缩扭曲，病株矮化，不能正常抽穗或穗从旗叶叶鞘旁拱出，弯曲成畸形龙头穗。染病较重的各级病株千粒重平均下降 75.2%。

（1）发病规律

① 以土壤传播为主，也可由种子传播。

② 病菌喜欢温暖潮湿的条件，高湿度特别是淹水情况下对发病有利。

③ 气温偏低利于该病发生，地势低洼、稻麦轮作田易发病。

④ 耕作粗放、土壤通透性不良的麦地易发病。

（2）防治措施

① 农业措施。

A. 发病重的地区或田块实行轮作，应与非禾谷类作物进行 1 年以上轮作；

B. 健全排灌系统，严禁大水漫灌，雨后及时排水，防止湿气滞留，发现病株及时拔除。

② 药剂防治。

A. 药剂拌种播前每 100～150 千克种子用 33%多·酮可湿性粉剂 3 克拌种，晾干后播种。

B. 必要时在播种后喷洒 50%硫黄·三唑酮悬浮剂 100～160 克/亩、50%多菌灵可湿性粉剂 125～150 克/亩、70%甲基硫菌灵可湿性粉剂 70～90 克/亩、30%多·酮可湿性粉剂 100～150 克/亩。

第四节　小麦主要虫害识别与防治

目前，我国小麦已知虫害种类 237 种，分属 11 目 57 科，其中常见虫害有 37 种。河南麦区发生危害的虫类主要有以下 6 种：一是危害麦株地下部分的地下害虫，如蝼蛄、蛴螬、金针虫；二是刺吸叶、茎部和穗部汁液的害虫，如麦蜘蛛、麦蚜；三是钻蛀茎秆的害虫，如麦秆蝇；四是取食叶片的害虫，如黏虫、麦叶蜂；五是潜叶的害虫，如潜叶蝇；六是危害花器、吸食麦浆的害虫，如吸浆虫等。

一、苗期害虫

1. 地下害虫

（1）金针虫　金针虫是杂食性害虫，俗称叩头虫、铁丝虫、黄蚰蜒等。河南省麦田金针虫的种类主要有沟金针虫（旱作区的粉沙壤土和粉沙黏壤土地带常发生）和细胸金针虫（水浇地、潮湿低洼地和黏土地带常见）。

金针虫主要危害小麦、玉米、花生、薯类、豆类、棉花等禾本科作物。在土中危害新播种子，咬断幼苗，并能钻到根和茎内取食，也可危害林木幼苗。在南方还危害甘蔗幼苗的嫩芽和根部。

金针虫生活史较长，需 3～6 年完成 1 代，以幼虫期最长；幼虫老熟后在土内化蛹，羽化成虫。有些种类即在原处越冬，次春 3～4 月成虫出土活动，交尾后产卵于土中，幼虫孵化后一直在土内活动取食；以春季危害最严重，秋季较轻。

（2）蛴螬　蛴螬是金龟子的幼虫俗称白土蚕、地狗子等，杂食性，几乎危害所有的农作物。主要咬断小麦根部。成虫俗称瞎碰、金蛣螂、暮糊虫等。

对小麦危害比较严重的有暗黑鳃金龟、华北大黑鳃金龟、铜绿丽金龟一等，危害期从小麦播种开始，一直延续到初冬，春季从返青、拔节一直到乳熟期。蛴螬幼虫终生栖居土中，喜食刚刚播下的种子、根、块茎以及幼苗等，造成缺苗断垄，成虫则喜食果树、林木的叶和花器。

（3）蝼蛄　蝼蛄属直翅目蝼蛄科，俗称啦蛄、啦啦蛄、土狗等。记载的蝼蛄种类有 50 多种，河南省的蝼蛄种类有华北蝼蛄、东方蝼蛄。蝼蛄食性极杂，主要危害小麦、玉米等禾本科，其次是油菜等十字花科，以及棉、烟、麻、豆与果木的幼苗、种子、种芽、块根、块茎等，包括了几乎所有的农作物。

蝼蛄危害小麦的时间很长，从播种开始危害种子、种芽及幼苗，一直延续到初冬，春季从返青、拔节一直到小麦乳熟期。冬前每头华北蝼蛄可危害麦苗 15～48 株，平均 32 株；春季危害 21～107 株，平均 59 株。因蝼蛄穿行活动，使麦根"桥空"（架空）或切断根系使麦株枯死，危害更为严重，轻者缺苗断垄，严重地块重播毁种。

2. 地下害虫防治措施

（1）农业防治

① 土壤措施。开荒改土，开沟排水，兴修水利，铺淤压沙，平整土地，精耕细作，深耕多耙，铲除杂草，大搞农田基本建设，可有效控制各种地下虫的危害。

② 高温堆肥。在麦播耕地前，各种有机肥料要经过高温堆制，充分腐熟，作为基肥，可防止蛴螬等地下虫的发生。例如用氨水或碳酸氢氨作基肥，能触杀与熏死大量蛴螬、金针虫、根土蟓等地下害虫。

（2）人工防治

① 灯火诱杀。利用金龟、东方蝼蛄和细胸金针虫的趋光性，可在上述害虫活动盛期诱杀地下害虫。

② 堆草诱杀。利用细胸金针虫成虫喜食植物幼苗断茎流出的汁液的习性，于 4～5 月可在该虫发生麦田，每亩堆出直径 50 厘米、厚 10～15 厘米的草堆 15～20 堆，并在草堆上喷施 40％甲基异硫磷 4 000 倍药液，即可杀死大量细胸金针虫成虫。

（3）化学防治

① 农药拌种。药剂推荐：每 100 千克种子用 7.50％甲柳·三唑醇悬浮种衣剂 1 千克、每 100 千克种子用 17％克百·多菌灵悬浮种衣剂 2 千克、每 100 千克种子用 10.9％唑醇·甲拌磷悬浮种衣剂 1 千克。

② 土壤处理。可用 0.1％噻虫胺颗粒剂 15～20 千克/亩、0.08％噻虫嗪颗粒剂 40～50 千克/亩、3％辛硫磷颗粒剂 3 000～4 000 克/亩进行沟施。

③ 毒谷、毒饵。每亩地用炒热的谷子 1～1.5 千克，用 50％辛硫磷乳剂 3～4 毫升，加水 50～100 毫升，与炒好的谷子混拌均匀和麦种同播，可防治蝼蛄并兼治蛴螬与金针虫。在夏季作物生长季节、春夏播作物的幼苗期，每亩地用麦麸 2～3 千克，与 2～3 毫升的 50％敌百虫粉剂加水 100～200 毫升混拌均匀，在傍晚时撒施于被害田地里，可以防治蝼蛄，既可减轻当季作物的受害，又可降低麦田地下虫的发生量。

④ 药水浇灌。小麦播种出苗后或来年返青时可用 90％敌百虫粉剂 1 500 倍溶液喷洒或 20％毒死蜱微囊悬浮剂 550～650 克/亩灌根。

二、中后期害虫

1. 红蜘蛛

红蜘蛛是麦田常发性害虫，俗称"火龙"。红蜘蛛危害小麦始于冬前苗期，以成虫、若虫、卵，在小麦分蘖丛、田间杂草和土块上越冬。当来年春天日平均气温达到8 ℃以上时，便开始繁殖危害。小麦红蜘蛛用刺吸式口器刺吸小麦叶片汁液，受害叶片出现针刺状白斑，严重时整个叶片呈灰白色，逐渐变为黄色，叶尖干枯以至植株枯萎、死亡，造成小麦减产。

（1）危害规律

① 小麦红蜘蛛有群集性、假死性、趋阴性，成虫、若虫白天多栖息在麦叶和杂草叶背上危害。

② 小麦红蜘蛛可以进行孤雌生殖，有假死习性，喜群居。

（2）防治措施

① 农业防治。结合灌水、震落可以淹死部分小麦红蜘蛛。此外，清除田边杂草，特别是禾本科杂草，可减少虫源。

② 药剂防治。可选用20％联苯·三唑磷微乳剂20～30毫升/亩、1.5％阿维菌素悬浮剂40～80克/亩、4％联苯菊酯微乳剂30～50毫升/亩喷雾防治。

2. 麦蚜

小麦麦蚜是发生面积最大的虫害，年发生2.3亿～2.8亿亩次。成虫、若虫吸食小麦叶、茎、嫩穗的汁液，影响小麦正常生长发育，严重时小麦生长停滞、不能抽穗、籽粒灌浆不饱满甚至形成白穗，易短期成灾。麦蚜传播多种病毒病，河南省以麦长管蚜、禾谷缢管蚜和麦二叉蚜为主。

（1）危害规律

① 麦蚜以多种形式危害小麦，最突出的是刺吸叶片和穗粒汁液并分泌蜜露影响光合作用，造成有效穗、粒数减少，千粒重下降，减产15％～30％并影响品质，严重时麦株提前干枯。

② 麦蚜易引发叶部病害。受蚜虫危害后生理衰弱的小麦叶片，很容易被交链孢菌分生孢子侵染而发生病害，麦蚜还是小麦黄矮病毒病的重要传毒媒介之一。

③ 一般情况下，小麦拔节后麦蚜繁殖加快，齐穗至扬花期蚜量激增，灌浆期达高峰，其后进入衰减期。

（2）防治措施

① 生物防治以保护麦蚜的天敌为主，麦蚜常见的天敌有瓢虫、草蛉、食蚜蝇、寄生蜂（僵蚜）。选择性杀虫剂如抗蚜威、啶虫脒、吡虫啉等对天敌杀伤较小。

② 化学防治。

A. 药剂拌种。可用药剂进行拌种，防治蚜虫并兼治其他地下害虫。药剂推荐：

30％噻虫嗪种子处理悬浮剂 200～400 毫升/100 千克种子、70％吡虫啉种子处理可分散粉剂 250 克/100～125 千克种子、30％噻虫胺悬浮种衣剂 470～700 克/100 千克种子。

B. 药剂喷雾。药剂推荐：37％联苯·噻虫胺悬浮剂 5～10 克/亩、50 克/升 S-氰戊菊酯乳油 12～15 克/亩、10％阿维·吡虫啉悬浮剂 100～150 克/亩、4％阿维·噻虫嗪超低容量液剂 80～105 毫升/亩、10％吡蚜·高氯氟悬浮剂 15～20 克/亩、50％氟啶虫胺腈水分散粒剂 2～3 克/亩、3％高氯·吡虫啉乳油 30～50 克/亩、22％高氯氟·噻虫微囊悬浮剂 7.5～10 克/亩、30％联苯·吡虫啉悬浮剂 2～6 克/亩、12％氯氟·吡虫啉悬浮剂 13～18 克/亩。

3. 麦红吸浆虫

麦红吸浆虫隶属于双翅目，瘿蚊科，是我国小麦主要的农业害虫，主要以幼虫危害小麦乳熟籽粒，吸食浆液，造成瘪粒、空壳而减产。一般被害麦田减产 30％～40％，严重者减产 70％～80％，甚至造成绝收。

（1）危害规律

① 小麦扬花前后，雨水多，湿度大，麦红吸浆虫危害也就严重。

② 小穗稀松，麦壳薄而又合得不紧的品种利于成虫产卵和幼虫侵入；小穗紧密，麦壳厚硬、合得紧，或抽穗快而整齐，或抽穗期能避开成虫盛发期的品种可减少受害或不受害。

③ 土壤团粒结构好、土质松软、有相当的保水力和渗水性，且温度变化小，最适宜麦红吸浆虫害的发生。黏土对麦红吸浆虫的生活与发生较不利，沙土更不适宜其生活。

④ 天敌对麦红吸浆虫的发生有很大抑制作用，已知的天敌有寄生蝇、蜘蛛、蚂蚁，以及寄生蜂类的宽腹寄生蜂、光腹寄生蜂、背弓寄生蜂、圆腹寄生蜂等。

（2）防治措施

① 农业防治。

A. 调整作物布局，合理轮作倒茬。

B. 合理翻耕土壤，控制灌水。在二年三熟的地区延迟秋播，进行浅耕暴晒，使土壤增温降湿，使刚入土的幼虫死亡。

② 化学防治。

A. 土壤处理。药剂推荐：15％毒·辛颗粒剂 300～500 克/亩、5％毒死蜱颗粒剂 1～2 千克/亩、0.1％二嗪磷颗粒剂 40～60 千克/亩。

B. 穗期喷药保护，该虫卵期较长，发生严重的麦田可连续防治 2 次。

常用药剂：20％联苯·三唑磷微乳剂 30～40 毫升/亩、48％氯氟·毒死蜱乳油 20～40 毫升/亩、15％氯氟·吡虫啉悬浮剂 6～10 克/亩、10％阿维·吡虫啉悬浮剂

12～15毫升/亩。

4. 小麦黏虫

小麦黏虫属于鳞翅目，夜蛾科，在我国各小麦产区都有发生。小麦黏虫的食性较杂，尤其喜食禾本科植物，主要危害麦类、水稻、甘蔗、玉米、高粱等谷类粮食作物，大发生时也危害豆类、白菜、棉花等。小麦黏虫是间歇性猖獗的杂食性害虫，常间歇成灾。大发生时，若防治不及时，可将作物叶片全部食光，造成大幅度减产甚至绝收。

（1）危害规律

① 气候因素对小麦黏虫的发生量和发生期影响很大，小麦黏虫的发生与温度和湿度关系尤为密切。小麦黏虫喜好潮湿而怕高温和干旱，高温低湿不利于成虫产卵、发育，雨水多、湿度过大可控制小麦黏虫发生。

② 密植、多雨、灌溉条件好、生长茂盛的水稻、小麦、谷子，或荒草多、面积大的玉米、高粱地，小麦黏虫发生量多，小麦、玉米套种，有利于小麦黏虫的转移危害，小麦黏虫虫害发生较重。

（2）防治措施

① 农业防治。

A. 彻底铲除地边杂草，消灭部分在杂草中越冬的小麦黏虫，减少虫源。

B. 合理布局，实行同品种、同生产期的小麦连片种植，避免不同品种的"插花"种植。

C. 合理施肥、科学管水、适时晒田，可抑制小麦黏虫危害，增加产量。

② 物理防治。

A. 采用杀虫灯或黑光灯诱杀成虫。

B. 根据成虫产卵喜产于枯黄老叶的特性，可在田间设置高出作物的草把，然后集中烧毁，可杀灭虫卵。

③ 化学防治。

药剂推荐：45％马拉硫磷乳油85～110毫升/亩、77.5％敌敌畏乳油50克/亩、25克/升高效氯氟氰菊酯乳油12～24毫升/亩、25％除虫脲可湿性粉剂6～20克/亩、50克/升S-氰戊菊酯乳油10～15毫升/亩、20％哒嗪硫磷乳油800～1 000倍液、80％敌百虫可溶粉剂350～700倍液、10％氯菊酯乳油5 000倍液。

第五节　小麦主要草害识别与防治

我国农田杂草有1 450多种，分属87科366属，危害严重的杂草有130余种。其中我国小麦田杂草就有40余科100多种，对小麦造成严重影响的有30多种。麦田草害面积达 30％以上，每年可造成小麦将近 50 亿千克的产量损失。正确识别杂草是杂草防治中最优先的事项，正确识别杂草有利于选择正确的解决方案。

一、禾本科杂草

1. 野燕麦

（1）识别要点　野燕麦属于禾本科，燕麦属。野燕麦幼苗的根茎处发白、表面具柔毛，无叶耳，叶面稍宽，叶片逆时针生长；叶缘有侧生锐毛；叶舌不规则齿裂；叶鞘有毛；第一真叶长 3～9 厘米，宽 3～4.5 毫米，先端急尖，有 11 条直出平行脉。株高 30～120 厘米。单生或丛生，叶鞘长于节间，松弛；叶舌膜质透明。圆锥花序，开展，长 10～25 厘米；小穗长 18～25 厘米，花 2～3 朵。

（2）生物学特性　一年生或二年生旱地杂草，适宜发芽温度为 10～20 ℃，发芽深度为 2～7 厘米时发芽率最高。西北地区 3～4 月出苗，花、果期 6～8 月。华北及其以南地区 10～11 月出苗，花果期 5～6 月。

（3）推荐除草剂　5％唑啉草酯乳油 60～80 毫升/亩、15％炔草酯可湿性粉剂 20～30 克/亩、10％精噁唑禾草灵乳油 50～60 毫升/亩、7.5％啶磺草胺水分散粒剂 10～12 克/亩。

2. 节节麦

（1）识别要点　节节麦属于禾本科，山羊草属。幼苗暗绿色，基部淡紫红色；幼叶初出时卷成筒状，展开后呈长条形；叶舌薄膜质，叶鞘边缘有长纤毛；叶片狭窄且薄；根上的种子呈蛹状，其他杂草种子类似麦粒，但比麦粒秕瘦；根茎处弯着生长，俗称"打弯儿"。穗状花序圆柱形，成熟时逐节脱落；外稃先端略截平而具有长芒，脉仅在先端显著；颖果暗黄褐色，表面乌暗无光泽，椭圆形至长椭圆形。

（2）生物学特性　节节麦以种子繁殖，是一年生草本植物，秆高可达 40 厘米，5～6 月开花结果。

推荐除草剂：30 克/升甲基二磺隆可分散油悬浮剂 20～35 毫升/亩。

3. 雀麦

（1）识别要点　雀麦属禾本科，雀麦属。雀麦幼苗基部红褐色，有白色绒毛，叶面细窄，叶缘和叶鞘都有绒毛；第一片真叶呈带状披针形，长 3～4 厘米，宽 1 毫米，先端尖锐，有 13 条直出平行脉。须根细而稠密；秆直立，丛生，株高 30～100 厘米。叶鞘紧密抱茎，被白色柔毛，叶舌透明膜质，顶端具不规则的裂齿；叶片均被白色柔毛。圆锥花序开展，向下弯曲，分枝细弱；小穗幼时呈圆筒状，成熟后压扁，颖披针形，具膜质边缘。

（2）生物学特性　种子繁殖，越年生或一年生草本，早播麦田 10 月初发生，10 月上中旬出现高峰期。花果期 5～6 月，种子经夏季休眠后萌发，幼苗越冬。

（3）推荐除草剂　70％氟唑磺隆水分散粒剂 3～4 克/亩、5％唑啉草酯乳油 60～80 毫升/亩、30 克/升甲基二磺隆可分散油悬浮剂 20～35 毫升/亩。

4. 看麦娘与日本看麦娘

（1）识别要点　看麦娘与日本看麦娘均属禾本科，看麦娘属。均为圆锥花序。

看麦娘株高 15～40 厘米，秆疏丛生，基部膝曲，叶鞘光滑，短于节间；叶舌膜质，叶片扁平，圆锥花序呈圆柱状，灰绿色，小穗椭圆形或卵状长圆形，颖膜质，基部互相连合，脊上有细纤毛，侧脉下部有短毛；外稃膜质，先端钝，等大或稍长于颖，下部边缘互相连合，隐藏或稍外露；花药为橙黄色。

日本看麦娘株高 20～50 厘米，叶鞘松弛；叶舌膜质，长 2～5 毫米；叶片上面粗糙，下面光滑，长 3～12 毫米，宽 3～7 毫米。圆锥花序呈圆柱状，长 3～10 厘米，宽 4～10 毫米；小穗长圆状卵形，长 5～6 毫米，芒长 8～12 毫米，颖果半椭圆形，长 2～2.5 毫米。

（2）生物学特性　看麦娘为种子繁殖，越年生或一年生草本，苗期 11 月至翌年 2 月，花果期 4～6 月。

日本看麦娘为种子繁殖，一年生或二年生草本，其生物学特性与看麦娘相似，以幼苗或种子越冬。

（3）推荐除草剂　7.5％啶磺草胺水分散粒剂 9.4～12.5 克/亩、30 克/升甲基二磺隆可分散油悬浮剂 20～35 毫升/亩、70％氟唑磺隆水分散粒剂 3～4 克/亩、50％异丙隆可湿性粉剂 120～180 克/亩、5％唑啉草酯乳油 60～80 毫升/亩、15％炔草酯可湿性粉剂 20～30 克/亩。

5. 硬草

（1）识别要点　硬草属，秆直立或基部卧地，株高 15～40 厘米，节较肿胀。叶鞘平滑，有脊，下部闭合，长于节间；叶舌干膜质，先端截平或具裂齿；圆锥花序较密集而紧缩，坚硬而直立，分支孪生，一长一短，小穗，粗壮而平滑，直立或平展，小穗柄粗壮。

（2）生物学特性　一年生或二年生草本，早播麦田 10 月初发生，10 月上、中旬出现高峰期，花果期 4～5 月，种子繁殖，种子经夏季休眠后萌发，幼苗越冬。

（3）推荐除草剂　30 克/升甲基二磺隆可分散油悬浮剂 20～35 毫升/亩、5％唑啉草酯乳油 60～80 毫升/亩、50％异丙隆可湿性粉剂 120～180 克/亩、15％炔草酯可湿性粉剂 20～30 克/亩。

6. 早熟禾

（1）识别要点　早熟禾属。植株矮小，秆丛生，直立或基部稍倾斜，细弱，株高 7～25 厘米。叶鞘光滑无毛，常自中部以下闭合，长于节间，或在中部的短于节间；叶舌薄膜质，圆头形，叶片柔软，先端船形。圆锥花序开展，每节有 1～3 个分枝；

分枝光滑，颖果纺锤形。

（2）生物学特性　一年生或冬性禾草，种子繁殖，花期4~5月，果期6~7月，生长速度快，竞争力强，再生力强。

（3）推荐除草剂　7.5%啶磺草胺水分散粒剂9.4~12.5克/亩、30克/升甲基二磺隆可分散油悬浮剂20~35毫升/亩、50%异丙隆可湿性粉剂120~180克/亩。

7. 多花黑麦草

（1）识别要点　禾本科，秆直立，具4~5节。叶鞘疏松；叶舌长达4毫米；叶片扁平，无毛，上面微粗糙。总状花序直立或弯曲；穗轴柔软，节间无毛，上面微粗糙；小穗含小花；小穗轴节间平滑无毛；颖披针形，质地较硬；外稃长圆状披针形，具5脉，顶端膜质透明；脊上具纤毛。颖果长圆形，长为宽的3倍。

（2）生物学特性　一年生、越年生或短期多年生，花果期7~8月，喜温润气候，耐低温、耐盐碱。

（3）推荐除草剂　5%唑啉草酯乳油60~80毫升/亩、15%炔草酯可湿性粉剂20~30克/亩、7.5%啶磺草胺水分散粒剂9.4~12.5克/亩、70%氟唑磺隆水分散粒剂3~4克/亩。

8. 鹅观草

（1）识别要点　鹅观草为禾本科鹅观草属下的一个种，是一种常见的草本植物，茎和叶子带紫色，有香气，花紫色或绿色。春季返青早，穗状花序弯曲下垂。

（2）生物学特性　叶片扁平，长5~40厘米，宽3~13毫米。穗状花序长7~20厘米，弯曲或下垂；小穗绿色或带紫色，长13~25毫米，含3~10小花，翼缘具有细小纤毛。

（3）推荐除草剂　15%炔草酯可湿性粉剂20~30克/亩。

9. 蜡烛草

（1）识别要点　一年生禾本科植物，叶片扁平。圆锥花序紧密呈柱状，形似蜡烛，幼时绿色，成熟后变黄色；小穗倒三角形，含1朵小花，花期4月。

（2）生物学特性　喜温暖、湿润的气候，抗旱能力较差。在潮湿的壤土或黏土中生长最为茂盛，耐涝地水湿，不耐盐碱。

（3）推荐除草剂　5%唑啉草酯乳油60~80毫升/亩、15%炔草酯可湿性粉剂20~30克/亩、10%精噁唑禾草灵乳油50~60毫升/亩。

10. 棒头草

（1）识别要点　棒头草是一种农田常见杂草，秆丛生，基部膝曲，大都光滑，高10~75厘米。叶鞘光滑无毛；叶舌膜质，长圆形，长3~8毫米，常2裂或顶端具有不整齐的裂齿；叶片扁平，微粗糙或下面光滑，长2.5~15厘米，宽3~4毫米。圆锥花序穗状，长圆形或卵形。主要危害小麦、油菜、绿肥和蔬菜等作物。

（2）生物学特性　种子繁殖，一年生草本，以幼苗或种子越冬；颖果椭圆形，1面扁平，长约1毫米。花果期4～9月。

（3）推荐除草剂　5％唑啉草酯乳油60～80毫升/亩、15％炔草酯可湿性粉剂20～30克/亩、10％精噁唑禾草灵乳油50～60毫升/亩。

11. 茵草

（1）识别要点　茵草为禾本科，茵草属，秆直立，叶鞘无毛，多长于节间；叶舌透明膜质，叶片扁平，粗糙或下面平滑。圆锥花序分枝稀疏，直立或斜升；小穗扁平，圆形，灰绿色；颖草质；边缘质薄，白色，背部灰绿色，具有淡色的横纹；外稃披针形，常具有伸出颖外之短尖头；花药黄色，颖果黄褐色，长圆形，先端具有丛生短毛。

（2）生物学特性　一年生植物，花果期4～10月。适生于水边及潮湿处，为长江流域及西南地区稻茬小麦和油菜田主要杂草，尤其在地势低洼、土壤黏重的田块危害严重。

（3）推荐除草剂　50％异丙隆可湿性粉剂120～180克/亩、5％唑啉草酯乳油60～80毫升/亩、40％三甲苯草酮水分散粒剂65～80克/亩、15％炔草酯可湿性粉剂20～30克/亩、30克/升甲基二磺隆可分散油悬浮剂20～35毫升/亩。

二、阔叶杂草

1. 播娘蒿

（1）识别要点　十字花科，播娘蒿属。高30～100厘米，上部多分枝；叶互生，下部叶有柄，上部叶无柄，2～3回羽状全裂；总状花序顶生，花多数；萼片4，直立；花瓣4，淡黄色；长角果。

（2）生物学特性　一年生或二年生草本，种子繁殖，种子发芽适宜温度为8～15℃。冬小麦区，10月中、下旬为出苗高峰期，4～5月种子渐次成熟落地，繁殖能力较强。

（3）推荐除草剂　50％吡氟酰草胺可湿性粉剂25～35克/亩、13％2甲4氯水剂300～450毫升/亩、40％唑草酮水分散粒剂4～6克/亩、25％灭草松水剂200毫升/亩、50克/升双氟磺草胺悬浮剂5～6克/亩、10％苯磺隆可湿性粉剂12～18克/亩、50％异丙隆可湿性粉剂120～180克/亩。

2. 猪殃殃

（1）识别要点　茜草科，拉拉藤属。茎四棱形，茎和叶均有倒生细刺；叶6～8片轮生，线状倒披针形，顶端有刺尖；聚伞花序顶生或腋生，有花3～10朵；花小，花萼细小，花瓣黄绿色，4裂；小坚果。在漯河、驻马店、信阳、南阳危害严重。

（2）生物学特性　种子繁殖，以幼苗或种子越冬，一年生或二年生蔓状或攀缘状草本。于冬前 9～10 月出苗，亦可在早春出苗，4～5 月开花，果期 5 个月，果实落于土壤或随收获的作物种子传播。

（3）推荐除草剂 40%唑草酮水分散粒剂 4～6 克/亩、200 克/升氯氟吡氧乙酸乳油 50～70 毫升/亩、175 克/升双氟·唑嘧胺悬浮剂 3～4.5 毫升/亩、50%吡氟酰草胺可湿性粉剂 25～35 克/亩。

3. 泽漆

（1）识别要点 大戟科大戟属。株高 10～30 厘米，茎自基部分枝；叶互生，倒卵形或匙形，先端钝或微凹，基部楔形，在中部以上边缘有细齿；多歧聚伞花序，顶生，有 5 伞梗；杯状总苞钟形，顶端 4 浅裂。

（2）生物学特性 种子繁殖，幼苗或种子越冬，在河南麦田，10 月下旬至 11 月上旬发芽，早春发苗较少。4 月下旬开花，5 月中、下旬果实渐次成熟，种子经夏季休眠后萌发。

（3）推荐除草剂 200 克/升氯氟吡氧乙酸乳油 50～70 毫升/亩。

4. 麦家公

（1）识别要点 紫草科，紫草属。高 20～40 厘米，茎直立或斜生，茎的基部或根的上部略带淡紫色，被糙状毛；叶倒披针形或线形，顶端圆钝，基部狭楔形，两面被短糙状毛，叶无柄或近无柄；聚伞花序，花萼 5 裂至近基部，花冠白色或淡蓝色，筒部 5 裂；小坚果。

（2）生物学特性 种子繁殖，一年生草本，秋冬或翌年春出苗，花期 4～5 月。

（3）推荐除草剂 25%辛酰溴苯腈乳油 100～150 毫升/亩、25%灭草松水剂 200 毫升/亩、40%扑草净可湿性粉剂 80～120 克/亩。

5. 婆婆纳

（1）识别要点 玄参科婆婆纳属。苞片叶状，互生，花生于苞腋，花梗细长；花萼 4 片，深裂，花冠淡红紫色，有深红色脉纹；蒴果近肾形。

（2）生物学特性 种子繁殖，越年生或一年生杂草，9～10 月出苗，早春发生数量极少，花期 3～5 月，种子于 4 月即渐次成熟，经 3～4 个月的休眠后萌发。

（3）推荐除草剂 40%唑草酮水分散粒剂 4～6 克/亩。

6. 佛座

（1）识别要点 唇形科宝盖草属。高 10～30 厘米；基部多分枝；叶对生，下部叶具长柄，上部叶无柄，圆形或肾形，半抱茎，边缘具深圆齿，两面均疏生小糙状毛；轮伞花序 6～10 花；花萼管状钟形，萼齿 5，花冠紫红色。

（2）生物学特性 一年生或二年生草本，种子繁殖。10 月出苗，花期 3～5 月，果期 6～8 月。

（3）推荐除草剂 200 克/升氯氟吡氧乙酸乳油 50～70 毫升/亩、40%唑草酮水分散粒剂 4～6 克/亩、13％ 2 甲 4 氯水剂 300～450 毫升/亩。

7. 荠菜

（1）识别要点　十字花科荠属。茎直立，有分枝，高 20～50 厘米；基生叶莲座状，大头羽状分裂；茎生叶狭披针形至长圆形，基部抱茎，边缘有缺刻或锯齿；总状花序顶生和腋生；花瓣倒卵形、有爪，4 片，白色；短角果，倒心形。

（2）生物学特性　种子繁殖，种子或幼苗越冬，一年生或二年生草本，华北地区10 月（或早春）出苗，翌年 4 月开花，5 月果实成熟。种子经短期休眠后萌发，种子量很大，每株种子可达数千粒。

（3）推荐除草剂　50 克/升双氟磺草胺悬浮剂 5～6 克/亩、13％ 2 甲 4 氯水剂300～450 毫升/亩、200 克/升氯氟吡氧乙酸乳油 50～70 毫升/亩、50％吡氟酰草胺可湿性粉剂 25～35 克/亩。

8. 牛繁缕与繁缕

（1）识别要点　牛繁缕和繁缕均为石竹科繁缕属，高 10～30 厘米。叶片宽卵形或卵形，顶端渐尖或急尖，基部渐狭或近心形，全缘；基生叶具长柄，上部叶常无柄或具短柄。

牛繁缕全株光滑，仅花序上有白色短软毛。茎多分枝，柔弱，常伏生于地面。叶卵形或宽卵形，长 2～5.5 厘米，宽 1～3 厘米，顶端渐尖，基部心形，全缘或波状，上部叶无柄，基部略包茎，下部叶有柄。花梗细长，花后下垂；萼片 5，宿存，果期增大，外面有短柔毛；花瓣 5，白色，2 深裂几达基部。蒴果卵形，5 瓣裂，每瓣端再 2 裂。

繁缕花瓣比萼片短，牛繁缕花瓣远长于萼片；繁缕花柱数多为 3 枚，牛繁缕花柱数为 5 枚。

（2）生物学特性　牛繁缕：一年生或二年生草本，花期 4～5 月，果期 5～6 月。

繁缕：一年生或二年生草本，花期 6～7 月，果期 7～8 月。

（3）推荐除草剂　13％ 2 甲 4 氯水剂 300～450 毫升/亩、200 克/升氯氟吡氧乙酸乳油 50～70 毫升/亩、50％吡氟酰草胺可湿性粉剂 25～35 克/亩。

9. 小藜

（1）识别要点　藜科藜属。茎直立，高 20～50 厘米；叶互生，具柄；叶片长卵形或长圆形，边缘有波状缺齿，叶两面疏生粉粒，短穗状花序，腋生或顶生。

（2）生物学特性　一年生草本植物，早春萌发，花期 4～5 月。

（3）推荐除草剂　40％唑草酮水分散粒剂 4～6 克/亩、13％ 2 甲 4 氯水剂 300～450 毫升/亩、10％乙羧氟草醚乳油 40～60 毫升/亩。

10. 米瓦罐

（1）识别要点　石竹科，蝇子草属。有腺毛，茎单生或叉状分枝，节部略膨大；

叶对生，基部连合，基生叶匙形，茎生叶长圆形或披针形。花序聚伞状顶生或腋生；花萼筒状，结果后逐渐膨大呈葫芦形；花瓣5，粉红。

（2）生物学特性 越年生或一年生草本，种子繁殖。9～10月出苗，早春出苗数量较少，花果期4～6月。

（3）推荐除草剂 50克/升双氟磺草胺悬浮剂5～6克/亩、10％苯磺隆可湿性粉剂12～18克/亩、13％2甲4氯钠水剂300～450毫升/亩。

11. 小蓟

（1）识别要点 别称刺儿菜，菊科，蓟属，多年生草本，地下部分常大于地上部分，有长根茎。茎直立，幼茎被白色蛛丝状毛，有棱，高20～50厘米，上部有分枝，花序分枝无毛或有薄绒毛。叶互生，下部和中部叶椭圆形或椭圆状披针形，长7～10厘米，宽1.5～2.2厘米，表面绿色，背面淡绿色，两面有疏密不等的白色蛛丝状毛，顶端短尖或钝，基部窄狭或钝圆，近全缘或有疏锯齿，无叶柄。

（2）生物学特性 以根芽繁殖为主，种子繁殖为辅，多年生草本，在我国中北部，最早于3～4月出苗，5～6月开花、结果，6～10月果实渐次成熟。种子借风力飞散，实生苗当年只进行营养生长，第二年才能抽茎开花。

（3）推荐除草剂 13％2甲4氯水剂300～450毫升/亩、480克/升麦草畏水剂25～30毫升/亩、25％灭草松水剂200毫升/亩。

12. 野老鹳草

（1）识别要点 高20～60厘米，根纤细，单一或分枝，茎直立或仰卧，具棱角，密被倒向短柔毛。基生叶早枯，茎生叶互生或最上部对生；托叶披针形或三角状披针形，长5～7毫米，宽1.5～2.5毫米，外被短柔毛；茎下部叶具长柄，柄长为叶片的2～3倍，被倒向短柔毛，上部叶柄渐短；叶片圆肾形，长2～3厘米，宽4～6厘米，基部心形，掌状5～7裂近基部，裂片楔状倒卵形或菱形，下部楔形、全缘，上部羽状深裂，小裂片条状矩圆形，先端急尖，表面被短伏毛，背面主要沿脉被短伏毛。

（2）生物学特性 一年生草本植物，花期4～7月，果期5～9月，种子繁殖。

（3）推荐除草剂 200克/升氯氟吡氧乙酸乳油50～70毫升/亩、13％2甲4氯水剂300～450毫升/亩、40％唑草酮水分散粒剂4～6克/亩、50克/升双氟磺草胺悬浮剂5～6克/亩、7.5％啶磺草胺水分散粒剂9.4～12.5克/亩。

第六节 玉米主要病害识别与防治

一、玉米大斑病

玉米大斑病又称为条纹病、煤纹病、枯叶病、叶斑病等，是玉米主要叶部病害，我国各地均有发生。玉米孕穗、出穗期间若氮肥不足，发病较重；低洼地、密度过大、连作地易发病。

1. 症状识别

一般先从底部叶片开始发生，逐步向上扩展，严重时遍及全株，也有从中上部叶片开始发病的情况。受侵染的叶片形成大型核状病斑，初为水渍状青灰色或灰绿色小斑点，扩展后为边缘暗褐色、中央淡褐色或者灰色的菱形或长纺锤形大斑，一般长5～10厘米，潮湿时病斑主要危害叶片，严重时也可危害叶鞘和苞叶。叶片上有明显的黑褐色霉层，严重时病斑联合纵裂、叶片枯死。

2. 防治措施

（1）农业防治 筛选推广高产、优质、抗病的玉米品种，在目前条件下，应提倡搭配种植；玉米秸秆不要堆放田头，提倡高温堆肥，并进行深翻冬灌，消灭初侵染源；轮作倒茬，避免重茬，减少病菌在田间积累；适当早播，培育壮苗，注意肥水管理，氮、磷肥搭配使用，增强植株抗病能力；根据发病的传播途径，可在田间清除病残株和早期摘除下部病叶，以减少菌源。

（2）药剂防治 在心叶末期到抽雄期或发病初期喷药，每亩用50％好速净可湿性粉剂50克，或80％速克净可湿性粉剂60克，喷施3次。常用药剂还有50％多菌灵可湿性粉剂500倍液、50％甲基托布津可湿性粉剂600倍液、75％百菌清可湿性粉剂300倍液、25％苯菌灵乳油800倍液、40％克瘟散乳油800～1 000倍液，每隔10天防1次。

二、玉米小斑病

玉米小斑病又称为玉米斑点病，是因半知菌亚门丝孢纲丝孢目长蠕孢菌侵染所引起的一种真菌病害，为我国玉米产区重要病害之一，在黄河和长江流域的温暖潮湿地区发生普遍而且严重。一般造成减产15％～20％，减产严重的达50％以上，甚至绝收。

1. 症状识别

玉米小斑病除危害叶片、苞叶和叶鞘外，对雌穗和茎秆的致病力也比大斑病强，可造成果穗腐烂和茎秆断折，其发病时间比大斑病稍早。发病初期，在叶片上出现半透明水渍状褐色小斑点，后扩大为椭圆形褐色病斑，边缘赤褐色，轮廓清楚，上有二、三层同心轮纹。病斑进一步发展时，内部略褪色，后渐变为暗褐色。天气潮湿时，病斑上生出暗黑色霉状物（分生孢子盘）。叶片被害后，叶绿组织受损，影响光合机能，导致减产。

2. 防治措施

（1）种子处理 种子带菌是玉米小斑病的初侵染源之一，采用种子包衣技术处理亲本种子，可有效减少小斑病的初侵染源，对控制小斑病的发生有一定效果。

（2）农业防治 病田应实行秋翻，使病株残体埋入地下 10 厘米以下；清除地面病株残体，把带菌残体充分腐熟，最好不用作玉米制种田。发病制种地实行大面积轮作，把病原基数压到最低限度，减少初侵染源。适时播种，抽穗期应避开多雨天气。施足底肥，适期、适量合理追肥，保证母本全期的营养供应，促进植株生长健壮，特别是拔节至开花期的营养供应。底部病叶集中清理，出田外处理，可以压低田间菌量，改变田间小气候，减轻病害程度。

（3）药剂防治 在采取农业防治和种子包衣的基础上，每亩用 50% 好速净可湿性粉剂 50 克或 80% 速克净可湿性粉剂 60 克，喷施 3 次；也可在发病初期喷药，用 75% 百菌清可湿性粉剂 800 倍液或 70% 甲基托布津可湿性粉剂 600 倍液每隔 7～10 天防治 1 次，连防 2～3 次。

三、玉米褐斑病

玉米褐斑病是近几年才严重发生的玉米病害。在全国各玉米产区均有发生，其中在河北、山东、河南、安徽、江苏等地危害较重。

1. 症状识别

发生在玉米叶片、叶鞘及茎秆，先在顶部叶片发生，以叶和叶鞘交接处病斑最多，常密集成行，最初为黄褐色或红褐色小斑点，病斑为圆形或椭圆形，隆起附近的叶组织常呈红色，小病斑常汇集在一起，严重时叶片上出现几段甚至全部布满病斑，在叶鞘上和叶脉上出现较大的褐色斑点，发病后期病斑表皮破裂，叶细胞组织呈坏死状，散出褐色粉末（病原菌的孢子囊），茎上发病多在节的附近。

2. 防治措施

（1）农业措施 玉米收获后彻底清除病残体组织，并深翻土壤；施足底肥，适时追肥。一般应在玉米 4～5 叶期追施苗肥，追施尿素（或复合肥）10～15 千克/亩，发现病害，应立即追肥，注意氮、磷、钾肥搭配；选用抗病品种，实行 3 年以上轮作；施用充分腐熟的有机肥，适时追肥、中耕锄草，促进植株健壮生长，提高抗病力；栽植密度适当，提高田间通透性。

（2）药剂防治 在玉米 4～5 片叶期，每亩用 25% 的粉锈宁可湿性粉剂 1 500 倍液叶面喷雾，可预防玉米褐斑病的发生，及时防治。玉米初发病时立即用 5% 的粉锈宁 1 500 倍液喷洒茎叶。为了提高防治效果，可在药液中适当加些叶面宝、磷酸二氢钾、尿素等，结合追施速效肥料，既可控制病害的蔓延，又能促进玉米健壮，提高玉米抗病能力。应喷杀菌药剂 2～3 次，间隔 7 天，喷后 6 小时内如下雨应雨后补喷。

四、玉米弯孢霉菌叶斑病

玉米弯孢霉菌叶斑病又称黄斑病，近年来发生呈上升趋势，尤其以品种浚单 20

发生较普遍。如不注意防治，影响光合作用，降低玉米产量。

1. 症状识别

该病主要危害叶片，也可危害叶鞘和苞叶。典型病斑为圆形或椭圆形，中间枯白色或黄褐色，边缘暗褐色，四周有浅黄色晕圈。湿度大时，病部正反两面均可产生灰黑色霉层。

2. 防治措施

（1）农业防治　选用抗病品种并注意品种间的合理布局和轮换。加强栽培管理。玉米与豆类、蔬菜等作物轮作倒茬；适当早播；收获后及时处理病残体；施足基肥，合理追肥。

（2）药剂防治　发病初期可用 40% 福星乳油，或 50% 速克灵可湿性粉剂，或 12.5% 烯唑酮可湿性粉剂，或 25% 敌力脱乳油，或 80% 大生可湿性粉剂等兑水喷雾防治。隔 10 天左右喷 1 次，连续 2～3 次。

五、玉米丝黑穗病

玉米丝黑穗病又称乌米、哑玉米，是我国春玉米区重要病害。主要侵害玉米雌穗和雄穗，一旦发病，通常颗粒无收。该病的发生率即等于病害的损失率，危害相当严重。

1. 症状识别

多在出穗后显症，但有些自交系在苗期显症，在 4～5 叶上生 1～4 条黄白条纹；另一种植株茎秆下粗上细，叶色暗绿，叶片变硬、上挺如笋状；还有一些二者兼有或 6～7 叶显症。雄穗发病，有的整个花序被破坏变黑；有的花器变形增多，颖片增多、延长；有的部分花序被害，雄花变成黑粉。雌穗发病较健穗短，下部膨大、顶部较尖，整个果穗变成一团黑褐色粉末和很多散乱的黑色丝状物；有的增生，变成绿色枝状物；有的苞叶变狭小，簇生畸形，黑粉极少，分蘖增多。

2. 防治措施

（1）种子处理　在丝黑穗病重病区推广具有防病功效的种衣剂，主要是含有戊唑醇、烯唑醇、三唑酮等有效成分的种衣剂，但是以含戊唑醇的种衣剂防治效果最好、安全性最高。也可以采取拌种的方式，如玉米播前用 10% 烯唑醇乳油 20 克湿拌玉米种 100 千克，堆闷 24 小时。还可用种子重量 0.3%～0.4% 的三唑酮乳油拌种，或 40% 拌种双或 50% 多菌灵可湿性粉剂按种子重量 0.7% 拌种，或 12.5% 烯唑醇可湿性粉剂按种子重量的 0.2% 拌种。采用此法需先喷清水使种子湿润，然后与药粉拌匀后晾干即可播种。此外，还可用种子重量 0.7% 的 50% 萎锈灵可湿性粉剂或 50% 敌克松可湿性粉剂、0.2% 的 50% 福美双可湿性粉剂拌种。

（2）农业防治　积极推广对丝黑穗病具有良好抗性的品种，一些品种具有稳定的抗病性，即使在病害严重发生年份，这些品种的发病率一般也低于 10%，如中单 2 号、丹玉 13、豫玉 11 号、吉单 180 等。消灭初侵染源，清洁田间，拔除病株，处理病残组织，粪肥要充分腐熟。发病重的田块，在玉米开花期后，一旦发现病株，一定要割除并进行深埋，防止病菌扩散。即使不进行作物间的轮作，在选择玉米品种时，也要进行品种间的轮作。

六、玉米粗缩病

玉米粗缩病是由玉米粗缩病毒（MRDV）引起的一种玉米病毒病，由灰飞虱以持久性方式传播。玉米粗缩病是我国北方玉米生产区流行的重要病害。

1. 症状识别

玉米整个生育期都可感染发病，以苗期受害最重，5～6 片叶即可显症，病苗浓绿，叶片僵直，宽短而厚，心叶不能正常展开，病株生长迟缓，矮化叶片背部叶脉上产生蜡白色隆起条纹，用手触摸有明显的粗糙感，植株节间粗短，顶叶簇生状如君子兰。到 9～10 叶期，病株矮化现象更明显，上部节间短缩粗肿，顶部叶片簇生，病株高度不到健株一半，多数不能抽穗结实，个别雄穗虽能抽出，但分枝极少，没有花粉。果穗畸形，花丝极少，植株严重矮化，严重时不能结实。

2. 防治措施

在玉米粗缩病的防治上，要坚持以农业防治为主、化学防治为辅的综合防治方针，其核心是减少虫源、避开危害。

（1）加强监测预报 在玉米播种后，有重点地定期调查小麦、田间杂草和玉米上的灰飞虱发生密度，对玉米粗缩病发生趋势做出及时、准确的预测预报，指导防治。

（2）调整播期 在病害重发地区，应调整播期，使玉米对病害最为敏感的生育时期避开灰飞虱成虫盛发期，降低发病率。春播玉米应适当提早播种，一般在 4 月中旬以前，麦田套种玉米适当推迟，一般在麦收前 5 天，尽量缩短小麦、玉米共生期，做到适当晚播，夏播玉米则应在 6 月上旬播种为宜。

（3）清除杂草 路边、田间杂草是玉米粗缩病传毒介体灰飞虱的越冬越夏寄主。对麦田残存的杂草，可人工拔除，玉米播种后再喷除草剂，使玉米苗不与杂草共生，降低灰飞虱的活动空间，阻碍灰飞虱的传毒。

（4）加强田间管理 结合定苗，拔除田间病株，集中深埋或烧毁，减少粗缩病侵染源。合理施肥、浇水，促进玉米生长，缩短感病期，减少传毒机会，并增强玉米抗耐病能力。

（5）化学防治

① 药剂拌种。用内吸杀虫剂对玉米种子进行包衣或拌种，可以有效防治苗期灰

飞虱，减轻粗缩病的传播。一般采用种量 2％的种衣剂拌种，有利于培养壮苗，提高玉米抗病力。播种后选用芽前土壤处理剂，如 40％乙莠水胶悬剂、50％杜阿合剂等，每亩 550～575 毫升，兑水 30 千克进行土壤封密处理。

② 喷药杀虫。玉米苗期出现粗缩病时，要及时拔除病株，并根据灰飞虱虫情预测情况及时以 50 克/亩的剂量喷施 25％扑虱灵，在玉米 5 叶期左右，每隔 5 天喷一次，连喷 2～3 次，同时用 40％病毒 A 500 倍液或 5.5％植病灵 800 倍液喷洒防治病毒病。对于个别苗前应用土壤处理除草剂效果差的地块，可在玉米行间定向喷灭生性除草剂 20％克无踪，每亩 550 毫升，兑水 30 千克，注意不要喷到玉米植株上。克无踪具有速杀性，喷药后 52 小时杂草能全部枯死，可减少灰飞虱的活动空间。

七、玉米青枯病

玉米青枯病又称玉米茎基腐病或茎腐病，是世界性的玉米病害，但在我国近年来才有严重发生。1981 年河南省大发生，全省受害面积 100 万亩以上，严重地块发病率达 80％～90％，甚至绝收。

1. 症状识别

青枯病一旦发生，全株很快枯死，一般只需 5～8 天，快的只需 2～3 天。玉米青枯病主要发生在玉米乳熟期。发病初期，首先是根系发病，局部产生淡褐色水渍状病斑，逐渐扩展到整个根系，呈褐色腐烂状，最后根变空心，根毛稀少，植株易拔起；病株叶片自上而下出现青灰色干枯，似霜害；根系和茎基部呈现出水渍状腐烂。髓部维管束变色，茎基部中空并软化，致使整株倒伏。发病轻的也果穗下垂，粒重下降。青枯病发病的轻重与玉米的品种、生育期、种植密度、田间排灌、气候条件等有关。尤其是种植密度大，天气炎热，又遇大雨，田间有积水时发病重。最常见于雨后天晴，太阳暴晒时发生。

2. 防治措施

(1) 农业防治　种植抗病品种是一项最经济有效的防治措施，抗病品种如郑单958、农大 108 等。合理轮作，重病地块与大豆、红薯、花生等作物轮作，减少重茬。及时消除病残体，并集中烧毁。收获后深翻土壤，也可减少和控制侵染源。玉米生长后期结合中耕、培土，增强根系吸收能力和通透性，及时排出田间积水。增施肥料每亩施用优质农家肥 3 000～4 000 千克，纯氮 13～15 千克，硫酸钾 8～10 千克，加强营养以提高植株的抗病力。

(2) 种子处理　种衣剂包衣，因为种衣剂中含有杀菌成分及微量元素。

(3) 药剂防治　用 25％叶枯灵加 25％瑞毒霉粉剂 600 倍液，或用 58％瑞毒锰锌粉剂 600 倍液于喇叭口期喷雾预防。发现零星病株可用甲霜灵 400 倍液或多菌灵 500倍液灌根，每株灌药液 500 毫升。

第七节 玉米主要虫害识别与防治

一、地下害虫

地下害虫是指一生或一生中某个阶段生活在土壤中，危害植物地下部分、种子、幼苗或近土表主茎的杂食性昆虫。地下害虫种类很多，主要有蝼蛄、蛴螬、金针虫、地老虎、根蛆、根蝽、根蚜、拟地甲、蟋蟀、根蚧、根叶甲、根天牛、根象甲和白蚁等10多类，共约200余种，分属8目36科。在中国各地均有分布。发生种类因地而异，一般于旱作地区普遍发生，尤以蝼蛄、蛴螬、金针虫、地老虎和根蛆最为重。危害方式可分为3类：长期生活在土内危害植物的地下部分；昼伏夜出在近土面处危害；地上、地下均可危害。

1. 症状识别

作物等受害后轻者萎蔫、生长迟缓，重者干枯而死，造成缺苗断垄，以致减产。有的种类以幼虫危害，有的种类成虫、幼（若）虫均可危害。

其中，蛴螬为金龟子幼虫，也被称为成地蚕、土白蚕，咬食玉米根、茎，危害后植株萎蔫渐死，切口整齐，成虫危害籽粒，以甜玉米最重。

2. 防治措施

防治地下害虫要采取地上与地下防治相结合、幼虫和成虫防治相结合、播种期与生长期防治相结合的策略，因地制宜地综合运用农业防治、化学防治和其他必要的防治措施，达到保苗和保产的效果。在播种期可用农药进行种子处理，作物生长期可制毒土、毒水或颗粒剂进行防治。应用 *Bacillus popilliae* 和 *B. lentimorbus* 两种芽孢杆菌（乳状菌）制剂防治金龟子幼虫的方法已取得进展，此外还可用黑光灯诱杀金龟子、蝼蛄，以及用毒饵诱杀蝼蛄等。

二、玉米蓟马

蓟马主要危害玉米叶片，受害后玉米叶片在边缘上出现断续的银灰色小斑条，严重的会造成叶片干枯。蓟马主要在玉米心叶内危害，同时会释放出黏液，致使心叶不能展开，随着玉米的生长，玉米心叶形成“鞭状”，不及时采取措施会造成减产，甚至绝收。

1. 症状识别

玉米蓟马第一代若虫5月下旬至6月初危害，成虫6月中旬危害，玉米苗期危害心叶呈白色至黄色小斑点或微孔，重则叶焦黄、萎缩，常在卷叶中危害，危害重时心叶和生长点不再生成，新叶呈蚀心苗，大批死苗。

2. 防治措施

（1）农业防治 合理密植，适时浇灌，及时清除杂草，能有效减轻蓟马危害。

（2）药物防治　当蓟马危害严重时应及时喷施药剂进行防治，可使用10％吡虫啉可湿性粉剂2 000倍液，或22％毒死蜱·吡虫啉乳油2 500倍液，或20％氰戊菊酯乳油3 000倍液喷雾。

三、蚜虫

玉米蚜虫又称为玉米蜜虫、腻虫等，是危害禾本科植物的重要害虫。杂草较重发生的玉米田块，蚜虫偏重发生。

1. 症状识别

成蚜群、若蚜群集于玉米叶片背面、心叶、花丝和雄穗取食，能分泌"蜜露"并常在被害部位形成黑色霉状物，影响光合作用，叶片边缘发黄；发生在雄穗上会影响授粉并导致减产；被害严重的植株的果穗瘦小，籽粒不饱满，秃尖较长。此外，蚜虫还能传播玉米矮花叶病毒和红叶病毒，造成更大的产量损失。

2. 防治措施

（1）农业防治　清除田间地头杂草，减少早期虫源。

（2）化学防治　种子包衣或拌种。用70％噻虫嗪种衣剂包衣，或用10％吡虫啉可湿性粉剂拌种，对苗期蚜虫防治效果较好。玉米心叶期使用颗粒剂，在蚜虫盛发前，每亩用3％辛硫磷颗粒剂1.5～2千克撒于心叶内，或15％毒死蜱颗粒剂300～500克/亩，按1∶（30～40）比例拌细沙土均匀撒于心叶内，兼治玉米螟。苗期和抽雄初期是防治玉米蚜虫的关键时期，若发现蚜虫较多时选用10％吡虫啉可湿性粉剂1 000倍液、10％高效氯氰菊酯乳油2 000倍液、2.5％三氟氯氰菊酯2 500倍液或50％抗蚜威可湿性粉剂2 000倍液、25％噻虫嗪水分散剂6 000倍液等喷雾。

四、黏虫

鳞翅目，夜蛾科。俗名五彩虫、麦蚕等。除新疆未见报道外，遍布全国各地。寄主麦、稻、粟、玉米等禾谷类粮食作物及棉花、豆类、蔬菜等16科104种以上植物。因其群聚性、迁飞性、杂食性、暴食性，成为全国性重要农业害虫。

1. 症状识别

黏虫危害主要为幼虫咬食叶片。1～2龄幼虫取食叶片造成孔洞，3龄以上幼虫危害叶片后呈现不规则的缺刻，暴食时，可吃光叶片。大发生时将玉米叶片吃光，只剩叶脉，造成严重减产，甚至绝收。当一块田的玉米被吃光后，幼虫常成群列纵队迁到另一块田危害，故又名"行军虫"。一般地势低、玉米植株高矮不齐、杂草丛生的田块发生危害重。

2. 防治措施

（1）诱杀成虫　利用成虫多在禾谷类作物叶上产卵习性，在麦田插谷草把或稻草把，每亩60～100个，每5天更换新草把，把换下的草把集中烧毁。此外，也可用糖醋盆、黑光灯等诱杀成虫，压低虫口。

（2）在幼虫3龄前及时喷药 防治药剂有90％晶体敌百虫或50％马拉硫磷乳油1 000～1 500倍液、40％乐果乳油1 500倍液、20％除虫脲胶悬剂10毫升、丁硫克百威、辛硫磷、双甲脒等。

五、玉米螟

玉米螟是玉米上的主要虫害。我国各地春播、夏播、秋播玉米都不同程度受害，尤以夏播玉米受害最重。玉米螟可危害玉米植株地上的各个部位，使受害部分丧失功能，降低籽粒产量。

1. 症状识别

幼虫孵出后聚集在一起，然后在植株幼嫩部分爬行危害。初孵幼虫吐丝下垂，借风力飘迁至邻株，形成转株危害。幼虫多为五龄，三龄前主要集中在幼嫩心叶、雄穗、苞叶和花丝上活动取食，被害心叶展开后，即呈现许多横排小孔；四龄以后，大部分钻入茎秆。叶片被幼虫咬食后，光合效率降低；雄穗被蛀，常易折断，影响授粉；苞叶、花丝被蛀食，会造成缺粒和秕粒；茎秆、穗柄、穗轴被蛀食后，形成隧道，破坏植株内水分、养分的输送，使茎秆倒折率增加，籽粒产量下降。

2. 防治措施

（1）越冬期防治 于冬季或早春虫蛹羽化之前处理玉米秸秆、穗轴、根茬，杀灭越冬幼虫，减少虫源。

（2）抽雄前（一般在喇叭口期）防治 于玉米心叶初见排孔、幼龄幼虫群集心叶而未蛀入茎秆之前，采用1.5％的锌硫磷颗粒剂或呋喃丹颗粒剂，直接丢放于喇叭口内，防效显著。

（3）穗期防治 可用3％的呋喃丹颗粒剂或1％的1605乳剂颗粒剂兑水10千克，稀释后用25千克煤渣或细沙配制好后投入心叶防治，每亩喷药2千克为宜。

（4）生物防治

人工摘除玉米螟卵块和田间释放天敌赤眼蜂，也可减轻危害。

第八节 草地贪夜蛾的发生特点及防控方法

草地贪夜蛾又称秋黏虫，原分布于美洲热带和亚热带地区，是联合国粮食及农业组织全球预警的重大迁飞性害虫，2019年首次入侵我国。该虫具有迁飞能力强、适生区域广、繁殖倍数高、暴食危害重等生物学特性，因此，防控难度很大。草地贪夜蛾寄主范围广，杂食，取食玉米、甘蔗等80余种植物，在北方主要危害玉米。玉米苗期受害一般可减产 10％～25％，严重危害田块可造成绝收，对我国农业生产造成严重影响。

一、形态特征

1. 成虫

翅展宽度 32～40 毫米，其中前翅为棕灰色，后翅为白色。该种有一定程度的两性异形，雄虫前翅通常呈灰色和棕色阴影，前翅有较多花纹与一个明显的白点。雌虫的前翅没有明显的标记，从均匀的灰褐色到灰色和棕色的细微斑点；后翅具有彩虹的银白色。草地夜蛾后翅翅脉棕色并透明，雄虫前翅浅色圆形，翅痣呈明显的灰色尾状突起；雄虫外生殖器抱握瓣为正方形，抱握器末端缘刻缺。雌虫交配囊无交配片。

2. 幼虫

分 6 个龄期，个别有 5 个，体色和体长随龄期而变化。初孵时全身绿色，具黑线和斑点，头呈黑色或橙色；生长时，或继续保持绿色，或变为浅黄色，并有黑色背中线和气门线。老熟幼虫多呈棕色，也有呈黑色或绿色的个体，体长 35～50 毫米，头部呈黑色、棕色或者橙色；体表有许多纵行条纹，背中线黄色，背中线两侧各有一条黄色纵条纹，条纹外侧依次是黑色、黄色纵条纹；头部具黄白色倒 "Y" 形斑，黑色背毛片着生原生刚毛（每节背中线两侧有 2 根刚毛），腹部末节有呈正方形排列的 4 个黑斑。

3. 卵

呈圆顶状半球形，直径约为 4 毫米，高约 3 毫米，卵块聚产在叶片表面，每卵块含卵 100～300 粒。卵块表面有雌虫腹部灰色绒毛状的分泌物覆盖形成的带状保护层。刚产下的卵呈绿灰色，12 小时后转为棕色，孵化前则接近黑色，环境适宜时 4 天后即可孵化。雌虫通常在叶片的下表面产卵，种群密度大时则会产卵于植物的任何部位。在夏季，卵阶段的持续时间仅为 2～3 天。

4. 蛹

呈椭圆形，红棕色，长 14～18 毫米，宽 4.5 毫米。老熟幼虫落到地上借用浅层（通常深度为 2～8 厘米）的土壤做一个蛹室，形成土沙粒包裹的茧；亦可在危害寄主植物（如玉米雌穗）上化蛹。

二、危害特点

幼虫取食叶片可造成落叶，其后转移危害。有时大量幼虫以切根方式危害，切断种苗和幼小植株的茎；幼虫可钻入孕穗植物的穗中，取食番茄等植物的花蕾和生长点，并钻入果实中危害。在玉米上，1～3 龄幼虫通常在夜间出来危害，多隐藏在叶片背面取食，取食后形成半透明薄膜 "窗孔"。4～6 龄幼虫取食叶片后形成不规则的长形孔洞，严重时可造成玉米生长点死亡，影响叶片和果穗的正常生长发育，此外还蛀食玉米雄穗和果穗。低龄幼虫会吐丝，借助风扩散转移到周边的植株上继续危害。种群数量大时，幼虫如行军状，成群扩散。环境有利时，常留在杂草中。

三、草地贪夜蛾的监测与防控

该虫尽管危害较大，但总体可防可控。各地要加强监测预警，掌握准确情况，通过培训班、发放宣传资料、广播、电视、现场讲解等多种形式开展草地贪夜蛾发生危害特点及防控技术宣传，让农户和防治组织了解掌握草地贪夜蛾的识别要点和防控技术，一旦发现，积极争取当地政府及有关部门支持，及时大力推行统防统治和群防群治，进行科学防控。早发现、早预警、早防控，确保草地贪夜蛾不暴发、不成灾，实施"虫口夺粮"，切实把损失降到最低限度，确保粮食生产安全。

1. 监测

按照草地贪夜蛾迁飞规律和危害特点，增设测报网点，加密布设高空测报灯、性诱捕器等监测设备。高度重视草地贪夜蛾防控工作，实现每个村一套性诱捕器、一台频振杀虫灯，玉米主产区重点乡镇配备一台高空测报灯，开展系统监测，准确掌握草地贪夜蛾成虫迁飞和发生消长动态。

每个乡镇安排一名虫情监测联络员，每个村安排一名虫情监测员，全面加强田间调查。以玉米为重点，兼顾高粱等寄主植物，组织市县技术人员，在草地贪夜蛾发生期，定点定人定田，每3天开展一次系统观测，重点掌握成虫高峰、产卵数量、幼虫密度、被害株率。分区域、分时段落实监测防控任务，及时发布虫情预报，实施分时联控，重点保护玉米生产，降低危害损失率。

2. 防控措施

根据草地贪夜蛾的发生发展规律，结合预测预报，因地制宜采取理化诱控、生物生态控制、应急化学防治等综合措施，强化统防统治和联防联控，及时控制害虫扩散危害。

（1）理化诱控 在成虫发生高峰期，采取高空诱虫灯、性诱捕器以及食物诱杀等理化诱控措施，诱杀成虫、干扰交配，减少田间落卵量，压低发生基数，减少危害损失。

（2）生物防治 采用白僵菌、绿僵菌、核型多角体病毒（NPV）、苏云金杆菌等生物制剂早期预防幼虫，充分保护利用夜蛾黑小蜂、赤眼蜂、蠋蝽等天敌，因地制宜采取结构调整等生态调控措施，减轻发生程度，减少化学农药使用，促进可持续治理。

（3）化学防治

抓住低龄幼虫防控最佳时期，施药时间最好选择在清晨和傍晚，注意喷洒在玉米心叶、雌穗、雄穗等部位。玉米田虫口密度达 10 头/百株时，应及时防治。推广应用乙基多杀菌素、茚虫威、甲维盐、虱螨脲、虫螨腈、氯虫苯甲酰胺等高效低风险农药，注重农药的交替使用、轮换使用、安全使用，延缓抗药性产生，提高防控效果。

现将农办农〔2019〕13 号文件发布的草地贪夜蛾应急防治用药推荐名单优化调整如下，本推荐名单有效时间截至 2021 年 12 月 31 日。

单剂 8 种：甲氨基阿维菌素苯甲酸盐、茚虫威、四氯虫酰胺、氯虫苯甲酰胺、虱螨脲、虫螨腈、乙基多杀菌素、氟苯虫酰胺。

生物制剂 6 种：甘蓝夜蛾核型多角体病毒、苏云金杆菌、金龟子绿僵菌、球孢白僵菌、短稳杆菌、草地贪夜蛾性引诱剂。

复配制剂 14 种：甲氨基阿维菌素苯甲酸盐·茚虫威、甲氨基阿维菌素苯甲酸盐·氟铃脲、甲氨基阿维菌素苯甲酸盐·高效氯氟氰菊酯、甲氨基阿维菌素苯甲酸盐·虫螨腈、甲氨基阿维菌素苯甲酸盐·虱螨脲、甲氨基阿维菌素苯甲酸盐·虫酰肼、氯虫苯甲酰胺·高效氯氟氰菊酯、除虫脲·高效氯氟氰菊酯、氟铃脲·茚虫威、甲氨基阿维菌素苯甲酸盐·甲氧虫酰肼、氯虫苯甲酰胺·阿维菌素、甲氨基阿维菌素苯甲酸盐·杀铃脲、氟苯虫酰胺·甲氨基阿维菌素苯甲酸盐、甲氧虫酰肼·茚虫威。

第五章
农机农艺融合与保护性耕作技术

第一节 河南省保护性耕作机具与技术规范

一、保护性耕作定义

保护性耕作是相对于传统翻耕的一种新型耕作技术，指上季作物收获后，通过少耕、免耕、地表微地形改造技术及地表覆盖、合理种植等综合配套措施，从而减少农田土壤侵蚀，保护农田生态环境，并获得生态效益、经济效益及社会效益协调发展的可持续农业技术。其核心技术包括少耕、免耕、缓坡地等高耕作、沟垄耕作、残茬覆盖耕作、秸秆覆盖等农田土壤表面耕作技术及其配套的专用机具等，配套技术包括绿色覆盖种植、作物轮作、带状种植、多作种植、合理密植、沙化草地恢复以及农田防护林建设等。

小麦、玉米两茬连作保护性耕作技术是指在小麦、玉米生产过程中，对农田实行免耕、少耕，尽可能减少土壤耕作，用作物秸秆、残茬覆盖地表，并配套实施病虫草害防治和机械深松技术的一项先进农业耕作技术。

二、保护性耕作的作用

① 改善土壤结构，提高土壤肥力。
② 促进粮食持续稳产、增产。
③ 增强土壤抗侵蚀能力，减少土壤风蚀、水蚀。
④ 增加土壤蓄水、保水能力，提高水分利用率，增强土壤抗旱能力。
⑤ 减少作业环节，降低生产成本，提高农业生产经济效益。

三、河南省保护性耕作类型

河南省保护性耕作属于黄淮海小麦-玉米两茬连作类型区。主要有两大技术模式。

1. 技术模式一

玉米联合收获机收获玉米→机械粉碎秸秆还田→免耕覆盖播种机施肥播种小麦→

机械喷施除草剂→机械追肥→机械植保（病虫草防治）→联合收获机收获小麦→酌情机械深松→免耕覆盖播种机播种玉米→机械喷施除草剂→机械追肥→机械植保（病虫草防治）→玉米联合收获机收获玉米（或人工摘穗）。

2. 技术模式二

玉米人工摘穗→直立玉米秸秆地免耕覆盖播种机施肥播种小麦→机械喷施除草剂→机械追肥→机械植保（病虫草防治）→联合收获机收获小麦→酌情机械深松→免耕覆盖播种机播种玉米→机械喷施除草剂→机械追肥→机械植保（病虫草防治）→玉米人工摘穗。

四、河南保护性耕作机具

1. 小麦免耕覆盖播种机械

免耕覆盖播种机、免耕施肥播种机见图 3-4。

图 3-4　免耕覆盖播种机、免耕施肥播种机

西安亚澳生产的 2BMMG-220 型免耕播种机见图 3-5。

图 3-5　西安亚澳生产的 2BMMG-220 型免耕播种机

山东奥龙生产的免耕施肥播种机见图3-6。

图 3-6　山东奥龙生产的免耕施肥播种机

洛阳鑫乐生产的全还田防缠绕免耕施肥播种机见图3-7。

图 3-7　洛阳鑫乐生产的全还田防缠绕免耕施肥播种机

2. 玉米免耕播种机械

播种机见图3-8。

图 3-8　播种机

3. 深松机械

深松机械见图 3-9。

图 3-9　深松机械

4. 秸秆粉碎还田机械

秸秆粉碎还田机械见图 3-10。

图 3-10　秸秆粉碎还田机械

5. 植保机械

高压牵引式喷雾机见图 3-11。

图 3-11　高压牵引式喷雾机

悬挂式喷杆喷雾机见图 3-12。

图 3-12 悬挂式喷杆喷雾机

第二节 夏大豆麦茬免耕机械化生产技术

在我国黄淮海地区，小麦机械收获后，在地里留下了大量的麦茬麦秸，严重地影响到大豆等的顺利播种出苗，因此导致焚烧秸秆现象一直比较严重，屡禁不止。免耕覆秸精量播种机械及配套技术，通过秸秆覆盖的方式实现小麦秸秆全还田。

一、控制前茬小麦留茬高度

黄淮海地区是大豆主产区，同时也是冬小麦主产区。麦后复种，麦秸量大，麦茬高，麦秸长，原茬播种拥堵严重，小麦机械化收割如果留茬过高，会造成夏大豆播种困难、缺苗断垄、"疙瘩苗"现象严重。一般来说，夏大豆播种要求麦茬留茬高度不宜超过 10 厘米，以 6～8 厘米最佳；如果小麦密度很大，则留茬高度要更短，必要时需要先灭茬，将秸秆移出大田。

二、科学选种

适合夏大豆栽培的大豆品种，要求具有分枝能力强、结荚性优良、适宜稀植、抗倒伏、抗炸荚、落黄好、底荚高度合适、丰产稳产等特点。因地制宜地选择综合性状优良的大豆品种，对提高大豆产量和品质具有重要意义。

三、科学播种

1. 适期早播，适墒播种

夏大豆播种时要造墒、适期播种。如果土壤墒情太差，则容易出现播种后出苗不均匀等问题；如果墒情过足，则机械化播种时容易黏住轮子，影响播种效率，且会提高平整土地的难度。播种时要保证土壤疏松、易平整、机械不黏泥土等，播种结束后及时覆土，以防止土壤跑墒，创造适合大豆出苗的土壤墒情。

2. 播前拌种

为了有效固定土壤中游离的氮素，提高对养分的利用效率，可用根瘤菌拌种，此法对土壤环境的改善也有着明显的作用；通过高巧拌种剂等农药进行拌种，可以提高种子抗病虫能力。

3. 精量播种

一播全苗是实现夏大豆高产的关键环节之一。目前，多选择防缠绕免耕起垄播种机，每亩播种量 4～5 千克，播种株行距为（16～20）厘米×40 厘米，每亩密度为1.2万～1.6万株。

四、田间管理

1. 适时中耕

出苗后适时中耕，及时将长势弱、发生病虫害的豆苗铲除，可以控制田间密度，确保幼苗长势健壮、均匀，打下丰产基础；另外，在中耕除草的同时，可以提高土壤耕层的疏松度，使土壤的保温保墒能力更佳，为大豆植株的生长提供良好的条件。一般大豆齐苗后展开第 1 片复叶时进行中耕，可以使大豆产量增加 5％以上，如果大豆分枝时期再适当增加 1 次浅中耕，增产幅度可达 10％。

2. 肥水管理

土壤有机质含量较低，土壤肥力偏低的地块，在高产管理要求下基肥应适当增施有机肥及磷、钾肥，少施氮肥。在未施足基肥的情况下，大豆花期前后如未封垄，每亩可追施平衡性复合肥 15～25 千克，而在施用了基肥或种肥的情况下可以不再追肥，以免加剧旺长。

大豆生长中、后期要科学调控肥水，促花保荚防早衰。花荚期降雨集中且时间较长时，应及时开沟排涝防渍，遇高温干旱应及时浇水，增加土壤持水量，减少落花落荚概率，叶面喷施硼、锌等微量元素，促进开花结荚，增加单株粒数和百粒重。另外，大豆生长中、后期可喷施芸苔素内酯加磷酸二氢钾等叶面肥，防止植株早衰，增加粒重。

3. 防治病虫草害

坚持"预防为主，综合防治"。以生物、物理、生态等有效防治措施作为主要防治手段，科学合理地使用生物农药和化学农药作为辅助手段。

如果田间容易发生蛴螬，播种前可将药剂与细土拌和均匀后撒施于土壤中，使用0.5％毒死蜱微胶囊复合毒肥。加强大豆生长中、后期病虫草害防控，重点防控大豆根腐、霜霉、斑疹、紫斑等病害，特别是对前期受涝渍害的植株，可选用甲霜灵、甲霜灵锰锌或多菌灵等药剂喷洒植株的主茎基部，每 7 天喷一次，连续喷 2～3 次，可预防根腐病发生。大豆虫害主要有食心虫、大豆造桥虫、豆荚螟、棉铃虫、甜菜夜蛾、斜纹夜蛾、等鳞翅目害虫，重点防治大豆食心虫、豆荚螟等钻蛀豆荚类害虫，药剂可选用氯虫苯甲酰胺、阿维菌素、辛硫磷、除尽、毒死蜱等安全药剂。及时拔除田间杂草。大豆早期、中期、晚期均有杂草，封闭除草宜采用相对效果好的除草剂，如阔草清、速收、嗪草酮等；苗后除草采用咪草烟、烯草酮等，防治杂草应尽可能将用药时期提早到杂草敏感期前，提高防治效果。

五、适期收获

大豆完熟期，叶片全部脱落，茎秆草枯，籽粒变圆，呈现本品种色泽且含水量低于 18％时，及时进行机械收获。收割机应配备大豆收获专用割台，或降低小麦水稻等收割机割台的高度，割茬一般为 8～10 厘米、损失率应小于 3％。收获大豆时以不漏荚为原则，为防止炸荚损失，可调节拨禾轮的转速和高度、并对拨禾轮的轮板加帆布或胶皮等缓冲物，以减小拨禾轮对豆荚的冲击。应正确选择和调整脱粒滚筒的转速与间隙，以降低大豆籽粒的破损率。另外，机械收割大豆时应避开露水，防止籽粒黏附于泥土，影响外观品质；应避开中午高温时间，防止出现碾压炸荚现象。

第三节 玉米免耕精量播种作业技术

玉米免耕精量播种作业技术是一个在播种环节集合了土地深松、多层科学施肥、玉米免耕、精量播种、优良种子合理利用、科学密植、播后镇压等的联合作业技术，是一种将多项农机农艺相结合的技术。

一、玉米免耕精量播种作业技术主要优点

1. 免耕播种有利于保护环境

玉米播种前耕地进行深松作业，能有效接纳天然降水，对改善农业生态环境有很大作用。

2. 精量播种省工增产

精量播种不用间苗，且苗全、苗壮，省工省时，成本低、产量高，玉米可增产 100 千克/亩。

3. 深松打破犁底层，增加土壤透气性和储水能力

深松、播种一次性完成，有效降低了耕作成本。全层施肥是将肥料施于玉米根系

主要生长聚集区域，使玉米根系吸收养分更便利，可实现玉米不同生长时期的肥料供应，浅层养分供应苗期，深层养分供应中后期；实现全根层吸收，养分吸收效果好，利于玉米健壮生长。

4. 全层施肥利于玉米根系下扎，提高玉米抗倒、增强抗旱能力

全层施肥，一次性满足玉米全生长期需要的肥料，并全层施入地表下 10～25 厘米的土壤中，不需二次追肥，保证玉米整个生育期的营养，提高肥料利用效率。减少后期作业次数，降低玉米后期追肥作业成本。全层施肥能减少肥料在雨水或浇水中的流失，降低肥料对环境的污染，减少资源浪费。

二、玉米免耕精量播种作业技术要求

1. 作业前要做好种子的准备工作

种子必须选用通过国审或省审、适宜本地种植的优质品种，大小均匀一致，发芽率 95％以上，纯度、净度分别达 96％和 99％，以适应单粒播种的要求。种子要经过包衣或拌种处理。

2. 作业前要做好肥料的准备工作

测土配方施肥效果最佳。所施肥料必须是缓释肥、控释肥，玉米专用缓释复合肥较好，普通复合肥效果一般。

3. 作业前的配套动力要求

因土地要进行深松，土壤壤质为沙壤、轻壤、中壤、重壤和轻黏土的，拖拉机功率一般选择 90 马力左右；土壤壤质为重黏土和砂姜黑土的，可选择较大功率的拖拉机进行作业。机械以四轮驱动型为最好，以保证机组能够正常作业，机械地轮不打滑、机组不翘头。

4. 作业地块的要求

麦收时要求预留麦茬高度≤15 厘米、麦秸粉碎长度＜10 厘米，且均匀抛撒在地表面。一般农田均可以进行作业，应尽量创造适宜条件，使作业阻力小、播种性能好。

5. 农机手的要求

作业时要选择操作娴熟、技术性较强、能熟练掌握玉米全层深松精量播种机械的安装调试、排肥性能、播种性能、故障排除的农机手进行作业。

6. 作业前机械安装和调整

（1）株距、行距的调整　按照所播玉米品种的特征特性、种植密度、株距和行距的要求，合理调整玉米播种机械的株距和行距。

（2）深度的调整　根据机械特性，调整深松及施肥深度，保证既能达到土壤深松的目的，又能达到分层施肥的效果。

（3）施肥量的调整 根据玉米全生育期肥料需求，结合机械排肥性能，调整肥料用量，保证玉米全生育期肥料需求。

7. 作业时的农艺要求

深松深度要在 25 厘米以上，深松作业后地面应比较平整，无明显土块堆积与秸秆堆积。深松行距与播种行距一般采用同一数值，均为 60 厘米，以便玉米收获机械作业。深松行与播种行之间采用的是对行播种，即在深松行上或旁边播种，播种深度一般为 3～5 厘米。

种肥深度方面，首层施肥应在种子下方或侧下方 5 厘米以上，即深松沟内 10 厘米左右，其他肥料分成多层施在深松沟内 10～25 厘米。种肥间距最好左右错开 5 厘米为宜，以减少肥料烧苗。施肥量一般掌握在 50～60 千克/亩。

播种后如果墒情不好，看天气预报近期内又无有效降水，要立即浇蒙头水，根据旱情大小，合理把握浇水量。

玉米出苗前，未进行封闭除草的要立即进行化学封闭除草。玉米出苗后，没有封闭除草的要适时进行苗后除草，并按照玉米生产农艺要求适时进行病虫害防治、化控等田间管理。

第四节 小麦-玉米周年覆盖简耕保护性耕作技术

小麦-玉米周年覆盖简耕保护性技术是在豫中南雨养农业区研究、集成的节能减排、高产高效栽培技术。利用专用农机于两季作物收获后秸秆粉碎还田，小麦播种时采用免耕播种机播种，实现整地、播种、施肥、覆土和镇压一次性作业，玉米播种时采用贴茬免耕播种。

豫中南雨养农业区指的是主要依靠天然降水为水源的农业生产区域，正常降水条件下无灌溉，地理位置为北纬 32°～北纬 34°，年降水量≥750 毫米，包括驻马店市、南阳市、漯河市、平顶山市和周口市南部的部分县（市）。其主要技术如下：

一、秸秆覆盖

1. 小麦秸秆覆盖

小麦收获时随联合收割机携带粉碎装置直接将小麦秸秆粉碎并均匀覆盖于地表，玉米免耕播种（贴茬），秸秆长度≤5 厘米。

2. 玉米秸秆覆盖

玉米收获时随联合收割机携带粉碎装置直接将玉米秸秆粉碎，或收获后后趁青用秸秆粉碎机将玉米秸秆全量粉碎并覆盖于地表，要求秸秆细碎、覆盖均匀，秸秆长度≤5 厘米，等到适播期时用免耕播种机进行免耕播种。

二、耕作方式

采取轮耕制。小麦播种采用免耕播种，每两年或三年小麦播种前采取翻耕（深度 25～30 厘米）或深松（深度 30～40 厘米）方式整地后进行播种。

三、播种

1. 播种方式

小麦选用免耕播种机，一次性完成破茬、开沟、施肥、播种、覆土和镇压作业。采用宽窄行或宽幅方式播种，宽窄行配置为宽行 24～28 厘米、窄行 12 厘米；宽幅播种配置为行距 28 厘米，播幅 12 厘米。

玉米选用贴茬免耕播种机，一次性完成破茬、开沟、播种、施肥、覆土、轧实作业。采用宽窄行或等行距种植，行距配置要与当前玉米收获机机型要求相配套，一般宽窄行配置为宽行 70～80 厘米，窄行 40～50 厘米；等行距种植的行距为 60 厘米。株距以保证亩成株数而定。

2. 播种深度

小麦播种深度 3～5 厘米。玉米播种深度 4～6 厘米。

3. 播种期

冬小麦适播期半冬性品种为 10 月 10～20 日，弱春性品种为 10 月 18～25 日。夏玉米要在麦收后抢时播种，以 6 月 10 日之前播种结束为宜。

4. 播种量

冬小麦亩适宜播种量为 10～12.5 千克，根据播种前（地表情况）土壤墒情和播期，适当增减，以保证基本苗数量。夏玉米适宜亩播种量 2～3 千克，根据品种特性、土壤肥力及气候特点酌情增减。

四、品种选择与种子处理

选用已通过国家或河南省农作物品种审定委员会审定的适宜该区域种植的小麦和玉米品种，种子质量符合国家标准 GB 4404.1—2008 的规定。小麦宜选用分蘖力强、成穗率高、抗病性强、丰产性好、适应性广的品种。玉米宜选用抗旱性较好的高产、稳产、耐密型品种。

播前要精选种子，去除病粒、霉粒、烂粒等，并选晴天晒种一天或两天。小麦、玉米播种前均应选用符合 GB 4285—1989 和 GB/T 8321.6—2000 的规定，含有安全高效的杀菌剂、杀虫剂的种衣剂在 GB/T 15671—2009 规定条件下进行包衣。根据区域病虫害发生特点和规律，重点针对纹枯病、条锈病、根腐病和地下害虫选择对应的种衣剂和拌种剂，按照推荐剂量进行种子包衣或拌种。

五、施肥与灌水

1. 施肥方式

采用冬小麦-夏玉米周年统筹施肥模式，按照 NY/T 496—2010 规定根据产量目标测土配方施肥。小麦季底肥与追肥比例为 6∶4，用磷、钾肥和部分氮素化肥或小麦专用肥作底肥，免耕播种时底肥随播种一次性进行，翻耕时先撒入或机施后翻耕；追肥在小麦拔节中期（第二节间开始伸长时）进行。玉米季用磷肥和部分氮素化肥或玉米专用肥做种肥，随播种进行，肥种水平距离间隔 10～15 厘米。大喇叭口期（第 12 展叶）追施余下的氮素化肥。提倡使用符合 GB/T 29401—2012 规定的氮肥缓控释肥料，生育期间可不再追肥。

2. 施肥量

施肥量折合纯养分含量为：小麦 400 千克/亩左右田块亩施纯氮（N）10～12 千克，磷肥（P_2O_5）5～7 千克，钾肥（K_2O）4～6 千克；500 千克/亩以上高产田块亩施纯氮（N）12～16 千克，磷肥（P_2O_5）8～10 千克，钾肥（K_2O）5～8 千克。玉米 400 千克/亩左右田块亩施纯氮（N）8～10 千克，磷肥（P_2O_5）1～2 千克；500 千克/亩以上高产田块亩施纯氮（N）10～12 千克，磷肥（P_2O_5）2～3 千克。

3. 补充灌水

正常降雨年份可不灌水，如果小麦返青拔节期、玉米播种期或大喇叭期遇到耕层（0～20 厘米）土壤相对含水量≤50%时，按照 GB 5084—2005 规定补充灌水，一次即可。

六、病虫草害防治

1. 化学除草

按照 GB 4285—1989、GB/T 8321.6—2006 的规定，适时进行田间杂草防除。小麦田在返青期根据麦田杂草情况进行杂草防治。玉米出苗后 3 叶至 5 叶时，用喷雾方式防除田间杂草。

2. 病虫害防治

按照 GB 4285—1989、GB/T 8321.6—2006 的规定，适时对小麦玉米苗期和中后期病虫害进行防治。小麦返青拔节期注意及时防治纹枯病、红蜘蛛等病虫害；抽穗扬花期重点防治赤霉病、吸浆虫等病虫害；灌浆期时综合用药防治白粉病、锈病、叶枯病、蚜虫、黏虫等病虫害。玉米田苗期防治黏虫、蓟马、二点委夜蛾、灰飞虱的危害；中期防治叶斑类病害和钻蛀类虫害的发生和危害；灌浆期防治田间红蜘蛛、锈病和纹枯病。

七、适时收获

小麦在完熟期适时机械收获。若收获期有降雨，应适时抢收，防止穗发芽；天晴时及时晾晒，防止籽粒霉变。玉米在籽粒乳线消失时收获，机械化收获可适当推迟。

第四部分

稻田绿色种养模式与关键技术

第一章
稻田综合种养技术与模式

第一节 稻田综合种养发展概述

稻田综合种养是在水田里既种水稻又养水产品的一种生产方式，这种生产方式将种植业和养殖业巧妙地结合在同一生态环境中，充分利用稻、水产品之间的共生关系，使原来稻田生态系统中的物质循环和能量转换向更有利的方向发展。稻田综合种养以"以渔促稻、稳粮增效"为指导原则，以生产出优质安全的水产品为主导，以标准化生产、规模化开发、产业化经营和品牌化创建为特征，能在水稻不减产的情况下，大幅度提高稻田效益，并减少农药和化肥的使用量，是一种具有稳粮、促渔、增收、提质、环境友好、发展可持续等多种生态系统功能的现代循环生态农业模式。

稻田综合种养并不是现在才有的新鲜事物，这种养殖模式在我国早已有之，只是到了目前才将它发扬光大，并在全国进行大力推广应用。

一、我国古代的稻田养鱼发展历程

我国是世界上渔业发达的国家之一，也是世界上农业生产最发达的古代文明国家之一，还是世界上利稻利鱼的稻田养殖最发达、最早的国家之一。根据考古文物和历史资料表明，早在1 700多年前的东汉（公元25～220年）中国陕西省的汉中市、四川省的峨眉县一带已开展稻田养鱼，田中饲养的品种主要为鲤、鲫、草、鲢，在稻田进出水口已开始安装有捉鱼的竹篓或提升式平板闸门，说明中国当时已具备稻田养鱼雏形。三国时代，出现了中国最早记载有稻田养鱼的历史文献《魏武四时食制》，其中云"郫县子鱼黄鳞赤尾，出稻田，可以为酱"。"魏武"即曹操，"郫县"即现今的四川成都西北的郫县（现成都市郫都区），"子鱼"指小鱼，"黄鳞赤尾"指鲤鱼。这说明在三国时期四川郫县一带已开始稻田饲养鲤鱼。唐朝是我国古代稻田养鱼最发达的时期，根据刘恂所著《岭表录异》（成书于公元890～904年）的记载，"新泷等州，山田栋荒，平处以锄锹开为町畽，伺春雨，丘中贮水，即先买鲩子散于水田中，一二年后，鱼儿长大，食草根并尽，既为熟田，又收渔利，乃种稻且无稗草"，说明广东地区在 1 000 多年前已开始实行科学的稻鱼轮作，利用草鱼锄草，从而使稻谷增产。从此以后经过了宋、元、明、清直到民国，稻田养鱼只有数量的变化、品种上的增加而已。

二、中华人民共和国成立后的稻田养鱼发展历程

我国是世界上稻田养鱼面积最大的国家，但是其分布并不均衡。中华人民共和国成立前，主要集中在西南、中南和东南各省的丘陵山区，面积较小。中华人民共和国成立后，中国传统的稻田养鱼区迅速恢复和发展，稻田养鱼逐渐从南方发展到北方，从山区发展到平原，东北的辽宁、吉林、黑龙江及西北的新疆、宁夏等省份都不同程度地发展了稻田养鱼生产。1954 年第四届全国水产工作会议正式提出"发展全国稻田养鱼"的号召。1959 年全国稻田养鱼面积超过 66 万公顷；20 世纪 60 年代初到 70 年代中期，有毒农药的大量应用及其他人为的因素，使稻田养鱼受到很大影响，进入了停滞和下降阶段。70 年代后期，由于稻种的改良以及低毒高效农药的出现，稻田养鱼又进入一个新阶段。80 年代开始，由于农村广泛实行了责任制，以及随着淡水养鱼生产的迅速发展，鱼种的需要量越来越大，这就产生了稻田培养鱼种的客观需要。1983 年 8 月，农牧渔业部在四川温江县召开了第一次全国稻田养鱼经验交流会，会后，各省份都分别召开会议，普遍号召全国推广稻田养鱼。1983 年，全国经济学科规划小组下达了国家"六五"重点研究课题"中国水产资源开发利用的经济问题"，其中包括"稻田养鱼有关经济问题的研究"子课题，该项目深入地研究了稻田养鱼的经济效益。1985 年该项目通过专家鉴定，1988 年获农业部科技进步二等奖。1985 年农牧渔业部又下达了重点项目"稻田养殖成鱼和培育苗种的研究"，由部水产局主持，承担的单位为四川、湖南、江西、福建、广西、江苏、浙江等省的水产局，该项目 1987 年全部达到要求并通过专家鉴定，从而使这一地区稻田养鱼发展进入了一个新的阶段。

20 世纪 80 年代开始，中国稻田养鱼作业方法又有不少新的进展，典型的方法有以下几种：

1. 稻-萍-鱼共生体系

它的主要形式是田里种稻，水面养萍，水中养鱼，以萍喂鱼，鱼粪肥田，坑、堤上种瓜、种豆的农田多层次综合利用立体种养结构模式。后又发展为"莲-萍-鱼""种-萍-鱼"两种立体农业结构。

2. 垄稻沟鱼

本方式适用于下温田、冷浸田、烂泥田、兜田等水稻田。这种方式是将原来的平面田块改成规格一致的高垄低沟，垄沟相间。在生产期间，垄上栽种稻，沟

中养鱼。

3. 沟凼（坑）式养鱼

这是一种增强抗旱保收能力的稻田养鱼生产方式。它较好地解决了稻谷生产期间的稻田浅灌、勤灌、放水晒田、撒石灰、施化肥、下农药与养鱼之间的矛盾。

4. 流水沟式养鱼

流水沟式养鱼是利用流水养鱼的原理，在稻田中挖 1～2 条宽沟，利用水的流向，进行田沟微流水养鱼。

5. 稻田十字养鱼

稻田十字养鱼是 20 世纪 80 年代末四川省总结而成的生产方式。它涵盖了"水""种""饵""早""密""高""深""管""收""转"10 个方面的内容。

6. 稻田养殖名优水产

这是 20 世纪 90 年代全国各大种植区和养殖区竞相采用的一种养殖模式，既能提供优质水产品，又能提高水稻的收获量。目前在稻田养殖的名优水产品主要有蟹类（包括蟹种培育）、虾类、螺类、优质鱼类等，效果较好。

我们不能总是狭义上将稻田养鱼理解为就是在稻田里养一些青、草、鲢、鳙等常规鱼和其他的名优鱼，而是应将其从广义上理解为饲养稻田养殖水产品，包括在稻田里养殖虾、蟹、螺、鳖、蛙等。

三、现阶段的稻田养鱼发展状况

稻田养鱼注重了优质水稻品种与水产品种的选择，注重了稻田田间工程的建造（不仅考虑了水稻和水产品的生产需要，更注重了防洪抗旱、旱涝保收），注重了以产业化生产方式在稻田中开展水稻与水产生产，注重了物质和能量的循环利用，注重了病虫害的绿色防控，注重了稻田生态环境的改良和土壤修复，注重了稻田资源可持续利用和良性发展，注重了农产品品质和效益。2007 年，全国水产技术推广总站将"稻田生态养殖技术"选入"2008—2010 年渔业入户主推品种和主推技术"。2010 年 12 月，农业部科教司在浙江杭州组织召开了稻田综合种养模式经济交流会。全国水产技术推广总站组织有关推广单位联合开展稻田综合种养技术的集成与示范。为加快新一轮稻田综合种养技术的集成和示范，2012—2013 年，农业部科技教育司和渔业局组织有关科研教育和推广单位，实施了稻田综合种养技术示范项目。

1. 稻田养鱼发展的三大任务

21 世纪以来，我国传统的稻田养鱼又有了新的发展。养殖种类由以往的单一品种扩大到养河蟹、泥鳅、胡子鲶、青虾、龙虾、黄鳝、鳖和蛙等；养殖技术上从稻田的选择、田间工程的建设、苗种的配套生产到饲养管理等，形成了一整套技术体系及养殖原理；在生态学方面，将种植和养殖相结合，利用水产生物的生活习性特点，充分发挥了水产养殖生物的生物灭虫、生物除害等作用，总结并提出了稻田综合种养的概念，制定了"双千工程"的效益指标。随着全国稻田养鱼的快速发展、养殖技术的日益完善、养殖品种的不断丰富，全国水产技术总站认为目前我国稻田养鱼发展应着重解决好以下三大任务。

① 在发展的目标上，要坚持"一个中心、五个兼顾"，也就是坚持以稳定水稻生产为中心，兼顾促渔、增效、提质、生态、节能等目标。

② 在技术集成上，强化"两个支撑、两个结合"，即强化生态理论的支撑和效益评估数据的支撑；强化种植技术与养殖技术的结合、农机与农艺技术的结合。

③ 在示范推广上，坚持规模化推进，强化技术示范推广与技术应用平台建设、经营主体培育同步进行；着力强化各种典型模式的关键技术、经营机制、社会化服务、人才队伍、扶持投入等方面的保障，确保稻田养鱼能推广开、用得好、赚上钱、又环保。

2. 种养模式得到提升

针对新一轮稻田综合种养的需求和特点，集成、创新、示范和推广了"稻鱼共作""稻蟹共作""稻鳖共作＋轮作""稻虾连作＋共作""稻鳅共作"五大主导模式24个典型模式，探索了蟹、虾、鱼池种稻模式。同时围绕产业化发展要求，集成了九大类20多项配套关键技术，改进了水稻栽培、水肥管理等技术，以及水产生物的饲养管理与稻田病虫害综合防治技术，使稻田养鱼在模式和技术上得到了空前的发展和提升。

3. 全面推广稻田养鱼九大配套关键技术

经过全国各地的努力，我国稻田养鱼的发展和成效是显著的，其中九大配套关键技术是稻田养鱼成功保证的核心技术，分别是配套水稻栽培新技术、配套水产健康养殖关键技术、配套种养茬口衔接关键技术、配套施肥技术、配套病虫草害防控技术、配套水质调控关键技术、配套田间工程技术、配套捕捞关键技术、配套质量控制关键技术。

(1) 配套水稻栽培新技术　在稻田养鱼过程中，各地的种养户发挥了聪明才智，创造性地配套了许多水稻栽培新技术，比如在稻蟹、稻虾共作中，有的地方采用了双行靠、边行密的插秧方式，有的地方采用了大垄双行、沟边密植的插秧方式；在稻鳅共作中，有的地方采用了合理密植、环沟加密的插秧方式；在水稻和小龙虾的共作中，有的地方采用了稻田免耕直播技术等。

(2) 配套水产健康养殖关键技术　稻田里养殖鱼、虾、蟹、鳖、鳅等水产品时，各个地方都根据具体的水产品特点，配套了健康养殖的关键技术，比如稻-蟹、稻-虾、稻-鳖、稻-蛙共作中，配套了防逃设施；在稻-蟹、稻-虾共作中，配套了田间栽种水草的技术；在稻-鳝共作中，配套了混养泥鳅技术；在几乎所有的稻-鱼共作中，配套了生物活饵料的培育技术等。

（3）配套种养茬口衔接关键技术　实现种养两不误，茬口的衔接很关键，各地都根据具体情况做了很好的安排，例如安徽省滁州地区的稻田养龙虾，在茬口的衔接上是这样安排的：每年6月15号前将稻田里的达到上市规格的龙虾全部出售，然后迅速降水，采用免耕的方式插秧，秧苗全部在6月25号前栽插完毕，然后按水稻进行正常管理就可以了。要求水稻的生长期控制在140天左右，不能超过150天（含秧龄30天）。到10月20号左右收割稻谷，然后留桩并灌水用于养虾，一直到翌年的6月。

（4）配套施肥技术　稻田养鱼前，水稻生产的施肥主要依赖于化肥，大量化肥的使用引发生态环境问题。在稻田养鱼的实施过程中，各地根据本地实际并通过科研单位的参与，按"基肥为主，追肥为辅"的思路，对稻田施肥技术进行了改造。应用了一批适用于稻田综合种养的配套施肥技术，例如辽宁采用了测土配方一次性施肥技术，对土壤取样、测试化验，根据土壤的实际肥力情况和种植作物的需求，计算最佳的施肥比例及施肥量；安徽使用的基追结合分段施肥技术，将施肥分为基肥和追肥两个阶段，主要采用了"以基肥为主、以追肥为辅、追肥少量多次"的技术；稻田生态养河蟹施肥技术采取"底肥重、蘖肥控、穗肥巧"的施肥原则，施足基肥，减少追肥，以基肥为主、追肥为辅；稻田养殖青虾分段施肥技术要点是除了稻茬沤制肥水外，基肥还要在稻田四角浅水处堆放经过发酵的有机粪肥每亩150～200千克，用来培育虾苗喜食的轮虫、枝角类及桡足类浮游动物等，使青虾苗种一下塘就可以捕食到充足的、营养价值全面的天然饵料生物，增强青虾体质和对新环境的适应能力，提高放养成活率等。

（5）配套病虫草害防控技术　在稻田养鱼前，对稻田害虫和杂草的控制主要依靠化学药物进行，造成了农药残留、污染环境等问题。在稻田养鱼的实施过程中，提出了"生态防控为主、降低农药使用量"的防控技术思路。主要技术方案包括天敌群落重建技术、稻田共作生物控虫技术和稻田工程生物控草技术等。

（6）配套水质调控关键技术　在稻田养鱼前，虽然有形成并应用了部分水质调控技术，但没有形成系统性水质调控思路，调控不精准，效果也不稳定。为此，各地专门研究了综合种养水质的各方面以及各阶段的要求，提出了系统性的水质调控技术方案。这些方案包括物理调控技术、化学调控技术、水位调控技术、底质调控技术、水色调控技术、种植水草调控技术、密度调控技术等。

（7）配套田间工程技术　针对稻田种养田间工程改造出现的问题，稻田养鱼也规定了田间工作设计的基本原则：一是不能破坏稻田的耕作层；二是稻田开沟开展不得超过面积的10%。应通过合理优化田沟、鱼溜的大小、深度，利用宽窄行、边际加密的插秧技术，保证水稻产量不减。同时，在工程设计上，充分考虑了机械化操作的要求，总结集成了一批适合不同地区稻田种养的田间工程改造技术。

（8）配套捕捞关键技术　20世纪80年代推广的稻田养鱼，对稻田里养殖水产品的捕捞往往采用水产养殖传统池塘捕捞方法，但由于稻田水深较浅，环境也较池塘复杂，生搬池塘捕捞方法难以满足稻田种养的需要。因此，在现阶段，各地针对稻田水浅的情况，充分利用鱼沟、鱼溜，根据养殖生物习性，采用网拉、排水干田、地笼诱捕、配合光照、堆草、流水迫聚等辅助手段提高了起捕率、成活率。

（9）配套质量控制关键技术　在发展稻田养鱼过程中，水产技术推广部门对与稻田产品质量安全相关的稻田环境、水稻种植、水产养殖、捕捞、加工、流通等各个环节的生产过程及投入品的质量控制要求进行了总结，提出了各环节质量控制应执行的标准和采用的技术手段。

从稻田养鱼的整个发展历史来看，现阶段我们一定要更新观念，正确认识稻田综合种养的主要意义。稻田综合种养不只是增加水产品的产量，更具有广泛的推广前景和重大战略意义，可以促进食品安全、粮食安全。在水产技术推广过程中，要争取粮食、计划、财政和金融等部门的支持，把稻田养殖工程建设纳入高标准农田、水利建设的统一规划，与改造中低产田、低洼地结合，与湖区围垦稻田的退垦还渔结合，与高标准农田、水利建设结合，建设标准化、面积大、稳产、高效的粮渔生产基地，使稻田养殖成为农民面向市场、优化结构、增加收入的自觉行动。

四、稻田养鱼的发展趋势

近十年来，在全国各级渔业主管部门的大力推动下，在各地水产技术推广机构和广大农民的共同努力下，稻田养鱼得到快速、健康发展，实现了"一水两用、一田双收、稳粮增效、粮鱼双赢"的目的，同时还拓展了水产业的发展空间，推动了大农业转型升级、提质增效，保障了粮食安全、食品安全和生态安全。特别是2016—2018年，各地把稻田综合种养作为农业转方式、调结构的重要抓手强力推进，各级财政安排专项资金予以扶持，通过规划引领、政府引导、市场主导、企业与合作社带动、试验示范、强力推广、典型引路、部门联动，因地制宜，稳步推进。例如2016年，安徽省稻田养鱼面积突破100万亩，产优质稻谷60万吨，水产品10万吨，为农民创收近40亿元。

稻田养鱼未来的发展趋势主要表现在以下3个方面：①由单一种养模式向复合种养模式发展，如鱼-稻、虾-蛙-稻、鱼-稻、鳖-虾、鱼-稻、蟹-蛙-稻、蟹-虾-鱼-稻、稻-虾-稻、稻-蛙-稻等多种发展方向；②由稻田养鱼向稻渔生态种养发展，具体体现在农药和化肥使用量已大幅减少，稻田生境已逐步得到修复，种养技术正日趋成熟，如鳖-虾-鱼-稻技术已能完全做到"全年候生产，全生态种养"；③由行业行为向地方政府行为和国家战略发展，这是由稻田养鱼有利于国土整治、土壤修复、高标准农田建设、土地流转、新型经营主体培育、粮食安全和农业现代化的优势地位所决定的。

各地的实践证明，发展稻田养鱼，既保障了"米袋子"，又丰富了"菜篮子"，既鼓起了"钱袋子"，又确保了"舌尖上的安全"，还有效地破解了"谁来种地"和"如何种好地"的难题，是一条"催生农业现代化、保护农业环境和生态"的现代农业发展之路。稻田综合种养，技术成熟且容易掌握，可以说是一看就懂、一学就会、一用就灵，值得大力推广应用。

五、提高稻田养鱼效益的方法

稻田养鱼能取得较好的效益，在讲究生态效益和社会效益的同时，一定要抓好经济效益，这是稻田养鱼持续、稳定、有序地发展的基础，要想获得更好的经济效益，必须重点做好以下几点工作。

1. 选择适宜的品种是获益的前提

目前全国各地都大力推广稻田养鱼，如何选择适宜的品种尤其是地方上有特色的品种是需要很好地调查研究的，最好是选择适合本地养殖的鱼类品种，例如福建青田的田鱼就适合在福建的稻田里养殖，其影响最广、市场认知度最高、效益最好。山东人喜爱吃鲤鱼，因此在山东，可以大力发展稻田养殖鲤鱼。

2. 选择优质的种苗是获益的条件

作为稻田养殖用的鱼苗鱼种，质量好是最基本的要求，因此在投放鱼苗鱼种时，必须选择体表无伤痕、无寄生虫感染、反应灵敏的苗种，对于那些有伤的、有病的鱼则不宜用作稻田养殖。

3. 掌握科学的饲养技术是获益的关键

利用稻田养鱼，关键是要掌握好一些科学的饲养技术，这些科学的饲养技术包括适宜的饲养密度、适口的饲料、营造并改善稻田里适宜的生态环境、提供适宜的水温条件、培育适宜的活饵料、加强对疾病的综合预防等。

4. 算好经济账

在进行稻田养殖前，一定要多看看别人的成功与失败经验、多了解当前的市场行情，把账算好。在调研中，我们发现也有一些农民朋友利用稻田养鱼，他们不但没赚到钱，还亏本了！他们一看到别人用稻田养鱼赚钱了，就认为这个好养，弄点鱼苗鱼种、把稻田挖个环沟、弄点饲料就可以等着数钱了，然后就迫不及待地跟风上马，根本就没有甚至就不会去核算养殖后的市场和成本的变化是否对自己的养殖有利，没有核算自己养殖出来的产品定位在哪儿，自己产品的盈利点有多大。这种跟风养殖，永远只能跟随别人的节奏，别人已经把钱赚进腰包了，而等这部分人的产品上市时，却发现并没有他们预想的那么美好，最后只能是看着别人赚钱而自己草草收场。

因此，在进行稻田养鱼前，我们一定要先算账、算好账。要考虑以下问题：市场行情如何？生产资料的市场变化如何？利用稻田养殖出来的产品如何宣传出去？有哪些人能知道生产出来的稻田鱼和稻鱼米是绿色食品？市场价格趋势怎样？自己的心理预期价格是多少？如何控制养殖成本？只有在确定成本可控、市场可抓、收益可靠后才能进行养殖。

5. 养殖高质量的鱼

一旦进行养殖，就一定要全力以赴地把稻田鱼养大、养好、养成品牌，养出质量高的鱼，这样才能有好的市场，才能卖上好价格，例如养殖出绿色生态的稻田鱼，才能吸引人，才能留住客人，尤其是回头客，要知道这些回头客的口碑对于生态养殖出来的稻田鱼销售是非常重要的。因此我们一定要严格按照有关食品卫生的标准去规范操作和生产，我们提倡合理密度、无病化高效养殖的观念，目的是在养殖过程中尽量不使用化学药物，走稻田综合种养和生态养殖的路子，以保证养成的鱼是高品质的水产品，市场的认知度高，这才是好效益的保障。例如福建青田的"田鱼"在社会上认知度非常高，价格也非常昂贵，市场上炙手可热。

6. 打出品牌

一个好的稻田养鱼品牌，对产品销售是非常有帮助的，不但价格高，而且在市场上抢手，这方面的例子比较多。品牌是稻田养殖软实力和硬价值的体现，因此我们在开发养殖高质量的稻田鱼和鱼稻米时，一定要做好品牌的营造。

7. 降低养殖成本

同样的产量、同样的市场，有的养殖户生产成本较低，那么他的收益自然就高，因此降本增效是我们在养殖时必须考虑的一件大事，这方面的技巧包括如何选好养殖品种、如何选择合适苗种、如何自繁自育鱼种、如何准备饲料及科学投喂等。

8. 卖上好价钱

好的稻田鱼产品不怕没有销路，但是由于养殖出来的量大，最好不要积压，要及时销售以尽快收回资金、盘活资产，所以也要我们认真研究市场、开发市场、引导市场，让市场能及时认知稻田鱼品牌。因此，好的稻田鱼生产出来以后，要想卖个好价钱，不但要鱼的质量好、品牌响，也要适时地做一些广告宣传，使好鱼能广而告之、扬名市场，就能卖上预期的好价钱了。

养殖上有一句俗语"会养不会卖"，说的就是养殖好了优质的鱼，但是不会销售，结果也没有取得好的经济效益。因此在销售时既要考虑季节性，做好应时上市，也要考虑销售淡季的市场，做好轮捕轮放、精准上市。另外，还要做好水产品的广告宣传，扩大知名度。不但应充分利用好传统媒体和政府力量，还可以利用现代自媒体的力量，如微信、微商等，可以将稻田鱼的生产全流程及关键要点，用图文并茂的方式向外发布，再通过口口相传的方式，将稻田鱼卖上好价钱。

第二节 水稻-小龙虾生态综合种养技术

一、田间工程建设

1. 稻田的选择

不是所有的稻田都能养小龙虾，养小龙虾的稻田要有一定的环境条件才行，环境条件主要考虑以下几项：

（1）水源 水源要充足，水质良好，雨季水多不漫田，旱季水少不干涸，排灌方便，无有毒污水和低温冷浸水流入，农田水利工程设施要配套，有一定的灌排条件。

（2）土质 土质要肥沃，由于黏性土壤的保持力强，保水力也强，渗漏力小，因此这种稻田是可以用来养小龙虾的。而矿质土壤、盐碱土以及渗水漏水、土质瘠薄的稻田均不宜养小龙虾。

（3）面积 稻田面积少则十几亩，多则几十亩、上百亩都可，面积大的比面积小的更好。

2. 开挖鱼沟

开挖鱼沟是科学养小龙虾的重要技术措施，稻田因水位较浅，夏季高温对小龙虾的影响较大，因此必须在稻田四周开挖环形沟。面积较大的稻田，还应开挖"田"字形或"川"字形、"井"字形的田间沟。环形沟距田间1.5米左右，环形沟上口宽3米，下口宽0.8米；田间沟沟宽1.5米，深0.5～0.8米。鱼沟可防止水田干涸，并作为烤稻田、施追肥、喷农药时小龙虾的退避处，还是夏季高温时小龙虾栖息、隐蔽的场所，沟的总面积占稻田面积的8%～15%。

3. 加高加固田埂

为了保证养小龙虾的稻田达到一定的水位，增加小龙虾活动的立体空间，须加高、加宽、加固田埂，可将开挖环形沟的泥土垒在田埂上并夯实，确保田埂高1.0～1.2米、宽1.2～1.5米，并打紧夯实，要求做到不裂、不漏、不垮，在满水时不能崩塌跑鱼。

4. 防逃设施

防逃设施有多种，常用的有两种：第一种是安插高55厘米的硬质钙塑板作为防逃板，埋入田埂泥土中约15厘米，每隔75～100厘米处用一木桩固定。注意四角应做成弧形，防止小龙虾沿夹角攀爬外逃；第二种是采用网片和硬质塑料薄膜共同防逃，在易涝的低洼稻田主要以这种方式防逃，将高1.2～1.5米的密网围在稻田四周，在网上内面距顶端10厘米处再缝上一条宽25～30厘米的硬质塑料薄膜即可。

稻田开设的进水口、排水口应用双层密网防逃，同时这种网能有效防止蛙卵、野杂鱼卵及幼体进入稻田危害蜕壳小龙虾。为了防止夏天雨季堤埂被冲毁，稻田应设一个溢水口，溢水口也使用双层密网，防止小龙虾逃走。

5. 放养前的准备工作

（1）及时杀灭敌害　可用鱼藤酮、茶粕、生石灰、漂白粉等药物杀灭蛙卵、鳝、鳅及其他水生敌害和寄生虫等。

（2）种植水草，营造适宜的生存环境　在环形沟及田间沟种植沉水植物如聚草、苦草、水花生等，并在水面上养漂浮水生植物，如芜萍、紫背浮萍、凤眼莲等。

（3）培肥水体，调节水质　为了保证小龙虾有充足的活饵供取食，可在放种苗前一个星期施有机肥（常用的有机肥包括干鸡粪、猪粪），并及时调节水质，确保养小龙虾的水质符合肥、活、嫩、爽、清的要求。

二、水稻栽培技术

1. 水稻品种选择

养小龙虾稻田一般只种一季稻，水稻品种要选择株型紧凑、茎秆粗壮、综合抗性强、米质优，抗倒伏且耐肥的紧穗型品种，目前常用的品种有汕优系列、协优系列等，如Ⅱ优63、D优527、两优培九、丰两优一号、黄华占等。

2. 施足基肥

每亩施用农家肥200～300千克、尿素10～15千克，将其均匀撒在田面并用机器翻耕耙匀。

3. 秧苗移植

秧苗一般在5月中旬开始移植，采取条栽与边行密植相结合、浅水栽插的方法，养小龙虾稻田宜提早移植10天左右。建议移植采用抛秧法，要充分发挥宽行稀植和边坡优势的技术，移植密度以30厘米×15厘米为宜，确保小龙虾生活环境通风透气性能好。

三、小龙虾放养

1. 放养准备

放小龙虾前10～15天，清理环形虾沟和田间沟，除去浮土，修整垮塌的沟壁，每亩稻田用生石灰20～50千克，或选用其他药物，对环形虾沟和田间沟进行彻底清沟消毒，杀灭野杂鱼类、敌害生物和致病菌。小龙虾放养前7～10天，稻田中注水30～50厘米，在沟中每亩施放禽畜粪肥800～1 000千克，以培肥水质。

2. 移栽水生植物

环形虾沟内栽植轮叶黑藻、金鱼藻、眼子菜等沉水性水生植物，在沟边种植空心菜，在水面上浮植水葫芦等。但要控制水草的面积，一般水草占环形虾沟面积的40％～50％，以零星分布为好，不要聚集在一起，这样有利于虾沟内水流畅通。

3. 放养时间

不论是当年虾种，还是抱卵的亲虾，都应力争早放。早放既可延长小龙虾在稻田中的生长期，又能充分利用稻田施肥后所培养的大量天然饵料资源。常规放养时间一般在每年10月或翌年的3月底。也可以采取随时捕捞，及时补充的放养方式。

4. 放养密度

每亩稻田按20～25千克抱卵亲虾放养，雌雄虾比例3∶1。也可待来年3月放养幼虾种，每亩稻田按0.8万～1.0万尾投放。注意抱卵亲虾要直接放入外围大沟内饲养越冬，秧苗返青时再引诱虾入稻田生长。在5月以后随时补放，以放养当年人工繁殖的稚虾为主。

5. 放苗操作

在稻田放养虾苗，一般选择晴天早晨、傍晚或阴雨天进行，这时天气凉爽、水温稳定，有利于放养的小龙虾适应新的环境。放养时，沿沟四周多点投放，使虾苗在沟内均匀分布，避免因过分集中，引起虾苗缺氧窒息死亡。小龙虾在放养时，要注意幼虾的质量，同一田块放养规格要尽可能整齐，放养时一次放足。

6. 亲虾的放养时间

从理论上来说，只要稻田内有水，就可以放养亲虾，但从实际的生产情况对比来看，放养时间在每年的8月上旬到9月中旬的产量最高。经过认真分析和实践，笔者认为一方面是因为这个时间段的温度比较高，稻田内的饵料生物比较丰富，为亲虾的繁殖和生长创造了非常好的条件；另一方面是亲虾刚完成交配，还没有抱卵，投放到稻田后刚好可以繁殖出大量的小虾，到翌年5月就可以长成成虾。如果推迟到9月下旬以后放养，有一部分亲虾已经繁殖，在稻田中繁殖出来的虾苗的数量相对就要少一些。还有一个很重要的原因是小龙虾的亲虾最好采用使用地笼捕捞的虾，9月下旬以后小龙虾的运动量下降，用地笼捕捞的效果不是很好，亲虾的数量就难以保证。因此建议要趁早购买亲虾，时间定在每年的8月初，最迟不能晚于9月25日。

由于亲虾放养与水稻移植有一定的时间差，因此暂养亲虾是必要的。目前常用的暂养方法为网箱暂养及田头土池暂养。网箱暂养时间不宜过长，否则亲虾会折断附肢，而且互相残杀现象严重，因此建议在田头开辟土池暂养，具体方法是亲虾放养前半个月，在稻田田头开挖一条面积占稻田面积2％～5％的土池，用于暂养亲虾。待秧苗移植一周且禾苗成活返青后，可将暂养池与土池挖通，并用微流水刺激，促进亲虾进入大田生长，此法通常被称为稻田二级养虾法。利用此种方法可以有效地提高小龙虾成活率，也能促进小龙虾适应新的生态环境。

四、日常管理

1. 水位调节

水位调节，是稻田养小龙虾过程中的重要一环，应以稻为主。小龙虾放养初期，田水宜浅，保持在 10 厘米左右，但因小龙虾不断长大，水稻的抽穗、扬花、灌浆均需大量水，因而可将田水逐渐加深到 20～25 厘米，以确保小龙虾和水稻的需水量。在水稻有效分蘖期应采取浅灌，保证水稻的正常生长；进入水稻无效分蘖期，水深可调节到 20 厘米，既增加小龙虾的活动空间，又促进水稻的增产。同时，还应注意观察田沟水质变化，一般每 3～5 天加注一次新水；盛夏季节，每 1～2 天加注一次新水，以保持田水清新。

2. 投饵管理

首先通过施足基肥，适时追肥，培育大批枝角类、桡足类以及底栖类生物，同时在 3 月还应放养一部分螺蛳，每亩稻田 150～250 千克，并移栽足够的水草，为小龙虾生长发育提供丰富的天然饲料。在人工饲料的投喂上，一般情况下，按动物性饲料 40%、植物性饲料 60% 来配比。投喂也要实行定时、定位、定量、定质投饵。早期每天上、下午各投喂一次；后期在傍晚 6 点多投喂。投喂饵料品种多为小杂鱼、螺蛳肉、河蚌肉、蚯蚓、动物内脏、蚕蛹，配喂玉米、小麦、大麦粉。还可投喂适量植物性饲料，如水葫芦、水芜萍、水浮萍等。日投喂饲料量为虾体重的 3%～5%。平时要检查虾的吃食情况，当天投喂的饵料在 2～3 小时内被吃完，说明投饵量不足，应适当增加投饵量，如果在第二天还有剩余饵料，则投饵量要适当减少。

3. 科学施肥

养小龙虾的稻田一般以施基肥和腐熟的农家肥为主，可促进水稻稳定生长，保持中期不脱力、后期不早衰、群体易控制，每亩可施农家肥 300 千克、尿素 20 千克、过磷酸钙 20～25 千克、硫酸钾 5 千克。放小龙虾后一般不施追肥，以免降低田中水体溶解氧，影响小龙虾的正常生长。如果发现脱肥，可追施少量尿素，每亩不超过 5 千克。施肥的方法如下：先排浅田水，让虾集中到鱼沟中，然后再施肥，这样做有助于肥料迅速沉积于底泥中并被田泥和禾苗吸收，随即加深田水到正常深度。也可采取少量多次、分片撒肥或根外施肥的方法。禁止使用对小龙虾有害的化肥如氨水和碳酸氢铵等。

4. 科学施药

稻田养小龙虾能有效抑制杂草生长，小龙虾摄食昆虫，可降低病虫害，所以要尽量减少除草剂及农药的施用。小龙虾入田后，若再发生草荒，可人工拔除。如果确因稻田病害或小龙虾病害严重需要用药时，应掌握以下几个关键：

① 科学诊断，对症下药。

② 选择高效、低毒、低残留农药。

③ 由于龙虾是甲壳类动物，也是无血动物，对含膦药物、菊酯类、拟菊酯类药物特别敏感，因此慎用敌百虫、甲胺膦等药物，禁用敌杀死等药。

④ 喷洒农药时，一般应加深田水，降低药物浓度，减少药害，也可放干田水再用药，待8小时后立即上水至正常水位。

⑤ 粉剂药物应在早晨露水未干时施用，水剂和乳剂药应在下午喷洒。

⑥ 降水速度要缓，等小龙虾爬进鱼沟后再施药。

⑦ 可采取分片分批的用药方法，即先施稻田一半，过两天再施另一半，同时尽量要避免农药直接落入水中，保证小龙虾的安全。

5. 科学晒田

水稻在生长发育过程中的需水情况是在变化的，养小龙虾的水稻田，小龙虾需水与水稻需水是主要矛盾。田间水量多，水层保持时间长，对小龙虾的生长是有利的，但对水稻生长却不利。农谚对水稻用水进行了科学的总结，那就是"浅水栽秧、深水活棵、薄水分蘖、脱水晒田、复水长粗、厚水抽穗、湿润灌浆、干干湿湿"。因此有经验的老农常常会采用晒田的方法来抑制无效分蘖，这时的水位很浅，这对养殖小龙虾是非常不利的，因此做好稻田的水位调控工作是非常有必要的。生产实践中我们总结一条经验，那就是"平时水沿堤，晒田水位低，沟溜起作用，晒田不伤虾"。晒田前，要清理鱼沟、鱼溜，严防鱼沟阻隔与淤塞。晒田总的要求是轻晒或短期晒，晒田时，沟内水深保持为13~17厘米，使田块中间不陷脚，田边表土不裂缝和发白，以见水稻浮根泛白为适度。晒好田后，及时恢复原水位。尽可能不要晒得太久，以免小龙虾缺食太久影响生长。

6. 病害预防

小龙虾的病害采取"预防为主"的科学防病措施。常见的敌害有水蛇、老鼠、黄鳝、泥鳅、鸟等，应及时采取有效措施驱逐或诱灭之。在放养小龙虾初期，稻株茎叶不茂盛，田间水面空隙较大，此时小龙虾个体也较小，活动能力较弱，逃避敌害的能力较差，容易被敌害侵袭。同时，小龙虾每隔一段时间需要蜕壳生长，在蜕壳或刚蜕壳时，最容易成为敌害的适口饵料。到了收获时期，由于田水排浅，小龙虾有可能到处爬行，目标会更大，易被鸟、兽捕食。对此，要加强田间管理，并及时驱捕敌害，有条件的可在田边设置一些彩条或稻草人，恐吓、驱赶水鸟。另外，当小龙虾被放养后，还要禁止家养鸭子下田沟，避免损失。

7. 加强其他管理

其他的日常管理工作必须做到勤巡田、勤检查、勤研究、勤记录。坚持早晚巡田，检查虾的活动、摄食水质情况，决定投饵、施肥数量。检查堤埂是否塌漏，拦虾设施是否牢固，防止逃虾和敌害进入。检查鱼沟、鱼窝，及时清理，防止堵塞。检查水源水质情况，防止有害污水进入稻田。要及时分析存在的问题，做好田块档案记录。

8. 收获

稻谷收获一般采取收谷留桩的办法，然后将水位提高至 40～50 厘米，并适当施肥，促进稻桩返青，为小龙虾提供避荫场所及天然饵料来源。稻田养小龙虾的捕捞时间在 4～9 月，主要采用地笼捕捉。

第三节　稻-鸭生态综合种养技术

稻田养鸭是一项综合型、环保型生态农业技术，就是利用水稻田的特殊环境，在水稻无须治虫、除草的前提下，及时放养两批以上肉鸭，是生态型立体式种植与养殖相结合的配套技术。在稻田里不用化肥、农药，利用鸭子旺盛的杂食性和不间断的活动，吃掉稻田内的杂草并采食飞虱、叶蝉和各种螟蛾等害虫以及水生小动物，疏松土壤，形成的鸭粪肥田，生产出无公害的水稻。同时，稻田生态系统为鸭子提供劳作、觅食、生活、休憩、运动的场所和大量的动植物饲料等。以田养鸭，以鸭促稻，使鸭和水稻共同生长，从而实现了稻、鸭双丰收，大大提高了经济效益，形成绿色可持续发展。

稻田鸭活动范围广，吃杂食多，毛色光泽好，肢体健壮，市场销路好；经常吃掉有害昆虫，减少了水稻的害虫和杂草，降低了农药的成本，因此稻田养鸭不仅能降低水稻生产成本，提高水稻产量和质量，也为种植户带来了更大的经济效益，是稻田生态养殖模式的一种有益的补充。

一、稻田选择

稻田不但应排水方便、土质保水力强、浮游生物多、不受洪水威胁，还应做好绿肥后期培育管理，为共育稻田备足有机肥，以便在稻-鸭共育时，有足够的养分供应，以保证水稻健壮生长。

发生过鸭瘟或带传染病的鸭子走过的稻田，以及被矿物油污染的稻田，不能用来养鸭。

二、稻田改造

1. 做好防逃工作

每亩稻田准备尼龙网或遮阳网 2.5 千克左右，不规则稻田和狭长稻田应准备多些。在田的四周用三指尼龙网围成防逃圈，围网高 80～100 厘米，网眼大小以 10 日龄以上鸭子钻不出为宜，同时也是为了防止黄鼠狼、猫、狗等进入，每隔 1.5～2 米设一支撑杆。

2. 建设鸭舍

在田的一角按每 10 只鸭占地 1 米² 的规格建一鸭舍，舍顶需遮盖，以避免日晒雨淋，并将鸭舍四周围好，只留 50 厘米宽的小门朝向大田的中心位置，要使空旷地带能独立成场，并且整体高度不小于田埂。舍底用木板或竹板平铺，舍下挖一个 2 倍于鸭舍面积大小的水凼，凼深 50～60 厘米。

稻鸭共栖，放鸭有很长一段时间在炎热的夏天，因此，鸭舍在防止鼠害的基础上，应保持通风，并设置一些遮阴树枝或小凉棚（图 4-1）。田间沟应满水，让鸭多下水，起到防暑、降温的作用。鸭舍、食盒须保持清洁，鸭舍可用 2% 的生石灰水消毒，食盒须用 25% 的苏打水消毒。

图 4-1 小凉棚

3. 开挖田间沟

稻田间开挖宽 35 厘米、深 30 厘米的田间沟若干条，在放鸭期间始终满水，供鸭子在稻田间活动。

三、水稻品种的选择

适合养鸭的水稻品种一定要茎秆粗壮，株高中上，叶片坚挺，具有较强分蘖能力；植株集散要适中，因为鸭子在稻田间活动，如果植株太密就容易造成稻茎的折断，影响水稻的生长。因此，在选择水稻品种时要尽可能选择抗逆性好（包括抗倒伏、抗稻瘟病等）的优质品种，如两优培九、协优 9308、中浙优 1 号等。

四、鸭种选择

1. 鸭种选择标准

为避免鸭吃秧苗和压苗，根据水稻的生长环境，雏鸭选择生活力、适应力、抗逆性均较强的中小型优良鸭品种，如滨湖麻鸭、建昌鸭等，另外，全生育期较短的西湖绿头野鸭、吉安红毛鸭、山麻鸭或觅食力强的绍兴麻鸭等也是不错的选择。有条件的可选择野鸭和家鸭的杂交种，养殖效果较好。这些鸭种能适应水稻栽培的特点，在稻田中能自由穿行。

对鸭种的其他要求：成熟早、觅食强、抗病好、适应强、肉质优、成活率和回捕率高，符合以上要求的鸭既适宜在早、晚稻田中放养，又适宜在单季晚稻田中放养。

2. 典型鸭种

（1）吉安红毛鸭　吉安红毛鸭体型短圆、颈粗短。公鸭大小适中，前胸宽，胸肌发达。母鸭眼大突出、明亮，胸肌发达。吉安红毛鸭遗传性能稳定，生产性能良好，耐粗饲，觅食力强，肉嫩，瘦肉率高，羽毛生长与体重增长同步，是加工板鸭的优质原料。据调查，以放牧为主的吉安红毛鸭，饲养 80～90 天，体重可达 1 000～1 150克，其间补喂稻谷 3～4 千克，在板鸭厂育肥 28 天，体重达 1 350～1 400 克（耗稻谷4 千克），达到板鸭加工要求。吉安红毛鸭开产日龄 112 天，产蛋率达 5%，日龄为134 天，50% 的日龄为 186 天，成年母鸭平均体重 1 450 克。吉安红毛鸭适合农村各种方式的饲养，对稻田生态养殖具有明显的适应性。

（2）山麻鸭　山麻鸭原产于福建龙岩地区，是我国优良蛋鸭品种之一。公鸭胸宽背阔，体躯较长。喙黄绿色，胫、蹼橘红色，背部羽毛灰褐色，腹部灰白色。母鸭身体细长、匀称紧凑，站立和行走时躯干与地面呈 45°角以上，头较小，喙呈古铜色、虹彩褐色，胫、蹼橘红色，通体麻褐色。据安徽省畜牧兽医研究所测定，公母鸭平均初生体重 42.78 克，4 周体重 553.10 克，90 日龄体重 1 330 克，72 周龄（504 日龄）体重 1 515 克。成年公鸭体重 1 300 克，成年母鸭体重 1 500 克。母鸭 120 日龄左右开产，500 日龄产蛋 280～300 枚。山麻鸭开产早，产蛋率高，适应性广，适合农村各种方式养殖，是稻田养殖的主要品种之一。

五、水稻栽培

1. 种子处理

水稻品种选好后，要对种子进行精选，然后再进行消毒处理。一般选择晴朗天气进行晒种，利用阳光中的紫外线杀灭附着在种子表面的病菌。晒好后，利用风力选种或是水选，经过选种后，保留优质的种子，利于苗齐苗壮。在播前还要用浸种灵稀释液浸种，达到消毒的目的，防止病害的发生。

2. 秧苗培育

单季稻，可于 5 月上旬育苗，6 月上旬移栽。双季稻，要根据当地的气温和水温条件，适当提前育秧。

3. 水稻移栽

于秧龄 25 天左右移栽，大田移栽前每亩基施腐熟有机肥 2 000 千克、三元复合肥 12～18 千克。为了有利于鸭在稻间活动，行株距以 7 寸*×6 寸为宜，每丛插 1～2 棵杂交稻或 4～5 棵常规稻。

六、雏鸭的放养

1. 雏鸭的疫病预防

根据水稻插种计划，提前一周做好鸭种的订购工作，选择 15～20 日龄的壮鸭。苗鸭 1～3 日龄要注射鸭病毒性肝炎油乳剂疫苗，放养前皮下注射鸭瘟疫苗，从而提高雏鸭的抗病能力，提高成活率。应在饲料中添加一些抗生素（如诺氟沙星），也可在饲料中添加一定量的具有抗病毒特性的中成药（如黄芪多糖粉、金蟾宁等）。

2. 放养时间

小于 2 周龄的雏鸭应放在鸭舍里饲养，并在鸭舍里放置一些浅底的盛水容器，供雏鸭进行锻炼。插秧 1～2 周或直播后 20 天左右秧苗（3 叶期）成活时，趁晴天将 1～2 周龄的雏鸭放入稻田养殖，无论白天还是夜晚，鸭一直生活在稻田中。由于鸭喜食稻穗，所以在水稻抽穗时应及时将鸭从稻田里收回。

3. 放养密度

一般按每亩约 12 只鸭的数量放养。早稻田以 12～15 只/亩为宜，晚稻田以 10～12 只/亩为宜。

七、养殖茬口安排

轻小型肉鸭饲育 2 个月即可达到上市的标准，一般单季稻田至少可养 2 批，双季稻田则可养 3 批左右。接茬过程中要做到全进全出，并对空栏舍严格消毒，方能取得更好收益。

八、及时补饲

1. 进行采食训练

鸭在育雏期间没有养成放牧的习惯，下田前应进行采食训练。稻田放鸭，鸭主要

　＊　寸为非法定计量单位，1 寸≈3.3 厘米。——编者注

采食稻田里的杂草、昆虫和水生动物等食物。先调教鸭采食落地谷子，然后将谷子撒入浅水中，让鸭去啄食，多次后形成条件反射，此后将鸭放入稻田中，其会主动寻找食物。

2. 补充精饲料

放养稻田可有目的地栽植如浮萍、绿萍之类的水生植物，增加鸭的采食品种与数量。放养前的鸭按常规方式进行饲养，稻田放养后的鸭需补充精饲料。白天让鸭在稻田觅食，晚上回到棚舍时应补充精饲料让鸭自由采食，这是为了给鸭提供辅助营养，加快鸭的生长速度。可采用定时饲喂方式，控制饲料的摄入量，辅料以碎米、米糠、小麦为主，或者用玉米加鱼粉的混合饲料，也可用成鸭的配合饲料。各种营养成分补充料的参考比例为：玉米 40%，麦麸 25%，稻谷 10%，豆饼 15%，鱼粉 5%，滑石粉 2%，碳酸钙 2.5%，食盐 0.5%。雏鸭早、晚各补料 1 次，补料原则为"早喂半饱晚喂足"。喂量以稻田内的杂草、水生小动物的量而定。杜绝用发霉、发臭的饲料及发臭、生蛆的动物饲料喂养。

还有一个技巧值得关注，就是结合治虫进行放鸭。先摸清虫情，如虫害较重时，减少补料，让鸭处于半饥饿状态，使其大量采食害虫，充分发挥防治害虫的目的。

九、疫病防治

定期查看鸭子的生长状态，一旦发现病死鸭，必须立即隔离治疗或无害化处理。根据疫情和病情，及时注射疫苗，一般在放入稻田前注射鸭瘟疫苗，之后一般不再注射疫苗，但有条件的最好在 60～90 日龄时结合水稻治虫进行隔离间歇，注射第二次鸭瘟疫苗和禽霍乱疫苗，或者预防治疗。

稻田养鸭为开放性饲养，鸭容易感染疫病和传播疫病，应注重防疫工作。在稻田里养鸭时，需要防治的疫病及其防治方法主要有以下几种。

鸭瘟：对于肉鸭，在 7 日龄时，肌肉注射鸡胚化弱毒苗，用量为 0.2～0.5 毫升/羽，7 天后可产生抗体，并保护肉鸭至上市。

鸭病毒性肝炎：1～3 日龄雏鸭，颈皮下注射鸡胚化弱毒苗，用量为 0.5 毫升/只，2 天后产生抗体，5 天达到高水平。

鸭霍乱：鸭霍乱的疫苗为禽巴氏杆菌苗，如 731 弱毒菌苗，接种 2 日龄以上的鸭群，免疫期达三个半月。禽霍乱氢氧化铝胶苗，可用于 2 月龄以上的鸭群，每只鸭肌肉注射 2 毫升，间隔 10 天再注射一次，免疫期为 3 个月。禽霍乱油乳剂灭活苗，用于 2 个月以上的鸭群，每只鸭皮下注射 1 毫升，免疫期为 6 个月。

十、加强管理

1. 稻田的施肥

水稻移栽前一次性施足底肥，以腐熟的长效有机肥、农家肥为主，施肥量视土质优劣而定，一般每亩不少于 2 000 千克；追肥少施有机肥，以鸭排泄物还田肥土为主。一般移栽后 7 天，雏鸭入田之前亩施尿素 8 千克，促进稻苗早发棵；稻株进入分蘖高峰期，以促进生育平衡发展为中心，确保群体协调、苗足株健。稻株进入孕穗、齐穗期，以提高成穗率为中心，田间经常保持水层，除缺肥田块看苗补施适量氮、钾肥外，主要靠鸭的活动刺激生育，鸭的排泄物、腐烂的绿萍可作为后期有机肥料，促使幼穗发育良好，成穗率达 85％左右，为穗大、粒多打下良好的基础。

2. 科学管水

鸭属水禽，其在稻田觅食活动期间，田面要有浅水层 3～6 厘米，以不露泥为好，使鸭脚能踩到表土的水层，以利于鸭脚踩泥搅混田水，起到中耕松土，促进水稻根、蘖生长发育的作用。田间沟要挖得深些，解决鸭在田内饮水和觅食等需要。

3. 做好病虫草害治理

共育期稻间害虫防治主要靠鸭捕食为主，一般不用药剂防治，若危害严重，可辅以高效、低毒、低残留的农药或生物农药予以防治。稻田施药期间，应及时收鸭起田，待安全间隔期后，再下田放鸭。稻田施药安全间隔期内，鸭子饮用水与稻田水应分开，防止鸭中毒和鸭产品污染。杂草靠鸭啄食和踩踏为主，并辅以人工除草，一律不施用除草剂。

4. 鸭子的生长管理

鸭放养初期，早、晚喂些碎玉米或小鸡鸭专用饲料，以使鸭适应稻田环境，提高成活率，促进生长。前期由于鸭小，晚上还要防止天敌等偷食苗鸭；放养 15 天之后，由于田间虫、草、绿萍等食料丰富，一般情况下不补充饲料，以提高鸭子的"役禽"功效，促进水稻生育；中期针对稻间草、虫等活食减少，而鸭子长大食量需求增加的实际情况，除继续抛撒绿萍以外，在傍晚给鸭子添喂稻谷等饲料，但不能用配合饲料。一般随着鸭子的增大，补饲量也要逐步增大，每只鸭需补饲稻谷 35～50 克，以确保鸭生长对营养的要求，为提高鸭的商品性打好基础。

5. 合理安排放牧时间

一是要根据气温和水温确定放牧时间。稻田放牧，通风程度不如江河、池塘，因水浅，水易被晒热，气温超过 30 ℃时，不宜下田放鸭。特别在炎热的夏季，应在上午 9:00 前和下午凉爽的时候进行。二是适当轮流放牧。同一片稻田不宜多次重复放牧，应适当休牧几天再放牧。三是水稻收割后，田中有大量遗粒，这时可集中放牧。

十一、及时捕鸭收谷

当水稻稻穗灌浆后，随着穗重的增加，慢慢地会变得穗弯下垂，这时由于稻穗上的谷粒将要成熟变得饱满，为鸭子所喜食，鸭群在这个时期会频频食用稻穗上的谷粒，所以要及时把长足的鸭子个体赶出稻田，避免造成水稻损失，同时要将长得足够大的公鸭上市作肉鸭出售；青年母鸭可以转移到已经收割的稻田继续放养，生产优质鸭蛋。

稻谷充分成熟（籽粒饱满后）再收获，稻谷成熟度达到 85％～90％时（即 85％～90％谷粒黄化时）收割。

第四节　稻-鳅生态综合种养技术

民间俗话说"天上的斑鸠，地下的泥鳅"，由于具有特殊的营养功能，泥鳅被人们誉为"水中人参"。泥鳅肉质细嫩，肉味鲜美，营养丰富，蛋白质含量高，还含有脂肪、核黄素、磷、铁等营养成分，是有名的滋补食品之一。在医用方面，民间用泥鳅治疗肝炎、小儿盗汗、皮肤瘙痒、腹水、腮腺炎等病均有一定的疗效。另外，泥鳅也是我国外贸出口的主要水产品之一，泥鳅在国际国内都属畅销水产品。

泥鳅群体数量大，是一种重要的小型淡水经济鱼类，长期以来人们总是从自然界中捕捉，因此很少进行人工养殖。但由于其具有生命力强、对环境的适应能力强、疾病少、成活率高、繁殖快、饵料杂且易得的优势，因此从养殖角度来说，泥鳅是一种易饲养又可高产的鱼类，已成为稻田里和水稻进行种养结合的主要水产养殖品种之一。

一、泥鳅的投放模式

成鳅养殖指的是将 5 厘米左右的鳅种养成每尾 12 克左右的商品鳅。根据养殖生产的实践，稻田养殖泥鳅时的投放模式有两种，效果都很好。第一种投放模式是当年放养苗种当年收获成鳅，也就是从 4 月前把体长 4～7 厘米的上年鳅苗养殖到翌年的 10～12 月收获，这样有利于泥鳅生长，提高饲料效用，当年能达到上市规格，还能减少由于囤养、运输带来的病害与死亡。应注意：规格太大，泥鳅易性成熟，成活率低；规格太小，到秋天不容易养殖成大规格商品泥鳅。第二种模式就是隔年下半年收获，也就是当年 9 月将体长 3 厘米的泥鳅养到翌年的 7～8 月收获。不同的养殖模式下，放养量和管理上也有一定差别。

稻田放泥鳅见图 4-2。

根据养殖效果来看，每年 4 月正是全国多数地区野生泥鳅上市的旺季，野生泥鳅价格便宜，此时是开展野生泥鳅收购暂养的黄金季节，也是开展泥鳅苗人工繁殖的好时机。春季繁殖的泥鳅小苗一般养殖到年底就可以达到商品规格，完全可以实现当年投资、当年获利的目标。而秋季繁殖的泥鳅小苗，可以在水温降低前育成长 6 厘米左右的大规格冬品鳅苗，养殖到第二年的夏季就可以达到上市规格，若养到冬季出售，其规格较大，所以每年 4 月以后就是开展泥鳅苗养殖的最好时候。

图 4-2 稻田放泥鳅

放养泥鳅的时间、规格、密度等会直接影响到泥鳅养殖的经济效益，由于4月至5月上旬正是泥鳅怀卵时期，这时候捕捞、放养的较大规格的泥鳅，往往都已达到性成熟，易经不住囤养和运输的折腾而受伤，在放苗后的15天内形成性成熟的泥鳅会大批量死亡，同时部分性成熟的泥鳅又不容易生长。因此建议放养时间最好避开泥鳅繁殖季节，可选择在2～3月或6月中旬后放苗。

二、放养品种

泥鳅苗品种好坏直接影响产量。因此，应选择生长速度快、繁殖力强、抗病的泥鳅苗。泥鳅苗最好是来源于泥鳅原种场或从天然水域捕捞的，要求体质健壮、无病、无伤。

可用自己培育的泥鳅苗，如果是从外购进的泥鳅苗，则要对品种进行观察筛选，泥鳅品种以黄斑鳅为最好，灰鳅次之，尽量减少青鳅苗的投放量。另外，在放养时最好注意供应商的泥鳅苗来源，以人工网具捕捉的为好，杜绝电捕苗和药捕苗的放养。

三、鳅种质量

放养的鳅种要求规格整齐、体质健壮、无病、无畸形，体长3厘米以上。如果是外购鳅种应经检疫合格后方可入池。

如果是自己培育的鳅种，也要在放养前进行拉网检查，判断其活力和质量，具体操作做法如下：先用夏花渔网将鳅种捕起集中到网箱中，再用泥鳅筛进行筛选，泥鳅筛为正方形，边长为40厘米，高15厘米，底部用硬木做栅条，四周以杉木板围成。栅条长40厘米、宽1厘米、高2.5厘米。也可用一定规格的网片做成泥鳅筛，网片应选择柔软的材料加工而成。在操作时动作要轻，避免伤害鳅种。发觉鳅种体质较差时，应立即放回并强化饲养 2～3 天后再起捕。如果鳅种质量较好、活力很强，就可以准备放养。

如果是外来购进的鳅种，则更要进行质量检验，检验的方法有两种：第一种方法是将鳅种放在桶中或水盆中，加入本塘的水，然后用手在水里用力搅动，使盆里的水呈漩涡状，这时进行观察，能在漩涡边缘溯水游动且动作敏捷的就是优质鳅种；绝大部分鳅种被卷入漩涡中央部位；随波逐流、游动无力的就是弱种或劣质鳅种，不要购买。第二种方法是将待选购的鳅种捞取一点，放在白瓷盆中，盆中仅放约 1 厘米深的水，看鳅种在盆底的挣扎程度，扭动剧烈、头尾弯曲厉害、有时甚至能跳跃的为优质鳅种；贴在盆边或盆底，挣扎力度弱或仅以头、尾略扭动的为劣质鳅种，也不宜购买。

在放养鳅种时一定要注意，同一池中的鳅种，它们的规格要整齐一致。

四、放养时间

不同的养殖方式，放养鳅种的时间也有一定差别，如果是采用稻-鳅轮作养殖方式，则应在早稻收割后，及时施入腐熟的有机肥，然后蓄水，放养鳅种。如果是采用稻-鳅兼作养殖方式，在放养时间上要求做到"早插秧，早放养"，单季稻放养时间宜在初次耘田后；双季稻放养时间宜在晚稻插秧一周左右，于秧苗返青成活后进行。

五、放养密度

待田水转肥后即可投放鳅种，鳅种的放养密度除了取决于鳅种本身的来源和规格外，还要取决于稻田的环境条件、饵料来源、水源条件、饲养管理技术等。总之，要根据当地实际，因地制宜、灵活机动地投放鳅种。在稻田中养泥鳅一般是当年放养、当年收获。体长 3 厘米左右的鳅种，在水深 40 厘米的稻田中每亩放养 3 万尾左右，水深 60 厘米左右时可增加到 5 万尾左右，有流水条件及技术水平高时可适当增加放养量；若规格为 6 厘米，放养量为每亩可放养 2 万尾。要注意的是，同一稻田中放养的鳅种要求规格均匀整齐，大小差距不能太大，以免大泥鳅吃小泥鳅，具体放养量要根据稻田和水质条件，以及饲养管理水平、计划上市规格等因素灵活掌握。

放养量的简易计算：稻田内幼苗的放养量可用下式进行计算。

$$幼苗放养量（尾）＝养鳅稻田面积（亩）×计划亩产量（千克）×预计上市规格（尾/千克）/预计成活率（％）$$

式中，计划亩产量，是根据往年已达到的亩产量，结合当年养殖条件和采取的措施，预计可达到的亩产量；预计成活率，一般可取 70％来计算；预计上市规格时，应根据市场的要求确定；计算出来的数据可取整数。

六、放养时的处理

鳅种放养前用 3%～5% 的食盐水消毒，以降低水霉病的发生，浸洗时间为 5～10 分钟；用 1% 的聚维铜碘溶液浸洗 5～10 分钟，杀灭鳅种体表的病原体；也可用 8～10 毫克/升的漂白粉溶液进行鱼种消毒，当水温在 10～15 ℃时浸洗时间为 20～30 分钟，杀灭鳅种体表的病原菌，增加抗病能力；还可以用 5 毫克/升的福尔马林浸洗 5 分钟，杀灭水霉菌及体表的寄生虫，防止鳅苗带病入田。

一般情况下，养殖泥鳅的稻田最好不宜同时混养其他鱼类。

七、科学投饵

稻田人工养殖泥鳅在粗养时，放养量很少，稻田里的天然饵料已经能满足泥鳅的正常需求了，此时不需要投喂。如果放养量比较大，还是需要人工投喂饲料的，以补充天然饵料的不足，促进成鳅生长。

1. 饵料选择

泥鳅的食性很广，鳅种投放后，除施肥培肥水质外，应投喂人工饲料，饲料可因地制宜，除人工配合料外，成鳅养殖还可以充分利用动物性饵料和植物性饵料，如蚯蚓、蝇蛆、螺肉、贝肉、野杂鱼肉、动物内脏、蚕蛹、畜禽血、鱼粉，以及谷类、米糠、麦麸、次粉、豆饼、豆渣、饼粕、熟甘薯、食品加工废弃物和蔬菜茎叶等。泥鳅特别爱吃动物性饵料，尤其是破碎的鱼肉。因此给泥鳅投喂的饵料以动物性饵料为主，有条件的地方可投喂配合浮性颗粒饲料。在这些饲料中，以蚯蚓、蝇蛆为最适口饲料。还可以在稻田中装 30～40 瓦黑光灯或日光灯引诱昆虫来喂食泥鳅。

2. 投饵量

在生产中，许多养殖户注意到一个现象，那就是在泥鳅摄食旺季，不能让泥鳅吃得太多，如果连续 1 周投喂单一高蛋白饲料（如鱼肉），泥鳅贪食，吃得太多会引起肠道过度充塞，就会导致泥鳅在田间沟中集群，并影响肠呼吸，使泥鳅大量死亡，因此应注意将高蛋白质饲料和纤维质饲料配合投喂。为了防止泥鳅过度待在食场贪食，可以多设一些食台，并将其均匀分布。

另外，泥鳅饵料的选择还与水温有一定的关系，当水温在 20 ℃以下时，以投喂植物性饵料为主，占 60%～70%；水温在 21～23 ℃时，植物性饵料占 50%；当水温超过 24 ℃时，植物性饵料应减少到 30%～40%。

3. 投饵方式

投喂人工配合饲料，一般每天上、下午各喂 1 次，投饵应视水质、天气、摄食情况灵活掌握，以次日凌晨不见剩食或略见剩食为度。在泥鳅进入稻田后，先饥饿 2～3 天再投饵，投喂饲料要坚持"四定"的原则。

（1）定点　开始投喂时，将饵料撒在鱼沟和田面上，以后逐渐缩小范围，将饵料主要定点投放在田内的鱼沟、鱼溜内，每亩田可设投饵点 5～6 处，会使泥鳅形成条件反射，集群摄食。

（2）定时　因为泥鳅有昼伏夜出的特点，所以投饵时间最好掌握在 17：00～18：00 就可以了，投喂时可将饲料加水捏成团投喂。

（3）定量　投饵时一定要根据天气、水温及残饵的多少灵活掌握投饵量，一般投饵量为泥鳅总体重的 2％～4％。鳅种放养第一周先不用投饵。一周后，每隔 3～4 天投饵一次。如果投饵太多，会胀死泥鳅、污染水质；如果投饵太少，则会影响泥鳅的生长。当气温低、气压低时少投；天气晴好、气温高时多投，以第二天早上不留残饵为准。7～8 月是泥鳅生长的旺季，要求日投饵 2 次，投饵率为 10％。10 月下旬以后由于温度下降，泥鳅基本不摄食，应停止投饵。

（4）定质　饵料以动物性蛋白饲料为主，力求饵料新鲜、不霉变。小规模养殖时，可以采取培育蚯蚓、豆腐渣育虫及利用稻田光热资源培育枝角类等活饵喂泥鳅。

稻田还可就地收集和培养活饵料，例如可采取沤肥育蛆的方法来解决部分饵料，效果很好，用塑料大盆 2～3 个，盛装人粪、熟猪血等，将其置于稻田中，会有苍蝇产卵，蝇蛆长大后会爬出落入水中供泥鳅食用。

八、防逃

泥鳅善逃，当拦鱼设备破损、田埂坍塌或有小洞裂缝外通、汛期或下暴雨发生溢水时，泥鳅就会随水或钻洞逃跑，特别是大雨涨水时，往往在一夜之间泥鳅会逃走一半甚至更多。因此日常管理中的重点是防逃，做好防逃工作主要要做到以下几点：

① 田埂是否有小洞或裂缝外通，如有应及时封堵。

② 在汛期或下暴雨时，要主动将部分田水排出，以确保稻田不被迅速淹没或发生漫田现象，同时整理并加固田埂，及时堵塞漏洞，疏通进、排水口及渠道，避免发生溢水逃鱼现象。

③ 加强进、排水口的管理，检查进、排水口的拦鱼设备是否损坏，一旦有破损，就要及时修复或更换，在进水口常常会有新鲜的水流入稻田中，泥鳅会逆水流逃跑，因此要防止泥鳅从这里逃跑出去。

④ 在饲养泥鳅的稻田四周安装防逃网，防逃网要求有 30 厘米以上高度，网下沿要扎入泥土中，以免漫水时泥鳅逃跑。

九、疾病防治

泥鳅发病的原因主要是因为日常管理和操作不当引起的，而且一旦发病，治疗起来也很困难，因此，泥鳅的疾病应以预防为主。

① 泥鳅的饲养环境要选择好，应适于泥鳅的生长发育，减少应激反应。

② 要选择体质健壮、活动强烈、体表光滑、无病无伤的苗种。

③ 在鳅苗下田前进行严格的鱼体消毒，杀灭鱼体上的病菌。

④ 投放合理的放养密度，放养密度太稀，会造成水面资源浪费；放养密度太密，容易导致泥鳅缺氧和生病。

⑤ 定期加注新水，改善稻田里的水质，增加田间沟里的水体溶氧，调节水温，减少疾病的发生。

⑥ 加强饲料管理工作，观察泥鳅的摄食、活动和病害发生情况，腐臭变质的饲料绝不能投喂，否则泥鳅易发生肠炎等疾病，同时要及时清扫食场、捞除剩饵。

⑦ 在饲养过程中，定期用药物进行全田泼洒消毒、调节水质，杀灭田中的致病菌，可用1‰的聚维酮碘全田泼洒。

⑧ 定期投喂药饵，并结合用硫酸铜和硫酸亚铁合剂进行食台挂篓挂袋，增强稻田中泥鳅的抗病力，防止疾病的发生和蔓延。

⑨ 捕捞运输过程中规范操作，避免人为原因而使鳅体受伤感染，引发疾病。

⑩ 定期检查泥鳅的生长情况，避免发生营养性疾病。

⑪ 加强每天巡田，要注意观察，如果发现田中有病鳅、死鳅要及时捞出，查明发病死亡的原因，及时采取治疗措施，对病鳅和死鳅要在远离饲养场所的地方，采取焚烧或深埋的方法进行处理，避免病源扩散。

十、预防敌害生物

泥鳅个体小，容易被敌害生物猎食，影响饲养效果，在饲养期间，要注意杀灭和驱赶敌害生物，如蛇、蛙、水蜈蚣、红娘华、鸥鸟、鸭子等。泥鳅的敌害生物种类很多，如鲶鱼、乌鳢等凶猛肉食性鱼类以及其他与泥鳅争食的生物如鲤、鲫、蝌蚪等。

预防方法：在鳅苗下田前用生石灰彻底清塘，杀灭稻田中的敌害和肉食性鱼类；在进水口处加设拦鱼网，防止凶猛的肉食性鱼类和鱼卵进入养鳅的稻田里；对于已经存在的大型凶猛性鱼类，要想方法清除；禽鸟可采用药和枪杀的办法清除；驱赶田边的家畜，防止鸭子等进入稻田内伤害泥鳅。

值得注意的是，由于青蛙能够捕捉农业害虫，应从保护生态的角度出发进行预防，稻田中有蝌蚪及蛙卵时，千万不要用药物毒杀或捞出干置，应用手抄网将蛙卵或集群的蝌蚪轻轻捞出，投放到其他天然水域中。

十一、起捕

泥鳅一般饲养8~10个月可以捕获，此时每尾体长达15厘米左右，体重达10~

15 克，达到商品规格。泥鳅的起捕方式很多，用须笼捕泥鳅效果较好，一块稻田中可多放几个须笼，笼内放入适量炒过的米糠，须笼放在投饵场附近或荫蔽处捕获量较高，起捕率可达 80％以上，当大部分泥鳅捕完后可外套张网放水捕捉。

第五节　稻田生态养殖鲫技术

鲫是稻田养殖常见的鱼类之一。稻田养殖的鲫包括异育银鲫、彭泽鲫、湘云鲫及其他良种鲫。这些鲫具有生长快、抗病能力强、食性广、易捕捞、耐低温、肉嫩鲜美等优点，在国内有良好的市场。

稻田养鲫见图 4-3。

图 4-3　稻田养鲫

一、田块选择

选择水源充足，注水、排水方便，水质无污染，不受洪水威胁，保水、保肥性能好的田块，枯水、漏水及严重草荒的稻田不宜选择。

二、田间工程

1. 加高加固田埂

修整田埂，夯实加固，外田埂高 50 厘米，顶宽 40 厘米，底宽 60 厘米。内田埂高 40 厘米，顶宽 30 厘米，底宽 50 厘米。

2. 设置拦鱼栅

进水口、出水口呈对角设置，宽度为 30～60 厘米。在进水口、出水口安装拦鱼栅，采用网片、铁筛均可，最好设置 2 层。

3. 挖好鱼沟、鱼溜

在稻田内挖鱼沟、鱼溜，鱼沟一般宽 50 厘米、深 30 厘米。鱼沟距田埂 1 米左右，一般挖成"口"字形、"日"字形或"田"字形。鱼溜设在鱼沟交叉处，长、宽各为 1 米，深 80 厘米。鱼沟、鱼溜的面积一般占整个田块面积的 5%～10%。

4. 稻田消毒施肥

在鱼种投放前 10～15 天，每亩施腐熟有机肥 150～250 千克、磷肥 40 千克；放养前 7～10 天，稻田及鱼沟、鱼溜用适量生石灰化浆泼洒消毒。用量为干池消毒每亩（田间沟的面积）60～75 千克、带水消毒每亩平均水深 1 米使用 125～150 千克，也可以用漂白粉消毒，每立方米水体用 20 克漂白粉。注水时，一定要在进水口用尼龙纱网过滤，严防野杂鱼等混入池塘。

三、鲫的稻田放养

1. 放养品种

鲫可选择彭泽鲫、异育银鲫、高背鲫、方正银鲫等品种。放养的苗种既可选择夏花鱼种、也可选择春片鱼种，但由于稻田苗种放养晚，春片鱼种很难购买，而夏花鱼种容易买到。

2. 鱼种质量

选择规格整齐、体质健壮、无伤无病的鱼种。

3. 放养时间

为减少鱼体受伤，提高成活率，鲫苗种一般在稻田插秧 1 周后放养。此时水温稳定在 10 ℃以上，若是在暂养池或暂养稻田中的鲫，最好在水温 15 ℃左右分池。

4. 放养密度

鱼种一次放足，可保证每次出塘鱼的规格整齐，便于集约化养殖和出售。夏花鱼种规格达到 2～3 厘米即可，放养密度为 600～800 尾/亩。春片鱼种规格以 50～100 克为宜，放养密度为 150～200 尾/亩。

5. 鱼种消毒

水温 10～15 ℃，鱼种下田前用 20 毫克/千克高锰酸钾溶液药浴 20 分钟或用 2%～4% 食盐水溶液浸泡 10～20 分钟，保证其成活率。在生产中，我们认为如果鱼种质量好、无病或在暂养时已对鱼病进行了处理，则在放养到稻田时也可以不进行鱼体消毒，以便减少鱼体损伤，减少水霉、竖鳞等病的发生。

四、鲫的投喂

鱼种放养后即开始驯食。驯食越好，饲料在水中停留时间越短，饲料利用率越高。投喂饲料既可投喂豆饼、糠麸、玉米面等混合饲料，也可投配合颗粒饲料。在稻田养殖时，还是建议以颗粒饲料为主，根据鲫的生长规格及气候变化、水温高低等因素综合决定投饵量。当水温超过 15 ℃开始正常投喂，投饵量为鲫体重的 2%～3%，一般每天投二次，分上、下午各一次，上午 8:00 左右，下午 4:00 左右，每次各投总量的 50%，在月投饵量确定的条件下，6～9 月日投饵次数可以为 4～6 次。每日具体投饵量应根据水温、水色、天气和鱼类吃食情况而定。投饵坚持"四定"，即定时、定质、定量和定位。在鱼病季节和梅雨季节应控制投饵量。若撒投饲料，则采取"慢—快—慢"的节律，每次投喂 30～40 分钟。

五、田间管理

1. 勤巡田

鱼种投放后，每天早晚各巡田一次，观察水质变化、鱼的活动和摄食情况，及时调整饲料投喂量；发现田埂漏塌要及时堵塞、夯实；注意维修进出水口的拦鱼栅，防止洪水漫埂或冲毁拦鱼设备；田间水较少时，要经常疏通鱼沟，如有搁浅的鱼要及时捡入鱼沟内；清除田间沟内的杂物，保持沟内的清洁卫生；发现死鱼、病鱼，及时捞起掩埋，并如实填写记录。

2. 建立养殖档案，做好日常记录

建立稻田养殖档案，档案的内容包括每块稻田鱼苗、鱼种、成鱼或亲鱼的放养数量、重量、规格、放养时间，以及捕捞的时间、数量、重量、价格等。

认真做好"稻田档案记录手册"记录，坚持把每天的有关工作记录下来，如每天投饵情况、鱼类活动、吃食情况、鱼病发生情况、预防治疗措施、天气状况、稻田的水温、有无异常情况、采取了什么样的措施等，稻田的水位、秧苗发育情况、秧苗的病害情况等都要详细记录下来，这也是稻田养鱼生产技术工作成果的记录，以便于年底总结和随时查阅。

鱼苗放养记录见表 4-1。

表 4-1　鱼种放养记录

稻田号　　　　　面积　亩

品种	放养日期	规格		放养量		平均亩数量/尾	平均亩重量/千克	放养比例	
		体长/厘米	重量/克	数量/尾	重量/千克			尾数/%	重量/%

鲫生产情况记录见表 4-2。

表4-2　鲫生产情况记录

稻田号　　　　面积　亩

月	日	品种	检查情况		平均数量/尾	平均体长/厘米	备注
			数量/尾	重量/千克			

日常管理记录见表4-3。

表4-3　日常管理记录

稻田号　　　　面积　亩

日期	时间	天气	气温	水温/℃	水质指标				水色	投饵情况	健康状况	用药情况	其他
					pH	溶氧	氨氮	亚盐					

鱼病防治记录见表4-4。

表4-4　鱼病防治记录

稻田号　　　　面积　亩

日期	水深/米	面积/亩	防治方法		鱼病症状	死亡鲫		防治效果
			药品	数量/尾		数量/尾	重量/千克	

捕捞统计见表4-5。

表4-5　捕捞统计

稻田号　　　　面积　亩

日期	规格	数量/尾	重量/千克

3. 调节水位水质

在不影响水稻生长的前提下，尽量提高水位，以增加鱼类的活动水体，以利于生长。最好不晒田，必须晒田时排水要慢，让鱼安全进入鱼沟。为了保持良好的水质、防止水质恶化、不影响鱼类生长、减少浮头死鱼，要定期换注部分新水，一般每隔10天换水1次；夏季高温季节，要经常换注新水。

田间沟里的水体透明度为30～40厘米，水中溶氧应保持在4毫克/升以上。饲养早期，为使田水快速升温，同时也是为了满足秧苗的生长需要，田面水深保持0.2米左右即可，至5月上旬开始逐渐加水；6月底加到最大水深，7～9月高温季节要勤换水，每7～10天换水一次，每次20～30厘米，先排水、后进水，保证田水的"嫩""活""爽"，促进主养鱼类的快速生长。在水源缺乏的地方，可以通过在合适时候泼洒微生态制剂，以控制水面的藻类。

4. 农药施用

稻田养殖鲫，要显著减少农药施用量。施农药时，粉剂应在早晨露水未干时施用，水剂应在中午露水干时喷洒，尽量将药物喷在水稻茎叶上。

5. 施肥

最好施用长效基肥，如农家肥、磷酸氢二铵或尿素等，不仅对鲫无害，还有利于鲫的生长。追肥要少施勤施。

6. 疾病防治

坚持"以防为主，防重于治"和"无病早防，有病早治"的方针，定期做好清洁卫生、工具消毒、食场消毒、全田泼洒药物和投喂药饵等措施，避免鱼病暴发。生长期间半个月左右使用1次生石灰（比如每亩用15千克左右）、漂白粉或强氯精，轮换全池施用，以防治病毒性、细菌性鱼病；对车轮虫、小瓜虫、黏孢子虫等寄生虫鱼病则用杀虫剂加以防治。

7. 防除敌害

稻田放养的鲫，由于个体小、易遭敌害而产量低，因此防除敌害十分重要。这些敌害主要有水蜈蚣、蛙类和水蛇等，既要防止它们进入稻田内，也要在稻田内主动捕杀它们，以减少对鱼类的伤害。

六、捕捞方法

10月下旬稻田放水，开始捕捞。首先将鱼沟疏通，然后再缓慢放水，鲫逐渐集中在鱼沟、鱼溜中，用抄网将鲫捕出。鱼种应尽快运往越冬池，起运前先将鲫放入清水网箱中，缓出鳃内的污泥，然后清出伤病鲫、死鲫，再将其放入越冬池。

第六节 稻田生态养殖鲤技术

鲤是淡水鱼的主要鱼种之一，饲养于河流、水田、淡水鱼塘等。稻田里养鲤

（图 4-4），让鲤吃稻田里的各种水生动物和浮游生物，特别是吃稻田里的有害动物如蜗牛、福寿螺和危害水稻的各种害虫，不但能使鲤速生快长、迅速增重、快速育肥，而且能使水稻正常生长，减少防治病虫的投入，使水稻获得高产，保护环境。据了解，在稻田里放养鲤，每尾重 100 克左右的鲤鱼，养殖 3～5 个月，可以增重至 400 克左右，无须喂其他饲料，而水稻亩产仍可达 550 多千克，每亩投资成本减少 30 多元。

图 4-4　稻田里养鲤

一、养鲤稻田的选择

养殖鲤时，稻田应具备以下几个基本条件：一是土质要好，保水力强，稻田土壤肥沃；二是水源要好，水质良好、无污染，水量充足，有独立的排灌渠道；三是光照条件要好，光照充足，阴坡冷浸田不宜养殖鲤。

因此，在稻田的选择上，我们要着重选择水源丰富、阳光充足、无污染、保水保肥性较强、排灌方便的田块，并且田块能防洪、防旱，每块稻田面积最好在 3 亩以上。

二、田间工程建设

稻田内做好基础设施，主要是加高、加固田埂和开挖鱼沟、鱼凼，同时做好进排水口的防逃措施。

1. 加高、加固田埂

田埂应加高、加固，一般要高出田面 40 厘米以上，并对田埂内侧进行硬化，捶打结实、不塌、不漏，使其能有效防止鱼跃、鸟啄、打洞造成的损失。田埂整修时可采用条石或三合土护坡。田埂高度视不同地区、不同类型稻田而定：丘陵地区 40～50 厘米，平原地区 50～70 厘米，低洼田 80 厘米以上，田埂顶宽 50 厘米以上。对于一些"禾时种稻、鱼时成塘"的稻田，田埂可加高加宽达 1 米以上，防止大雨天田水越过田埂或田埂崩溃，田埂上可种植黑麦草、苦荬菜、苏丹草等青饲料。

2. 开挖鱼沟、鱼凼

鱼沟是鱼从鱼凼进入大田的通道。鱼沟既可在插秧前开挖，也可在秧苗移栽返青后开挖。在水田四周沿田埂开挖，鱼沟的沟宽 30～60 厘米、深 30～60 厘米，可开成 1～2 条纵沟，亦可开成"十"字形、"井"字形或"目"字形等不同形状。

鱼凼是农事时用于鱼的暂时聚集、避暑等最好的地方，在稻田养殖鲤时，鱼凼是关键设施之一，最好用条石修建，也可用三合土护坡。鱼凼大小以占稻田面积 8%～10% 为宜，一般是每块稻田修建 1 个，对于一些面积较小的稻田，可以几块稻田共建一个。鱼凼深 1.5～2.5 米，由田面向上筑埂 30 厘米，面积以 50～100 米² 为宜。对于宽沟式稻鱼工程模式则以沟代凼，沟占田面积 8%～10%，沟宽 2.5～3.5 米，深 1.5～2.5 米。离田埂应保持 80 厘米以上距离，以免影响田埂的牢固性。鱼沟必须与鱼凼连接，鱼凼和鱼沟的具体形式根据稻田养鱼的养殖模式和稻田面积大小而定。

3. 开好进水口、排水口

进水口、排水口应选在相对两角的田埂上，在较高处设进水口，在较低处设出水口，确保进水、排水时，稻田水顺利流转。进水口、排水口要设置拦鱼栅或装上防逃网，以便大雨过后能够及时排除过多的田水，同时也能严防鱼逃跑。有条件的可在进水口内侧附近加上一道竹帘或树枝篱笆，避免鱼逃跑。

4. 搭设鱼棚

夏热冬寒，鱼凼应上搭棚，让鱼夏避暑、冬防寒。应实行仿生态设计，开挖鱼沟时，注意鱼沟方向，尽量南北走向，植物栽沟两边，以豆科植物为主，鱼凼的上方可以搭建瓜棚、葡萄架。

三、放养准备

鱼种下田前 5～7 天，逐步加深水位，蓄水后施用发酵过的农家粪肥作基肥培养浮游生物，每亩施用有机粪肥量为 200～300 千克，复合肥不超过 5 千克，以肥田、肥泥、肥水，既有利于水稻生长，又能增加水生动物数量，有利于鲤生长。当水体颜色呈现清爽的土褐色时，水体繁殖的浮游植物、浮游动物及鱼苗易消化的群藻类最多，此时投放鱼苗较好。

四、种植水稻

1. 水稻品种选择

用于养殖鲤的水稻品种，在选择上要注意以下几点：一是耐水淹、不易倒伏，经得起水泡和风吹。二是茎秆坚硬、株型紧凑、茎秆较高。三是具有耐肥力、抗病。四是生长期较长。五是生育期长，便于养大鱼后再转塘或起捕。

2. 插秧

在稻田里蓄满水后，即可种水稻，除边沟和十字深沟不插秧苗外，其他地方全部插上秧苗，插秧苗前先犁耙田泥，使田泥疏松，然后插秧。

五、稻田消毒

稻田消毒应在鱼种放养前。主要清除鱼类的敌害生物（如黄鳝、老鼠等）和病原体（主要是细菌、寄生虫类）。清田消毒药物有生石灰、茶枯、漂白粉等。用量及使用方法：带水消毒，亩用生石灰100千克左右，加水搅拌后，立即均匀泼洒。茶枯清田消毒，水深10厘米时，每亩用5～10千克。漂白粉清田消毒，水深10厘米时，每亩用漂白粉4～5千克。

六、鲤放养

鲤在稻田里的生长速率还是比较快的，一般放当年鱼种，寸片两个月可长到50克，3个月达100克；50克左右的隔年鱼种3个月达300克以上。

插下秧苗后7～10天，秧苗返青开始生长时，即可投放鲤，一般每亩稻田投放重100克左右的鲤300～400尾即可，选择健壮、无病、无损伤、活泼的鲤投放，在投放时先让鲤在25～30倍大蒜浸出液中浸浴3～5分钟进行消毒，然后再投放到边沟中即可。如果是在稻田里培养大规格鱼种，每亩可投放3～5厘米的鱼种1 000～1 200尾。用夏花养成鱼种，不投饵，每亩可放2 000～3 000尾；若投饵，每亩可放养12 000尾。

鲤的放养时间因稻作季节和鱼种规格稍有区别，鱼种放养时间越早，鱼的生长季节就越长。早稻、中稻稻田放养当年孵化的水花或夏花鱼种，可在整田或在秧苗返青后放入鱼种。放养隔年鱼种则在栽秧后20天左右为宜。放养过早鲤活动会造成浮秧，甚至会出现鲤拱秧苗、吃秧根现象；放养过迟对鱼、稻生长不利。晚稻田养鱼，只要耙田结束就可投放鱼种。鱼种在放养前用2％～3％的食盐水浸浴10～15分钟消毒，再缓缓倒入鱼溜中。放鱼种时，要特别注意水的温差不能大于3℃。化肥作底肥时应在化肥毒性消失后再放鱼种。

七、鲤投喂

在鲤投放的前五天内，一般不要投喂。鲤可食稻田里的动植物、有机碎屑和落在田里的稻谷。五天后，田间杂草、萍类等已被鲤吃完，就要补充投喂农家饲料，农家饲料主要有麦麸、米糠、精饲料，以及木薯叶、甘蔗叶、青菜叶、青草或绿萍等青饲料。

八、水的调节

水的调节管理是稻田养鱼的重要一环，应该以稻为主。养鲤的稻田水位最好控制在 10～20 厘米。稻田养鱼灌水调节可分为以下 6 个时期：①禾苗返青期，此时期水淹过田面 4～5 厘米，利于活株返青；②分蘖期，此时期水位超过田面 2 厘米，利于提高泥温、使水稻易分蘖，应预防杂草和夏旱；③分蘖末期，此时期沟内保持大半沟水，提高上株率；④孕穗期，此时期做到满沟水，利于水稻含苞；⑤抽穗扬花到成熟期，此时期沟内一直保持大半沟水，利于养根护叶；⑥收获期，水位控制在田面以上 4～5 厘米，利于鲤觅食活动。盛夏时期，水温有时候可达到 35 ℃以上，要及时注入新水或者进行换水，调整温度。阴雨天要注意防止洪水漫过田埂，冲垮拦鱼设施，造成逃鱼损失。

九、疾病防治

1. 鱼病

相对池塘养鱼，稻田放养鲤，很少会发病，但是一旦发现鱼病就要及时诊断和治疗，以免传染而造成经济损失。当稻田的水温达到 15 ℃以上时，水中病原开始危害鱼类，易发生鱼病。主要鱼病有赤皮病、烂鳃病、细菌性肠炎、寄生虫性鳃病等。鱼病防治应坚持"以防为主，以治为辅"的原则，前期主要注意防治水霉病，做好清田消毒、鱼种消毒、饲料消毒、水质调节和药物的预防等工作，重点是做好鱼溜和鱼沟消毒。一般应每半个月向田里撒一次干燥、纯净的草木灰，每次每亩撒 3～5 千克，撒在边沟和十字深沟里即可。或每半个月泼洒一次 EM 菌水溶液，每次每亩泼洒 800～1 000 毫升，稀释 15～20 倍后，泼洒在边沟和十字深沟里。在高温季节，每半个月用 10～20 毫克/升的生石灰或 1 毫克/升的漂白粉沿鱼沟、鱼坑均匀泼洒一次（可预防细菌性和寄生虫性鱼病）。用土霉素或大蒜拌料投喂，预防肠炎病。

在少数地区，鼠害是稻田养鲤失败的原因，要加强防治。另外，稻田里存在很多鱼类天敌，如水鸟、水蛇、水蜈蚣等，可以通过加强田间管理，防止鱼类受害，减少损失。

2. 水稻疾病

水稻疾病防治见以下几点：

① 水稻施用农药应选择对口、高效、对鱼类毒性小、药效好且使用方便的农药，如敌百虫等，禁止使用对鱼类毒性大的农药。农药剂型方面，多选用水剂，不用粉剂，不使用除草剂和杀螺剂，不然会伤害鲤。若有稻飞虱、卷叶虫、钻子虫、纹枯病、稻瘟病等病虫危害，可选用"杀虫不毒鱼""蓝北斗""苦参碱""藜芦碱""井冈霉素""噻菌铜"等高效低毒农药进行防治，这些农药既能防病杀虫，又不伤害鲤。

② 正确掌握农药的正常使用量和对鱼类的安全浓度，使用农药时保证鱼类的安全。

③ 注意施药方法，养鱼稻田在施药前，应疏通鱼沟，加深田水至 7～10 厘米，同时要把鱼集中在鱼坑后才能施农药。使用时间为早上 9:00 左右或下午 4:00 后，夏季高温宜在下午 5:00 以后使用。粉剂农药趁早晨稻禾沾有露水时施用；水剂、乳剂农药宜在晴天露水干后或在傍晚时喷药，可减轻对鱼类的毒害。喷药要把喷头向上射，做到细喷雾、弥雾，增加药液在稻株上的黏着力，避免农药淋到田水中。下雨前不要喷洒农药，以防雨水将农药冲入水中。施药时可以把稻田的进水口、出水口打开，让田水流动，先从出水口一端施，施到中间停一下，使被污染的田水流出去，再施下一半田，从中间施到进水口处结束。

④ 施药时要把握好药剂的量，一般一块田最好分两次以上施药，让鱼能避开药毒。施药时，要尽量避开鱼、鱼沟和鱼函，减少农药直接与水位接触的面。施药过程中若发现有中毒死鱼，应该立即停止施药，并更换新水。

十、养殖管理

1. 巡田

定期观察鱼类的活动情况，看是否有浮头，有无发病，检查长势，观察水质变化。傍晚检查鱼类吃食情况，注意调节水质，适时调节水深，及时清整鱼沟和鱼窝。一般每 10 天左右清理一次鱼沟和鱼窝，使鱼沟的水保持通畅，使鱼窝能保持应有的蓄水高度，保证鲤正常的生长环境。注意防洪、防涝、防敌害。

2. 施肥技术

要根据水稻生长和水质肥瘦，适时、适量追施有机肥或无机肥。根据农户家庭经济条件，主要以堆肥、施肥为主，辅以农家精饲料、青饲料。堆肥是把稻草与畜粪等堆集 7～10 天后入田。堆肥放在田中，用泥土压好或盖好，目的是使其进一步发酵、使肥效缓慢肥田并任凭鱼类觅食；堆肥量视水质的肥瘦及养殖过程中饲料投喂量的多少确定。主要是施放沼气水或人畜粪肥，通过肥水繁殖浮游生物来饲养鱼类，一般将堆肥和有机肥结合使用。随天气转热，施肥量可逐渐增加，同时要注意水质变化。

十一、捕捉

采用稻田养鲤，单养鲤，每亩放养鱼种 300 尾的，秋后收获时，平均尾重可达 250 克以上，每亩产 50～80 千克。放养鲤水花的，一般每亩放养 10 000 尾，可收获 5～8 厘米鱼种 2 500～3 000 尾，它们均可留作来年的鱼种。

在水稻成熟收获时即可捕捉鲤，在捕捉时，首先要疏通鱼沟，夜间排水，缓慢地从排水口放水，让鲤随水流全部游到鱼沟或者鱼凼里，然后用鱼网捕起，最后将田间沟里的水全部抽干，进行人工捕捉，放在鱼篓或者木桶里。捕鱼宜在早、晚进行。达到上市标准的鲤即可上市，未达到上市标准的可暂时留在鱼凼或者水池中，留到第二年放养。若还有未进入鱼沟鱼凼的，则灌水再重复排水一次。

第七节　稻田生态养殖草鱼技术

在稻田里养殖草鱼的优越性要超过养其他鱼，稻田养殖以草食性鱼类为主，草鱼是常见养殖鱼种里除草、吃虫能力突出的鱼类，而且它也是排粪量大的鱼类，因此稻田主养草鱼能大大降低成本。草鱼是稻田养殖的首选。但是利用稻田养殖草鱼也有一个弊端，就是草鱼爱吃草，即使在饵料充足的前提下，大的草鱼也会啃食秧苗，如果管理得不好，会造成草鱼吃掉稻苗，影响水稻产量，因此根据草鱼的生长特点和食性转化的特点，主要推广在稻田里养殖草鱼种，建议不要养殖成鱼。一般稻田养殖草鱼都会适当搭配 2～3 个混养品种，既可充分利用稻田的天然饵料资源，又能提高草鱼产量。

一、稻田的选择

宜选择水源充足、交通方便、无旱无涝的田块，土质为黏性更好。

二、田间工程建设

1. 鱼沟开挖

要想给草鱼一定的水体活动空间，养鱼的田间工程必须达到标准，决不能搞平板式的放养，因此鱼沟和鱼凼的开挖是必不可少的。鱼沟的开挖一般根据田块的大小和形状，挖成"十"字沟、"一"字沟、"井"字沟或围沟。保证沟宽 200 厘米、深 100 厘米，做到沟凼相通，沟与沟相连，便于鱼的活动，来去自由，不会受阻，沟面积占稻田总面积的 6% 左右。

2. 鱼凼工程

鱼凼建在稻田进排水方便的一头，鱼凼面积占稻田总面积的 3%～4%，鱼凼深 1～1.5 米，四周用砼砖砌护，每个鱼凼开 1～2 个宽 30～40 厘米、高 40～50 厘米的闸口，闸口与鱼沟相连。晒田时，要保证沟、坑里的水常注、常新、常满。在不影响水稻正常生长的前提下，随着稻苗的生长，逐步加深水位，保持足够的养鱼水量。水量不够，鱼的产量就会受影响。

3. 田埂培高加固

稻田四周田埂均以砼砖砌护，田埂高 50 厘米，宽 1 米，并夯实，鱼凼四周及田埂四周种瓜果、蔬菜及优质牧草。

4. 建设好拦鱼设施

在稻田养殖草鱼时，最好在水稻发育前期建设好集鱼坑周围的拦鱼设备，这是因为秧苗鲜、嫩、弱，正是草鱼喜食的好饲料。所以在放养的前期，应将大规格的草鱼种控制在集鱼坑内，用竹条、柳条、木棍儿、铁丝网、纱窗等，在集鱼坑的周围制成拦鱼栅，拦鱼栅的缝宽或孔隙以草鱼种不能进入稻田为准。拦鱼栅要牢固，高出水面40厘米左右。在稻田进水口、排水口应安装好拦鱼设施（以铁丝或竹片制成），其大小、数量视稻田大小及排水量而定。

待水稻稻叶挺直远离水面后，稻秧就没有那么嫩了，草鱼只要吃饱就不会跳高去吃稻苗了。这时就要及时将集鱼坑周围的拦鱼设备拆掉，让鱼能够到田中活动觅食。

三、选择稻种合理栽插

进行稻田养殖草鱼的田块，对水稻品种要求也相应很高，由于田沟养鱼常年不能断水，不能频繁施用农药，所以应该选择那些茎秆坚硬、能抗倒伏、又抗病害、耐肥力强且产量高的品种。要想尽早利用稻田养鱼，延长鱼种生长期，必须要提早培育秧苗，具体时间以各地水稻种植时间为准，越早越好。为了充分利用稻田面积，保证稻田的丰收，稻秧栽插要合理，插秧时采取宽窄行密植，以提高栽种数量，同时秧苗要插实、插正，确保快速生长。另外，要充分利用稻田的边行优势，适当增加埂侧以及沟旁的栽插密度，保证稻谷的产量和收益。

四、稻田处理

为避免草鱼发生肠炎等病，草鱼种在放养到稻田之前，首先应清田消毒。具体做法就是在鱼种放养前15天用生石灰对稻田进行消毒，每亩用25～50千克，加水搅拌后立即均匀泼洒。其次应施好底肥。养鱼施底肥应根据土壤肥力酌量施用，一般每亩施300～400千克有机肥，或10千克碳酸氢铵和10千克磷酸钙混合施用。

五、鱼种放养

放养的草鱼要求品质好、体质健壮、无病、无伤。在稻田里养殖草鱼种时，最好是单养。如果需要混养时，建议搭配比例为草鱼50%～60%、鲤鱼20%～30%、花白鲢鱼10%～15%、鲫鱼5%～10%。

草鱼放养密度及规格在原则上是规格大少放、规格小多放，作为以培育草鱼鱼种为主的稻田养殖，可放寸片鱼种1 000～1 500尾/亩。

草鱼种放养时用3%～5%浓度的食盐水浸浴5～10分钟，以使鱼体消毒。鱼种放养时间一般为栽秧（每年5月中、下旬）后7天。大规格草鱼种先暂养于鱼凼内，待秧苗盈穗后再与大田相通。草鱼夏花或小规格的草鱼种可直接放到田间沟内。

六、科学投喂

1. 天然饵料的培育

由于草鱼是草食性鱼类，可以适当地在稻田里引入浮萍等浮游植物，同时在培育草鱼种时，可以通过施肥培育稻田里的水蚤等饵料生物来供草鱼种摄食。

2. 人工饵料的投喂

稻田养殖草鱼种尽管可以充分利用稻田各种丰富的饵料资源培育鱼种，同时鱼类粪便又可肥田肥水，但这并不是说稻田养鱼可以不投喂就能使鱼类快速生长。相反，要想鱼、稻双增，必须加强精细投喂，投喂饲料要充足。

稻田养草鱼可以投喂各种饲料，草料要新鲜可口，浮萍、青菜、青草或糠麸均可，另外谷子、麦子、玉米发芽后也可投喂草鱼。如果养殖规模较大，必须投喂全价配合饲料。要求饲料中蛋白质的含量要达到35％以上，每天投饲量为稻田中鱼体总重量的3％～5％。如果使用农家现有资源自配混合料，最好将其加工成颗粒投喂。在投喂上讲求"四定"精细投喂原则，即定时、定量、定质、定点，先喂草料、后喂精料。常规情况下每天投喂2次，时间分别在上午8：00～9：00和下午3：00～4：00。一般鱼类在25 ℃以上时生长最快，此时应加大投喂量；在阴雨、闷热等恶劣天气时要减少或停止投喂。投喂时注意观察鱼类摄食情况，以此相应调整投喂量和投喂次数。精细投喂可促使鱼类快速、健康生长，增重快，产量高，相应提高稻田养鱼综合效益。

七、合理施肥，谨慎用药

给养殖草鱼种的稻田施肥，不仅有利于水稻生长，还可以为鱼类生长提供养分，一肥两用，鱼、稻受益。所以施肥必须讲求科学施用技巧，一般以有机肥为主，在稻田开始翻耕时，每亩按200千克施足底肥，达到肥田、肥鱼的效果。而追肥要求少量多次，也尽量使用有机肥，但施肥量应低于常规池塘养鱼，一般要减少20％～40％。

在稻田防治病害时，切记要谨慎用药，因为很多水稻防治病药物对鱼类损伤较大，不仅抑制鱼类生长，而且会危及其生命。水稻病虫害的防治必须以生态防治为主，例如除草剂应少用，对于一些低矮的或附生在田面上的杂草，草鱼就可以直接将它们吃掉，而对于一些坚硬的高秆杂草则以手工拔除为主。有些病害可以使用草木灰等防治或手工捉虫的办法解决。如果必须用药时，应当选用高效低毒、低残留的药物品种，千万不要使用禁用鱼药，更不要使用剧毒农药。在水稻施用药物时，最好采用喷雾方式，喷药时喷嘴向上喷洒，尽量将药洒在叶面上，减少落入水中的药量，防止毒害草鱼。农药若是粉剂，必须在清晨露水未干时喷撒，以便药物黏附于叶面而不至于落入水中。农药若是水剂，则要在露水干后喷雾，以便稻叶吸附药剂。为确保田沟中鱼类安全，水稻施药前要将田间水灌满，以稀释药物浓度，施药后及时换掉田水，注入新鲜、无毒的水。施药时注意关注天气预报，切不可在雨前喷药，因为雨前喷药既治不了水稻病害，又加大了草鱼中毒风险。

八、做好鱼病防治工作

草鱼种下田后，每半个月对全田消毒一次，生石灰、漂白粉、强氯精交替使用。同时，每10～20天投喂内服药（鱼血散、大蒜素）预防。做到无病先防、有病早治、防重于治是预防鱼病的根本原则。草鱼在稻田里的疾病主要有烂鳃病、赤皮病、肠炎病以及草鱼暴发性鱼病。

稻田养殖草鱼时对鱼病防治还应当坚持"以防为主，治疗为辅"的原则。尤其是夏季高温，水中各种生物生长旺盛，草鱼鱼病的发病率较高。在鱼病流行的高峰季节，要重点抓好以下3项工作：

1. 全田泼洒药物

每立方米水体用90%晶体敌百虫0.5克可杀灭锚头鳋、中华鳋、三代虫等。每立方米水体用硫酸铜0.5克、硫酸亚铁0.2克，可杀灭车轮虫病。

2. 投喂药饵

预防草鱼的肠炎时，可采用投喂药饵的方式来进行，具体方法是每100千克鱼用大蒜头0.5千克，捣碎，加盐0.2千克，拌麦麸、面粉投喂。

3. 生态防病

光合细菌、利生素、芽孢杆菌等可作为水质净化剂，它们能有效地降低稻田尤其是田间、沟里水中的氨氮含量，同时对调节水质有重要作用，使水质达到良好的养鱼要求，并有效预防鱼病。

九、其他管理

1. 加强巡田

除严格按稻田养草鱼和种稻的技术规范实施管理外，每天需要通过巡田及时掌握水稻、草鱼的情况，并针对性地采取办法，特别是在大雨、暴雨时要防止漫田，检查进水口、出水口拦鱼设施功能是否完好，检查田埂是否完整、是否有人畜损坏，并及时采取补救措施。

2. 供水管理

主养草鱼的稻田在水稻分蘖期可以灌深水，淹没稻禾的无效分蘖部位，供草鱼食用。

3. 科学调控水质

高温季节，水质极易变坏，应经常加注新水，而且每隔7～10天换一次水，每月追施生石灰一次，一般用量为 10～20 千克/亩，保证水质达到"肥、活、嫩、爽"。

4. 清洁鱼沟、鱼凼

当稻田养草鱼的鱼种放养密度较大、草鱼产量较高（投饵型）时，草鱼的摄食量、排出的粪便量也多，非常容易造成水质受污染。对于田面，草鱼粪便是不足为虑的，一方面是因为粪便量少，另一方面是因为禾苗很快便能将其吸收。但是对于鱼沟、鱼凼来说，大量的草鱼集中在这儿进食、排粪，非常容易影响田间沟里的水质，因此要积极做好预防工作，不断清洁鱼沟、鱼凼，确保其水质达到养殖要求，发现鱼病要及时对症治疗。

第八节　稻-鳖生态综合种养技术

在稻田里养鳖是一种具有良好的经济效益、生态效益和社会效益的生态型种养方式，是一条生态循环的新路子。

鳖捕食田间害虫，可极大地减少农药的使用量；鳖的粪便又是水稻的良好肥料，可减少化学肥料的使用量，使生产的水稻达到无公害绿色标准。在稻田里养鳖是一种低碳和资源节约型的生产方式，能够有效提升土地的产出效率和经济效益。利用稻田养鳖，不仅能提高农田的利用率、充分利用自然资源、使农民增产增收，而且鳖可为稻田疏松土壤、捕捉害虫，能有效减轻农业污染及对环境的压力，因此在稻田里养鳖是一种非常高效的稻田生态种养模式，值得推广。

稻田养鳖是一种动物、植物在同一生态环境下互生互利的养殖新技术，是一项稻田空间再利用措施，不占用其他土地资源，可节约鳖饲养成本、降低田间害虫危害、减少水稻用肥量，不但不影响水稻产量，而且极大地提高了单位面积的经济效益，可以有效促进水稻丰收及鳖增产，高产高效，增加农民收入。稻田里养鳖充分利用了稻田中的空间资源、光热资源、天然饵料资源，是种植业和养殖业有机结合的典范。

一、选择田块

适宜的田块是稻田养鳖高产高效的基本条件，要选择地势较洼，注水、排水方便，面积 5～10 亩的连片田块，放苗种前挖好沟、窝、溜，建好防逃设施。田间开几条水沟，供鳖栖息，夏秋季节，由于鳖的摄食量增大，残饵、排泄物过多，加上鳖的活动量大，沟、溜极易被堵塞，使内部水位降低，影响鳖的生长发育。为此，在夏、秋季节应每 1～2 天疏通沟溜一次，确保沟宽 40 厘米、深 30 厘米，溜深 60～80 厘米，沟面积占田面积的 20% 左右，并做到沟沟相通、沟溜相通。进水口、出水口应用铁丝网拦住。靠田中间建一个长 5 米、宽 1 米的产卵台，此产卵台可用土堆成，田边做成 45°斜坡，台中间放上沙土，以利于雌鳖产卵。土质以壤土、黏土为宜。

二、水源要保证

水源是养鳖的物质基础，要选择水源充足、水质良好无污染、排灌方便、不易遭受洪涝侵害且旱季有水可供的地方进行稻田养鳖，土质以壤土、黏土为宜，在沿湖、沿河两岸的低洼地、滩涂地或沿库下游的宜渔稻田均可。要求进水与排水有独立的渠道，与其他养殖区的水源要分开。

三、防逃设施

在稻田四周用厚实的塑料膜围成 50～80 厘米高防逃墙。有条件的可用砖石筑矮墙，也可用石棉瓦等围成，原则上使鳖不能逃逸即可。

四、选好水稻品种

选好水稻品种是水稻丰收的保证，选择生长期较长、株型紧凑、茎秆粗壮、分蘖力中等、抗倒伏、抗病虫、耐湿性强、适性较强的水稻品种，常用的品种有汕优系列、武育粳系列、协优系列等。消毒后的种子要用清水清洗，再用 10 ℃的清水浸种 5 天，每天换一次水，从而促进谷芽的快速萌发。育种通常采用水稻大棚育苗技术，待秧苗长到一定时间后，通常在每年 4 月底至 5 月种植水稻，可采用机插或人工移栽的方式进行。

在养鳖的稻田里，水稻的种植密度与养殖鳖的规格有密切关系，如果是养殖商品鳖的稻田，亩插 6 000～8 000 丛，每丛 1～2 株，也就是说每亩可栽培 10 000～16 000 株；如果是养殖稚鳖的稻田，亩插 4 000～5 000 丛，每丛 1～2 株，也就是说每亩可栽培 5 000～10 000 株；如果是养殖亲鳖的稻田，亩插 3 000～5 000 丛，每丛 1～2 株，也就是说每亩可栽培 4 000～9 000 株。

由于鳖的活动能力非常强，而且它自身的体重也比一般的蛙、虾要重得多，因此养鳖稻田秧苗的栽插时间与行距也有一定的讲究。养鳖稻田秧苗的栽插时间和其他稻田一样；品种应选择抗病力强、产量高的杂交稻或粳稻品种。栽插时，株距 13 厘米，行距需加大到 28 厘米，以便为鳖在秧苗中爬行活动提供方便。当水稻秧苗活棵后，田间水位应正常保持在 10 厘米左右，高温季节还应加深至 12 厘米。

五、鳖苗种的选择

要养好鳖，首先就要选好鳖的苗种。从许多养殖专业户和笔者的实践经验来看，选购鳖应考虑以下几点：

1. 选购品种的确定

鳖的地理品系繁多，近年来又不断引进一些国外新品种，目前我国有近十个不同的地理品系供养殖。由于这些鳖中有许多品种的体貌、特征非常相似，而其生活习性、生长速度、繁殖量、产肉率、品味质量及综合价值极不相同，饲养后经济效益相差悬殊。因此，对同种异名、异种同名、体貌相近的鳖，要正确区分，防止假冒伪劣品种。还要注意的是一定要选择优质、高产、生命力强、适合当地饲养的品种，千万不能因鳖水土不服而造成损失。

2. 鳖苗的来源

鳖苗首先应分级暂养。按大小分别寄养于稻田的一角或分成小块的稻田里，待其10～15天适应新环境后，将其放入大的稻田中；市场上买来的受伤小鳖苗和商品鳖，要单独饲养到其伤愈后再投放。

3. 选择合法、证照齐全的单位

选择合法、证照齐全的单位去引种，不要通过来路不明的中间贩子来引种，只有合法的供种单位，才能确保引进的鳖品种纯正。引种时最好到供种场家池子中直接捞取选购，不要引进种质不明、来路不清的品种，更不要引进假良种。

4. 选择有繁育场地的单位

选择能提供高产质优鳖苗种和技术支持的单位，这些单位都有较好的固定的生产实验繁殖基地，而且形成了一定的规模，有较多的品种和较大的数量群体。千万不要到没有繁育能力的养殖场所引种。引种前最好亲自到引种单位去考察摸底。

5. 选择技术有保证的供种单位

选择技术有保证的供种单位，要求供种单位对于购种中的不正常死亡、放养后的伤害和死亡、繁殖时雌雄搭配不当的鳖，都要能及时调换，同时可以为农户提供市场信息，进行相关的技术指导，这样的单位是可以信赖的。

6. 苗种要健康

不论是哪里的品种，引进时一定要确保苗种健康，在引种前进行抽检并做病原检疫，不能将病原带进自己的养殖场。对于那些处于发病状态的鳖品种，即使性能再优良，也不要引进。

7. 循序渐进地引种

如果不是本地苗种，确实是从外地引进的新的地理品系，甚至是从国外引进的新品种，在初次引进时数量要少些，在引进后做一些隔离驯养和养殖观察，只有经过论证后发现确实有养殖优势的，再大量引进；如果发现引进的品种不适应当地的养殖环境或者说引进的品种根本没有养殖优势，就不要再盲目引进。

8. 尽量选择本地品种

在鳖养殖服务过程中，我们发现养殖优势最明显的还是适应本地环境的本地品种，这是因为这些品种都是经过在本地生态环境中长期适应进化的最优品种，它们对本地环境的适应性、对本地温度的适应性、对本地天然饵料的适应性，都要比其他外来的品种要有优势。另外，它们对本地养殖过程中发生的病害的抵抗能力、后代的繁殖稳定性和本身形态及体色的稳定性，都是任何外来品种所无法比拟的。例如泰国鳖，此品种在泰国当地可以自然越冬养殖，而在我国只能在温室中养殖，却不能在野外进行自然越冬养殖（华南地区除外）；日本鳖虽然在生长速度上要比我国特产中华鳖（为本地土著品种）有明显的优势，但是它对水生环境的适应性比较特殊，到目前为止，我国许多地区日本鳖成活率一直不高。

9. 选购鳖的最佳时间

选购鳖的最佳时间是有讲究的，一般不宜选择在秋末、初冬或初春，因为这个时候鳖正处于将要冬眠或冬眠后初醒状态，它的体质和进食情况不易掌握，成活率低。根据许多鳖养殖专家的经验，挑选鳖的时间宜在每年的 5～9 月，此时有部分稚鳖刚出壳，冬眠的鳖也已苏醒，正处于生长阶段，活动比较正常，而且活动量大，能主动进食，对温度、气候都非常适应，购买时可以很好地观察到鳖的健康状况，便于挑选，容易区分患病鳖。合适的鳖，是非常容易饲养的，而且这时的鳖对温度、气候、环境的适应能力都很强。

六、选购健康的鳖

1. 看鳖的反应

应选择反应灵敏、两眼有神、眼球上无白点和分泌物、四肢有劲、用手拉扯时不易拉出的鳖，这种类型的鳖都是优质鳖。

2. 看鳖的活动

鳖活动时头后部及四肢伸缩自如，可用一根硬竹筷刺激鳖，让它咬住竹筷，用一只手拉竹筷，以拉长它的颈部，用另一只手在鳖的颈部仔细摸，颈部腹面应无针状异物。当把它翻过来腹甲朝上放置时，它应该会很快翻转过来。在其爬行时，四肢应能将身体支撑起来行走，而不是身体拖着地爬行，凡身体拖着地爬行的鳖不宜选购。

3. 看鳖的进食与饮水

如果鳖能主动进食，会争食饵料，而且它们的粪便呈长条圆柱形、团状、深绿色，说明是优质鳖。在选购鳖时，可将鳖放入水中，若其长时间漂浮在水面或身体倾斜，而不能自由地沉入水底，这样的鳖是有病的，不宜选购。另外，也可将鳖放入浅水中，使水位达到鳖背甲高度的一半，观察鳖是否饮水，若其大量、长时间饮水，则为不健康的鳖。

4. 掂体重

用手掂量鳖的体重，健康鳖放在手中是沉甸甸的较重的感觉，若感觉鳖体重较轻，则不宜选购。

5. 查鳖的舌部

用硬物将鳖的嘴扒开，仔细查看它的舌部。健康的鳖，舌表面为粉红色，且湿润，舌苔的表面有薄薄的白苔或薄黄苔；不健康的鳖，舌表面为白色、赤红色、青色，舌苔厚，呈深黄色、乳白色或黑色。

6. 看鳖的鼻部

健康的鳖，鼻部干燥而无龟裂，口腔四周清洁，无黏液；不健康的鳖，鼻部有鼻液流出，四周潮湿；患病严重的鳖，鼻孔出血。

7. 看鳖的外表

主要是查看鳖的外表、体表是否有破损，四肢的鳞片是否有掉落，四肢的爪是否缺少。四肢的腋、胯窝处是否有寄生虫，肌肉是否饱满，皮下是否有气肿、浮肿。外形完整、无伤、无病、肌肉肥厚、腹甲有光泽、背胛肋骨模糊、裙厚而上翘、四腿粗而有劲、动作敏捷的鳖为优等鳖；反之，为劣等鳖。

8. 看鳖的力量

抓住鳖，然后向外拉它的四肢，健康的鳖四肢不易拉出，收缩有力。再用手抓住鳖的后腿胯窝处，活动迅速、四脚乱蹬、凶猛有力的为优等鳖；活动不灵活、四脚微动甚至不动的为劣等鳖。

七、鳖的放养

1. 放养时间

亲鳖的放养时间为 3～5 月，早于水稻插秧，应先限制鳖在沟坑中；幼鳖的放养时间为 5～6 月，在插秧 20 天之后进行；稚鳖的放养时间为 7～9 月，直接放入稻田里。选择气温在 25 ℃、水温在 22 ℃的晴天时投放。同时，每亩可混养 1 千克的抱卵青虾或 2 万尾幼虾苗，也可亩混养 20 尾规格为 5～8 尾/千克的异育银鲫。要求选择健壮、无病的鳖入田，避免患病鳖入田引发感染。鳖苗种入池时，应用 3％～5％的食盐水浸洗消毒，减少外来病源菌的侵袭。在秧苗成活前，宜将鳖苗种放在鱼沟、鱼溜中暂养，待秧苗返青后，再放入稻田中饲养。

2. 放养规格和密度

根据稻田的生态环境，确定合理的放养密度。一些稻田养殖的生产实践表明，150 克以上（一冬龄）的幼鳖每亩放养 200～500 只；50～150 克的鳖每亩放养 1 300～2 000 只；4 克以上的稚鳖每亩放养 5 000 只以上；对于 3 龄以上的亲鳖每亩放养 50～200 只。由于太小的鳖苗种对环境的适应能力不足，自身的保护能力也不足，因此建议个体太小的幼鳖最好不作为稻田养殖对象，可将这类鳖在温室里养殖一个冬季，到翌年 4 月再投放到稻田中。

投放前应做好稻田循环沟、投喂场、幼鳖的消毒工作，幼鳖要求无伤、无病，体质健壮，且大小基本一致，以防其因饲料短缺互相残杀。

3. 放养技巧

鳖在放养时要做好以下几点工作：一是鳖苗种质量要保证，即放养的小鳖要求体质健壮、无病、无伤、无寄生虫附着，最好达到一定规格，确保能按时长到上市规格。二是做到适时放养。根据鳖的生活特性，鳖苗种放养一般在晚秋或早春，水温达到10~12℃时放养。三是根据稻田的生态环境，确定合理的放养密度。四是放养前要注意消毒，可用5％的食盐水溶液给鳖苗种消毒10分钟后再将其放入稻田中。

八、科学投饵

稻田中常有昆虫，还有水生小动物，它们可供鳖摄食。稻田中的有机质和腐殖质非常丰富，它们培育出的天然饵料非常丰富，一般少量投饵即可满足鳖的摄食需要。投饵讲究"五定、四看"投饲技术，"五定"即定时、定点、定质、定量、定人；"四看"即看天气、看水质变化、看鳖摄食及活动情况、看生长态势。投饵量采取"试差法"来确定，一般日投饵量控制在鳖体重的2％即可。可在稻田内预先投放一些田螺、泥鳅、虾等，这些动物可不断繁殖后代供鳖自由摄食，节省饲料。还可在稻田内放养一些红萍、绿萍等小型水草供鳖食用。

九、日常管理

1. 安全度夏

在夏季，由于稻田水体较浅，水温过高，加上鳖排泄物剧增，水质易污染并导致鳖缺氧，稍有疏忽鳖就会大批死亡，给稻田养鳖造成损失。因此，鳖安全度夏是稻田养殖的关键所在，也是保证鳖回捕率的前提。夏季稻田水位低、水温高，而且水温变化幅度大，容易导致水质恶化。比较实用、有效的度夏技术主要包括以下几点：

① 搭好凉棚。夏季为防止水温过高而影响鳖正常生长，田边种植陆生经济作物如豆角、丝瓜等，并搭成棚子。

② 沟中遍栽苦草、菹草、水花生等水草。

③ 田面多投放水浮莲、紫背浮萍等水生植物，它们既可作为鳖的饵料，又可为鳖遮阳避暑。

④ 勤换水，定期撒生石灰，用量为每亩5~10千克。

⑤ 雨季来临时做好平水缺口的护理工作，做到旱不干、涝不淹。

⑥ 烤田时要遵循"轻烤慢搁"的原则，缓慢降水，做到既不影响鳖的生长，又要促进稻谷的有效分蘖。

⑦ 在双季连作稻田间套养鳖时，头季稻收割适逢盛夏，收割后对水沟要遮阴，

可就地取材，将鲜稻草扎把后盖在沟边，以免烈日引起水温超过 42 ℃而烫死鳖。

⑧ 保持稻田的水位，稻田水位的深浅直接关系到鳖生长速度的快慢。水位过浅，易引起水温发生突变，导致鳖大批死亡。因此，稻田养鳖的水位要比一般稻田水位高出 10 厘米以上，并且每 2～3 天灌注新水一次，以保证水质的新鲜、爽活。

2. 病虫害的绿色防控

由于鳖喜食田间的昆虫、飞蛾等，因此，田间害虫甚少，只有稻秆上部叶面害虫有时发生危害。科学治虫是减少病害传播、降低鳖非正常死亡的技术手段，所以在防治水稻害虫时，应选用高效、低毒、低残留、对养殖对象没有伤害的农药，如杀螟松、亚铵硫磷、敌百虫、杀虫双、井冈霉素、多菌灵、稻瘟净等高效低毒农药。在晴天用药，粉剂在早晨露水未干时使用，尽量使粉撒在稻叶表面而少落于水中；水剂在傍晚使用，要求尽量将农药喷洒在水稻叶面，以打湿稻叶为度，这样既可提高防治病虫效果，又能减轻药物对鳖的危害。

用药时水位降至田面以下，施药后立即进水，24 小时后将水彻底换去。

用药时最好分田块、分期、分片施用，即一块田分两天施药，第一天施半块田，把鳖捞起并暂养在另一旁后施药，经 2～4 天后照常入田即可，过三四天再施另半块田，减少农药对鳖的影响。

晴天中午高温和闷热天气或连续阴天勿施药，雨天勿施药。雨天施药，药物易流失，造成药物损失。

如有条件，可用饵诱鳖上岸，使其进入安全地带，也可先给鳖饲喂解毒药预防，然后再施药。

若因稻田病害严重蔓延，必须选用高毒农药，或水稻需要根部治虫时，应降低田中水位，将鳖赶入水沟、水溜，并不断冲水对流，保持水沟、水溜中有充足的氧气。

若因鳖个体大、数量多，水沟、水溜无法容纳时，可采取转移措施，主要做法是：将部分鳖搬迁到其他水体或用网箱暂养，待水稻病虫害得到控制并停止用药两天后，重新注入新水，再将鳖搬回原稻田饲养。

3. 精准施肥

精准施肥是提高稻谷产量的有效措施，养殖鳖的稻田施肥应遵循"基肥为主、追肥为辅；有机肥为主、化肥为辅"的原则。由于鳖活动有耘田除草作用，加上鳖自身排泄物，另有浮萍类肥田，所以养鳖稻田的水稻施肥量可以比常规稻田少施 50%左右，一般每亩施有机肥 300～500 千克，匀耕细耙后方可栽插禾苗；如用化肥，一般用量为：碳铵 15～20 千克，尿素 10～20 千克，过磷酸钙 20～30 千克。

4. 防病

在稻田中养鳖，由于养殖密度低，鳖一般较少有病，为了预防疾病，可每半个月在饲料中拌入中草药（如铁苋菜、马齿苋、地锦草等）防治肠胃炎。

5. 越冬

每年秋收后，可起捕出售鳖，也可将其转入池内或室内饲养越冬。

十、稻田养鳖的成本与利润

总有不少农民朋友既了解了稻田养鳖的好处，也知道有利润，但是却把握不了投资额，在这里，笔者根据安徽省的稻田养鳖情况为大家做个成本概算，只计算每亩养鳖的成本，并没有计算水稻栽种的成本，仅供参考。

1. 稻田建设成本概算

（1）防盗、防逃设施材料成本　采用铝塑网片、彩钢瓦片、石棉瓦、加厚塑料膜、砖砌等不同的防盗、防逃设施材料，不同材料的价格是不一样的，这里采取我们经常用的一种防逃设施材料，一般较经济的用铝塑网片，防盗网为 2 米高，而防逃网为 1 米高就可以了，上口向内弯成 90°角，每个单元约需 250 米，其单价为每米 4 元，成本大致为 $250×4＝1\,000$ 元。

（2）开挖田间沟的土方成本　300 米^2×0.50 米（深）＝150 米^3，150 米^3×15 元/米^3＝2\,250 元。

（3）饵料台、进排水管、田间道路等其他设施成本约 1\,000 元。

共计一次性投资成本（含人工费）约 5\,000 元，分摊到每亩建设成本约 1\,000 元。

2. 投放成本与养殖成本

（1）苗种成本　平均重量 0.5 千克左右的鳖，每千克均价 40 元，每亩 100 只（技术成熟可投放 200～300 只），计 2\,000 元/亩。

（2）饲料及防治成本　根据天气、水温情况确定鳖的投放时间，养殖周期为每年 6 月至 10 月中旬，约 160 天。如果是投喂颗粒饲料，那么平均每只鳖投喂饲料约 0.65 千克，饲料价格为 16 元/千克；如果是投喂田螺、其他杂鱼、冰鲜鱼及肉类饲料，那么平均每只鳖投喂饲料约 0.85 千克，饲料平均价格为 8 元/千克；如果是投喂部分颗粒饲料，再辅以部分鱼或田螺等饲料，那么饲料的平均价格为 11 元/千克左右。经过一个季节的生长，每只鳖平均增重 1.3～1.4 千克，均重约 0.82 千克，饲料成本每亩约 1\,000 元，分摊到每只鳖为 10 元。

（3）水费、电费、药品费等每亩约 100 元。

3. 总成本

根据上述成本核算，每亩稻田养殖鳖的总成本合计：基建 1\,000 元＋苗种 2\,000 元＋饲料 1\,000 元＋水费、电费、药品费 100 元＝4\,100 元；再加上其他的一些不可预见性的费用 200 元，利用稻田养殖鳖的总成本为每亩 4\,300 元。

4. 收入

根据测算，稻田养殖鳖每只平均规格可达 0.82 千克，成活率平均为 90%～95%

（以 92％计算），平均每亩产鳖 76 千克，销售价格 90 元/千克。每亩总收入 6 840 元。

5. 利润

根据测算，稻田养殖鳖的平均每亩利润估计为 6 840 元－4 300 元＝2 540 元。基本上能做到当年收回投入，并且每亩利润达 2 500 元左右。

第九节　稻-鳝生态综合种养技术

利用稻田生态养殖黄鳝，成本低，管理容易，既增产稻谷，又增产黄鳝，是农民致富的有效途径之一。

稻田生态养殖黄鳝是实行种植与养殖相结合的一种新的养殖模式。稻田养殖黄鳝，可以充分利用稻田的空间、温度、水源及饵料优势，促进稻、鳝共生互利，丰稻增鳝，大大提高稻田综合经济效益的一条好路子。掌握科学的饲养方法，平均每亩可产商品黄鳝 30～40 千克，产值增加 800～1 200 元。规格为 15～20 条/千克的优质黄鳝种苗经 4～6 个月的饲养，即可长至 100～150 克。一方面，稻田为黄鳝的摄食、栖息等提供良好的生态环境，黄鳝在稻田中生活，能充分利用稻田中的多种生物饵料，包括水蚯蚓、枝角类、紫背浮萍以及部分稻田害虫。另一方面，黄鳝的排泄物对水稻的生长起追肥作用，可以减少农户对稻田的农药、肥料的投入，降低成本。

一、稻田的选择

选择通风、透光、地势低洼、水源充足、进排水方便、耕作土层浅、底土结实肥沃、土壤保水保肥性能良好的中稻田，能确保天旱不干涸、洪涝不泛滥，面积不超过 5 亩为宜。

二、做好田间工程

（1）在秧苗移栽前将田块四周加高，达到不渗水、不漏水，使其高出田基 20～30 厘米。

（2）在田块四周内外挖围沟，其宽 5 米、深 1 米；在田内开挖多条"弓"字形或"田"字形水沟，水沟宽 50 厘米，深 30 厘米，并与四周环沟相通，以利于高温季节黄鳝打洞、栖息，所有沟溜必须相通，水沟占稻田面积的 20％左右。

三、栽种水草

水草在黄鳝幼体培育中起着十分重要的作用，具体表现如下：模拟生态环境，为鳝苗提供部分食物，净化水质，提供氧气，为鳝苗提供隐蔽栖息场所，在夏季高温时可以为鳝苗遮阴，提供摄食场所，防病。

在田间沟里可以栽种的水草通常有聚草、菹草、水花生、水葫芦等，栽种水草的方法，是将水草根部集中在一头，一只手拿一小撮水草，另一只手拿铁锹挖一个小坑，将水草植入，每株间的行距为20厘米，株距为15~20厘米，水草面积占沟内总面积的30%~40%。

四、做好防逃措施

在稻田养殖黄鳝过程中，如果防逃措施没有做好会发生黄鳝大量逃跑的事件，从而给稻田养殖带来影响。从生产实践中的经验来看，黄鳝逃跑的主要途径有：①连续下雨，稻田水位上涨，黄鳝随溢水外逃；②排水孔拦鳝设备损坏，黄鳝从中潜逃；③黄鳝从田埂的裂缝或打的洞中逃遁。

因此，黄鳝防逃重点要做好以下几点工作：①做好进、排水系统，并在进、排水口处安装坚固的拦鳝设施，用密眼铁丝网罩好，以防逃鳝。②稻田四周最好构筑50厘米左右的防逃设施，可以考虑用水泥板70厘米×40厘米，衔接围砌，水泥板与地面呈90°角，下部插入泥土中20厘米左右。如果是粗养，只需加高加宽田埂注意防逃即可。③建造简易防逃设施。将稻田田埂加宽至1米，高出水面0.5米以上，在硬壁及田边底部交接处用油毡纸铺垫，上压泥土，与田土连成一片，这种设施造价低，防逃效果好。④由田埂四周内侧深埋（直到硬土层下5厘米）石棉瓦或硬塑薄膜，出土40厘米，围成向内略倾斜的围墙。

五、肥料的施用

稻田养殖黄鳝采取"以基肥为主、追肥为辅；以有机肥为主，无机肥为辅"的施肥原则。基肥以有机肥为主，于平田前施入，按稻田常用量施入农家肥，追肥以无机肥为主，禾苗返青后至中耕前追施尿素和钾肥1次，每平方米田块用量为尿素3克、钾肥7克。抽穗开花前追施人畜粪1次，每平方米用量为猪粪1千克，人粪0.5千克。为了避免禾苗疯长和烧苗，人畜粪的有形成分主要施于围沟靠田埂边及溜沟中，并使之与沟底淤泥混合。

六、黄鳝种苗来源

黄鳝种苗尽可能是自己或委托别人用鳝笼捕捞的，对于每一批投放的黄鳝种苗一定要保证是用鳝笼刚刚捕捞的野生苗；市场上收购的黄鳝种苗也必须是用鳝笼刚刚捕捞的，而且更要保证黄鳝种苗无病无伤，电捕和毒捕的黄鳝种苗坚决不能作为鳝种投放。

1. 从市场上采购黄鳝种苗

（1）采购途径和方法　到固定的黄鳝养殖场进行黄鳝种苗采购，尽管价格往往会很高，但是质量和规格都能得到保证。

（2）采购的质量和品种要求　在购买黄鳝种苗时，要选择健壮无伤、一直处于换水暂养状态的笼捕和手捕黄鳝种苗作为饲养对象，切忌将用钩钓的幼鳝作为黄鳝种苗；咽喉部有内伤或体表有严重的损伤、易生水霉病、不吃食、成活率低的黄鳝均不能用作黄鳝种苗；腮边出现红色充血或泛黑色，体色发白、无光泽且瘦弱的黄鳝不能用作为黄鳝种苗；凡是受到农药侵害的黄鳝和药捕的黄鳝都不能作种苗放养，这些黄鳝种苗一般全身乏力，一抓就抓住了，缺少活力。将欲收购的黄鳝种苗倒入水中，看其是否活跃，对于在水中反应迟钝、长时间伸头出水且一动不动的黄鳝种苗不要收购。

一般可以将黄鳝品种分为以下3种：第一个品种被称为深黄大斑鳝，它的个体肥壮，体色微黄或橙黄，体背多为黄褐色，腹部灰白色，身上有不规则的黑色斑点，斑点从体前端至后端在背部和两侧连接成数条斑线，这种黄鳝性情温和，生长速度快，最大个体体长可达70厘米，体重1.5千克左右，每千克黄鳝种苗生产成鳝的增肉倍数是1∶6～1∶5，非常适合人工养殖；第二个品种，体色青黄，这种黄鳝种苗生长速度一般，每千克黄鳝种苗生产成鳝的增肉倍数是1∶4～1∶3；第三个品种，体色灰，斑点细密，这种黄鳝种苗生长不快，每千克黄鳝种苗生产成鳝的增肉倍数是1∶2～1∶1。因此，从养殖效益来看，我们在选择养殖品种时，还是要选择第一个品种。其他的几种黄鳝种苗生长速度慢，只适宜暂养以获得季节差价。

（3）在大规模养殖场中购买黄鳝种苗的技巧

在一些提供黄鳝种苗的养殖场，都会有一些高密度临时存放黄鳝的池子，我们可以通过观察黄鳝在池子里的反应和活力来判断黄鳝的优劣。

首先看黄鳝种苗个体的反应，一般质量较好的黄鳝在水池内会全部迅速游开并躲到水草下或钻入泥中，很少会有黄鳝在没有水草的水体中停留，如果发现黄鳝长时间伸头出水且一动不动，这样的一般均为病鳝，应挑出。伸头出水较多的，则全部不要。

其次是看黄鳝种苗的集群反应，对于一池子的黄鳝来说，大部分黄鳝是喜欢在一起的，如果发现有极少数几条黄鳝待在一边，那就说明它们可能有毛病，是不适宜选购的。

再次是看黄鳝种苗在池壁和草丛中的反应，如果黄鳝在不断地用身体摩擦池壁或水草，或爬到水草面上烦躁不安、在池内不停翻滚、肚子朝上，那就说明这池子的黄鳝种苗可能有寄生虫感染，或者是得其他的疾病，也是不宜选购的。

最后就是看黄鳝种苗的摄食欲望。让鳝池保持微流水，投入切碎的蚯蚓、猪肝、河蚌肉、鱼肉等，如果黄鳝的摄食欲望很强烈，则说明是优质黄鳝种苗，否则很可能是患病的，也是不能选购的。

2. 直接从野外捕捉野生黄鳝种苗

人工繁育的黄鳝种苗质量稳定，但目前其数量极少，难以满足人工养殖的需要。通过捕捞天然鳝苗进行繁殖是非常不错的选择，能节约成本，减少生产开支，是容易在广大农村推广的方法之一。在自然水域中，野生黄鳝种苗的采集方法也有多种，如笼捕、电捕、针钓、药捕、针叉和徒手捕捉等，其中只有笼捕黄鳝种苗成活率高，而另外几种方法所得黄鳝种苗成活率低。

第一种方法就是灯光照捕，就是在春夏之间，在晚上点上柴油灯照明，也可用电灯，沿田埂渠沟边巡视，一旦发现有出来觅食的黄鳝，就立即用灯光照射，这时黄鳝就会一动不动，可用捕鳝夹捕捉或徒手捕捉。在捕捉时，要注意保护鳝体的安全，尽可能不损伤黄鳝的身体，捕到的黄鳝种苗应该马上放养。

第二种方法是用鳝笼捕捉，春天末期，气温回升到15 ℃以上时，在土层越冬的黄鳝种苗纷纷出洞觅食，这是捕捉黄鳝种苗的最好季节，既可在湖泊、河沟捕捉黄鳝种苗，也可利用春耕之际在水田内捕捉黄鳝种苗。其他季节可利用黄鳝夜间觅食的习性来捕捉。每年4～10月，可以在稻田和浅水沟渠中用鳝笼捕捉，特别是闷热天或雷雨后，出来活动的黄鳝最多，晚间多于白天。可于晚上9：00～10：00或者雷雨过后，将鳝笼放在田间、水沟黄鳝经常活动的地方，几个小时以后将鳝笼收回，就可以捕捉到黄鳝。用鳝笼捕捉黄鳝时，要注意以下两点：一是最好用蚯蚓作诱饵，每只笼子一晚上取黄鳝一次；二是将捕鳝笼放入水中时，一定要将笼尾稍稍露出水面，以便使黄鳝在笼中能呼吸到空气，否则黄鳝会闷死或得缺氧症。黎明时将鳝笼收回，将个体大的黄鳝出售，小的留作黄鳝种苗。用这种方法捕到的黄鳝种苗，体健无伤，饲养成活率高。

第三种方法是用三角抄网在河道或湖泊生长水花生的地方抄捕。在长江中游地区，每年5～9月是黄鳝的繁殖季节。此时，自然界中的亲鳝在水田、水沟等环境中产卵。刚孵出的黄鳝种苗体为黑色，有相对聚集成团的习性。每年6月下旬至7月上旬可在有黄鳝种苗孵出的水池、水沟中放养水葫芦引诱黄鳝种苗，捞苗前先在地面铺一密网布，用捞海将水葫芦捕到网布上，使藏于水葫芦根须中的黄鳝种苗自行钻出到网布上。

第四种方法是食饵诱捕，在每年的6月中旬，利用黄鳝种苗喜食水蚯蚓的特性，在池塘水池靠岸处建一些小土埂，土埂一半用土，一半用马粪、牛粪、猪粪拌和而成，在水中做成块状分布的肥水区，这样便长出很多水蚯蚓，自然繁殖的黄鳝种苗会钻入土埂中吃水蚯蚓，这时可用筛绢小捞海捞取黄鳝种苗，放入幼鳝培育池中培育。

第五种方法就是在黄鳝经常出没的水沟中放养水葫芦，6月下旬至7月上旬就可收集野生黄鳝种苗。方法是：先在地上铺一塑料密网布，用捞海把水葫芦捞至网布上，原来藏于水葫芦根中的黄鳝种苗会自动钻出，落在网布上。收集到的野生黄鳝种苗可放入黄鳝种苗池中培育。

在这里必须强调一点的就是必须在每天上午将当天捕捉的黄鳝收购回来，途中时间不得超过 4 小时。收购时，容器盛水至 2/3 处，内置 0.5 千克聚乙烯网片。黄鳝种苗运回，立即彻底换水，所换水的比例达 1∶4 以上。浸洗过程中，剔除受伤的和体质衰弱的黄鳝种苗。1 小时后，对黄鳝种苗进行分选，按不同的规格大小放入不同的鳝池。整个操作过程，水的更换应避免温差过大，水温高低相差应控制在 2 ℃以内。

3. 利用人工养殖的成鳝自然孵苗

这种方法获得的黄鳝种苗，有成熟率高、对环境适应性强和群众易接受等特点。

（1）选择亲鳝　每年秋末，当水温降至 15 ℃以下时，从人工养成的黄鳝中，选择体色黄、斑纹大和体质壮的个体移入亲鳝池中越冬，一般选择平均体长 36～40 厘米、体重 100 克左右的黄鳝。

（2）越冬管理　为了确保黄鳝的亲鳝在来年能更好地繁殖幼鳝，一定要做好越冬管理工作，在越冬期间要注意尽可能自然越冬，不要刻意地人为加温并投喂饵料，否则对亲鳝的性腺发育不利。当然也不要冻伤亲鳝，越冬土层至少要保证 30 厘米以上，在天寒时还要在最上面覆盖一层稻草来保温。

（3）亲鳝的培育　第二年春天，当水温升至 10 ℃以上时，就可以在中午少量投喂黄鳝爱吃的动物性饵料，当水温达到 15 ℃以上时，要加强投喂，多投活饵，密切注视其繁殖活动情况，并在中午时适当冲水刺激，以利于黄鳝的性腺发育。

（4）密切注意亲鳝的发育　5 月中旬亲鳝开始产卵，一旦发现黄鳝种苗后及时捞取并进行人工培育。刚孵出的黄鳝种苗往往集中在一起呈一团黑色，此时，护幼的雄鳝会张口将仔鳝吞入口腔内，头伸出水面，移至清水处继续护幼。寻找仔鳝时，要耐心、仔细，一旦发现仔鳝因水质恶化绞成团时，应及时用捞海捞出，放入盛有亲鳝池池水的桶中，如果发现不及时，第二天仔鳝往往就钻入泥中，难以捕起。

4. 捞取天然受精卵来繁殖

对于农村养鳝户来说，黄鳝的人工繁殖有一定的操作技术难度，单纯依靠人工繁殖来获得黄鳝种苗不是十分保险的。因此，在黄鳝自然繁殖季节，从野外直接捞取受精卵，再进行人工集中孵化的方法，成本较低，而且获得黄鳝种苗的数量较多。首先是在 5～9 月，于稻田、池塘、水田、沟渠、沼泽、湖泊、浅滩、杂草丛生的水域及成鳝养殖池内，寻找黄鳝的天然产卵场，这种产卵场是有特点的，是可以寻找到的，夏季在水沟或者水稻田，常常可以看到一些泡沫团状物漂浮在水面上，这就是黄鳝受精卵的孵化巢。当发现产卵场后，应立即进行捕捞，用布捞海、勺、瓢或桶等工具将卵连同泡沫孵化巢一同轻轻捞取起来，暂时放入预先消毒过的盛水容器中，然后放入水温为 25～30 ℃的水体内孵化，以获得黄鳝种苗。

5. 人工繁殖获得黄鳝种苗

人工繁殖获得黄鳝种苗就是指用人工催情繁殖而获得黄鳝种苗的方法。这种方法的特点是能获得批量的黄鳝种苗，质量也有所保证。但缺点是操作技术要求较高，操作程序也较为复杂，对于一般从事稻田养殖的农户来说，并不适宜，因此本书不做重点介绍。

这几年黄鳝养殖的发展速度很快，出现了黄鳝种苗明显供应不足的局面，这就使不法之徒有了可乘之机，他们谎称可以面向全国提供"人工繁殖鳝""特大鳝""泰国鳝""日本鳝"等，并称这种黄鳝"生长快、易饲养""从孵化到长到 1 千克，只要 7 个月"，其实这些人都是黄鳝种苗炒卖者，实际上都是贩卖收集的天然野生黄鳝种苗，这些骗子骗得客户交了引种款后，再派人从市场上购买本地价格低廉的商品小黄鳝。同时因这种黄鳝种苗暂养时间长和贩运环节多，病伤严重，养殖户往往运回后，养殖不到一个月死亡率就达到 90％～100％，因此在此强烈呼吁购买黄鳝种苗者应慎重考查，切勿轻信上当。

七、黄鳝种苗放养

黄鳝种苗的投放时间集中在 4 月中、下旬一次性放足，黄鳝种苗的投放要求规格大而整齐、体质健壮、无病无伤，由于野生黄鳝驯养较难，最好选择人工培育的优良黄鳝种苗，如深黄大斑鳝等。黄鳝种苗的投放要力争在 1 周内完成。稻田放养的黄鳝种苗规格以 5～30 厘米为好。放养密度一般为每亩 500 尾，如果饵源充足、水质条件好、养殖技术强，可以增加到每亩 700 尾。放养黄鳝种苗期间应该多关注天气情况，放养黄鳝种苗时的天气必须选择连续晴天的第二天，在放养黄鳝种苗时一定要轻拿轻放，同池养的黄鳝种苗规格大小要一致，黄鳝种苗只要放入另一水体，就要消毒。黄鳝种苗入田前用 3‰～5‰ 的食盐水，浸泡 10～15 分钟消毒体表；或用高锰酸钾，每立方米水 10～20 克浸泡 5～10 分钟；或用聚维酮碘（含有效碘 1％），每立方米水用 20～30 克，浸泡 10～20 分钟；或用四烷基季铵盐络合碘（季铵盐含量 50％），每立方米水用 0.1～0.2 克，浸泡 30～60 分钟；或用 5 毫克/升的福尔马林药浴 5 分钟，杀灭水霉菌及体表寄生虫，防止黄鳝种苗带病入田。

由于黄鳝有自相残食的习性，一般每个养殖单位最少要有 3 块独立的鳝池（稻田），把不同规格的黄鳝种苗分开饲养，根据黄鳝种苗不同规格，一般放养量为 1～2 千克/米²，小的少放，大的可适当放多些，放养时间可在栽秧前，也可在栽秧后，最好能在栽秧前放入，但栽秧时要尽量避免对黄鳝种苗造成一些不必要的机械损伤和化肥农药中毒。

八、放养少量泥鳅

泥鳅活泼好动，在稻田养殖黄鳝时放养少量泥鳅，对增加田间沟里的水中溶氧、防止黄鳝相互缠绕和清理黄鳝饲料起到一定的作用。因此，在利用稻田养殖黄鳝时建议放养少量泥鳅，但是由于泥鳅抢食快而黄鳝吃食较慢等原因，在养殖中建议鳝、鳅混养时要注意以下两点：一是泥鳅的快速抢食会给黄鳝的正常驯食带来困难，造成驯食不成功，因此在投喂时可以先让泥鳅吃饱，然后再喂黄鳝。二是泥鳅投放的规格一定要小，数量要少，达到目的就可以了，如果泥鳅规格大，它不但会和黄鳝争食，还可能会以大欺小甚至撕咬、吞食更小的鳝种。

九、野生黄鳝种苗的驯养

野生黄鳝种苗是许多养殖户在人工繁殖黄鳝种苗不足以进行养殖时而采取的一个重要的补充来源，其具有野性十足、摄食旺盛、抗病力强的优点，尤其是喜欢捕食天然水域中的活饵料，由于野生黄鳝种苗不适应人工饲养的环境，一般不肯吃人工投喂的饲料，必须经过一个驯饲过程，否则会导致养殖失败。小规模、低密度黄鳝种苗，可以通过投喂蚯蚓、小杂鱼、河蚌、螺类、昆虫等新鲜活饵料来达到养殖目的，不需要过多地进行驯养。但是在进行大规模人工养殖时，再用一些小杂鱼、河蚌等饵料来投喂，显然就有明显的弊病，如饵料难以长期稳定供应、饵料系数高等。因此，必须对它们进行人工驯养，让它们适应黄鳝专用的人工配合饲料，从而达到大规模养殖的目的。这些专用饲料，具有摄食率高、使黄鳝增重快、饵料系数低等优点。

1. 驯养前的准备工作

驯养前的准备工作主要是饲料的准备以及为饲料服务的配套设施。例如收购的鲜活河蚌，将其置于池塘暂养贮存，由于河蚌的出肉率高，野生黄鳝爱吃，可以被用来作为驯养的主要饲饵；另外，就是准备黄鳝专用配合饲料，这是在黄鳝经驯饵成功后的主要饲料，也是后期黄鳝生长的保证。相应的配套设施有冷柜、绞肉机和电机等。其中冷柜是用来处理和储存蚌肉的，河蚌肉使用前，先进行冷冻处理，这样便于绞肉机的工作，对于已经绞好的蚌肉，如果一时用不完，也可以用冷柜进行保存。

2. 驯饵的配制

在野生黄鳝种苗捕捉入池后，前1～2天内先不投饲料，然后将池水排干，加入新水，待黄鳝种苗处于饥饿状态时，即可在晚上进行引食。一般在黄鳝种苗入池的第三天就应开始进行驯食工作，先用黄鳝爱吃的动物性饵料投喂，可选用新鲜的蚯蚓、螺蚌肉、蚕蛹、蝇蛆、煮熟的动物内脏和血粉、鱼粉、蛙肉等，经冷冻处理后，用模孔为6～7毫米的绞肉机加工成肉糜。将肉糜与清水混合，然后均匀泼洒。每天下午5～7时投喂1次，投喂量控制在黄鳝重量的1％范围内。这种喂食量远低于黄鳝饱食量，因此黄鳝始终处于饥饿状态，以便于建立黄鳝群体集中摄食条件反射。

3天后，开始慢慢驯食专用配合饲料，由于饲料厂生产的专用饲料不能直接投喂，必须先进行调制。先用黄鳝专用饲料35％加新鲜河蚌肉浆65％（用模孔为3～4

毫米的绞肉机加工而成）和适量的黄鳝消化功能促进剂，手工或用搅拌机充分拌和成面团状，然后用模孔为 3～4 毫米的绞肉机压制成长 3～4 毫米的软条形饵料，略微风干即可投喂。5 天后调整配方，将专用配合饲料的含量提高 10% 左右，将蚌肉糜的含量同时下降 10% 左右，就这样慢慢地增加专用饲料的比例，直到最后让野生黄鳝完全适应专用配合饲料。

3. 驯养方法

为了达到驯养的目的，在开始投喂野生黄鳝时，千万不能将其投喂得过饱，只能让其保证六成饱的状态，3 天后，观察到黄鳝适应池塘环境、摄食旺盛但一直处于半饥半饱状态时，用添加专用配合饲料和蚌肉糜的混合饵料来投喂黄鳝，同时将全池投喂改为定点投喂。一般每 20 米² 设 4～6 个点，继续投喂 5 天，投喂量仍为黄鳝体重的 1%，此时黄鳝基本能在 3 分钟内吃完食。过 5 天再改投新配制的人工配合饵料，每天下午 5～7 时投喂 1 次，投喂时直接撒入定点投喂区域，投喂量可以提高为黄鳝体重的 1.5%～2%，以 15 分钟内吃完为度，提高饵料利用率。

由于黄鳝习惯在晚上吃食，因此驯养多在晚上进行。待驯养成功后，慢慢把每天投饵时间向前推移，逐渐移到早上 8:00～9:00、下午 2:00～3:00 各投饵一次，这才算是人工驯养完全成功。

通过这样的驯养，一般在一个月内就可以让野生黄鳝完全适应专用配合饵料的投喂，而且配制饵料的投喂效果极为理想。实践表明，在有土的规模养殖中，饵料系数为 3；在无土流水工厂化养殖中，饵料系数可降到 2～2.5。

由于黄鳝对食物有严格的选择性，对某种食物形成适应后，就不能改变食性，因此，在黄鳝种苗培育过程中，进行多次、广谱的驯食工作是非常重要的。

十、田水的管理

稻田水域是水稻和黄鳝共同的生活环境，稻田养鳝，水的管理主要依据水稻的生产需要兼顾黄鳝的生活习性，多采取"前期水田为主，多次晒田，后期干干湿湿灌溉法"。盛夏加足水位到 15 厘米；坚持每周换水一次，换水 5 厘米；在换水后 5 天，每亩用生石灰化浆后趁热全田均匀泼洒；8 月下旬开始晒田，晒田时降低水位到田面以下 3～5 厘米，然后再灌水至正常水位；对水稻拔节孕穗期开始至乳熟期，保持水深 5～8 厘米，以后灌水与露田交替进行，直到 10 月中旬；露田期间要经常检查进出水口，严防水口堵塞和黄鳝外逃；雨季来到时，要做好平水缺口的管理工作。

十一、科学投饵

1. 饲料种类

黄鳝为肉食性鱼类，主要饲料有小杂鱼、小虾、螺肉、蚌肉、蚯蚓、蚬肉、蝇蛆、鲜蚕蛹、切碎的禽畜内脏及下脚料，可适当搭配麦芽、豆饼、豆渣、麸皮、发酵酸化的瓜果皮，还可适当投喂混合饲料。在这些饲料中，以蚯蚓、蝇蛆为最适口饲料，还可以在稻田中装 30～40 瓦黑光灯或日光灯引诱昆虫喂黄鳝。

2. 投喂方法及数量

在黄鳝进入稻田后，先饥饿 2～3 天再投饵，投喂饲料要坚持"四定"的原则。

定点：饵料主要定点投放在田内的围沟和腰沟内，每亩田可设投饵点 5～6 处，使黄鳝形成条件反射，集群摄食。

定时：因为黄鳝有昼伏夜出的特点，所以投喂时间最好掌握在下午 5:00～6:00，稻田养殖黄鳝时，也不一定非得在白天驯食。

定量：投喂时一定要根据天气、水温及残饵的多少灵活掌握投饵量，一般为黄鳝总体重的 2%～4%。如果投喂太多，会胀死黄鳝，污染水质；投喂太少，会影响黄鳝的生长。当气温低、气压低时少投；当天气晴好、气温高时多投，以第二天早上不留残饵为准。10 月下旬以后由于温度下降，黄鳝基本不摄食，应停止投饵。

定质：饵料以动物性蛋白饲料为主，力求饲料新鲜不霉变。小规模养殖时，可以采取培育蚯蚓、豆腐渣育虫、利用稻田光热资源培育枝角类活饵等喂鳝。

稻田还可就地收集和培养活饵料，例如可采取沤肥育蛆的方法来解决部分饵料，效果很好，用塑料大盆 2～3 个，盛装人粪、熟猪血等，将其置于稻田中，会有苍蝇产卵，蝇蛆长大后会爬出落入水中供黄鳝食用。

十二、水质调节

清爽新鲜的水质有利于黄鳝的摄食、活动和栖息，浑浊变质的水体不利于黄鳝的生长发育。在稻田养殖黄鳝时要坚持早、中、晚各巡塘 1 次，检查其生长生活状态，清除剩饵等污物。每当天气由晴转雨或雨转晴，或天气闷热时，或当水质严重恶化时，黄鳝前半身直立水中，将口露出水面呼吸空气，这是水体缺氧的表现。发现这种情况，必须及时加注新水解救。在对气候了解有把握的情况下，凡在这种天气的前夕，都要灌注新水。

水质调节的主要内容如下：①要使田水保持适量的肥度，能提供适量的饲料生物，有利于黄鳝生长；②为了防止水质恶化，调节水的新鲜度，一般每天先将老水、浑浊的水适时换出，再注入部分新鲜水，在生长季节每 10～15 天换水 1 次，每次换水量为田间沟水总量的 1/5～1/4，盛夏时节（7～8 月）要求每周换水 2～3 次，要每天捞掉残饵；③适时用药物，如用生石灰等调节水质；④用种植水生植物的方法来调节水质；⑤在后期的饲养过程中，由于黄鳝排泄量太大，不但要经常使用流水，还要经常泼洒 EM 菌液，才能使水质优良。

十三、科学防病

1. 对水稻的用药

稻田养鳝，黄鳝能摄食部分田间小型昆虫（包括水稻害虫），故虫害较少，须用药防治的主要稻病为穗颈瘟病和纹枯病（白叶枯病）。防治病虫害时，应选择高效低毒浓药如井冈霉素、杀虫双、三环唑等。喷药时，喷头向上对准叶面喷施，并采取加高水位，降低药物浓度或降低水位，只保留鳝沟、鳝溜有水的办法，防止农药对黄鳝产生不良影响。

2. 对黄鳝疾病的预防

黄鳝一旦发病，将钻入泥中，不吃不动，给治疗带来一定难度，所以平时的预防更为重要。

① 在黄鳝入田时要严格进行稻田、黄鳝种苗消毒，杜绝病原菌入田。

② 在黄鳝种苗搬动、放养过程中，不要用干燥、粗糙的工具，保持鳝体湿润，防止损伤，若发现病鳝，要及时捞出，隔离，防止疾病传播，并请技术人员或有经验的人员诊断、治疗。

③ 对黄鳝的疾病以预防为主，一旦发现病害，立即诊断病因，辨症施治，科学用药。

④ 定期防病治病，每半月将生石灰或漂白粉撒入四周环沟，或定期用漂白粉或生石灰等消毒田间沟，以预防鳝病。生石灰挂篓，每次 2～3 千克，分 3～4 个点挂于沟中；也可用漂白粉 0.3～0.4 千克，分 2～3 处挂袋。

⑤ 定期使用痢特灵或鱼血散等内服药拌饲投喂，每 50 千克鳝鱼用 2 克拌饵投喂，可有效防治肠炎等病。

⑥ 坚持防重于治的原则，管理好水质也是预防疾病发生的重要手段，鳝池水浅，要常换新水，保持水质清新，每天要及时捞走吃剩的残饵，保持水质肥、活、嫩、爽的环境。

十四、捕鳝上市

稻田养鳝的成鳝捕捞时间一般在 10 月下旬至 11 月中旬开始，尤其是在元旦、春节市场销售最好，价格最高，捕捞也都在这时进行。黄鳝的捕获方法很多，可因地制宜采取相应捕获方法。

① 捕捉时，先慢慢排干田中的积水，并用流水刺激，在鳝沟处用网具捕获，经过几次操作基本上可以捕完 90% 以上的成鳝。

② 用稻草扎成草把放在田中，将猪血放入草把内，第二天清晨可用抄网在草把下抄捕。

③ 用细密网捕捞。

④ 放干田水人工干捕，当然，干捕时黄鳝极易打洞，这时配合挖捕可基本上捕完黄鳝，挖捕时只需用铁制的小三股叉就可将其挖出，从稻田一角开始翻土，挖取黄鳝。不管是网捞还是挖取，都尽量不要让鳝体受伤，以免降低其商品价值。

第十节　稻-蛙生态综合种养技术

蛙无尾，后足强壮且有蹼，擅长游泳和跳跃，皮肤光滑、潮湿。蛙类通常每年在淡水中繁殖，雌雄抱合时雄体从后面抱住雌体，在雌体产卵时将精液排到卵上。从卵中孵出的是蝌蚪。

由于蛙是一种变态生长习性的水生动物，在不同的生长阶段，它们的管理和投饵等都有显著的区别，因此在稻田生态养殖时，一定要根据蛙的不同生长阶段，采取不同的养殖措施。

一、蝌蚪在稻田里的饲养

1. 蝌蚪的捕捞与运输

蝌蚪在入田前是需要先捕捞、运输的，即使是本场培育的蝌蚪，也需要捕捞和运输来转移到不同的稻田里，如果是从外地引进蝌蚪时，更需要运输。

捕捞蝌蚪时，如果大面积捕捞可用鱼苗网，少量捕捞时可用窗纱制作捕捞网。蝌蚪运输可用尼龙袋充氧运输，尼龙袋的规格一般为 90 厘米长，50 厘米宽，装运时先装水 1/3，然后装进蝌蚪，并立即充加氧气，扎紧袋口，在外面再用同样的尼龙袋套一层，同样也要扎紧，再将尼龙袋装进纸盒，以免袋受损破裂。装运的密度，每千克水可装载 3～5 厘米长的蝌蚪 100 尾。1 厘米大小的蝌蚪，运输成活率较低。另外，正处于变态期的蝌蚪，因为生活习性的改变，不宜装运。

2. 蝌蚪的放养

蝌蚪的放养可以分两种情况，一种情况是放养 5 月繁育的，另一种情况是放养在6 月 15 日以后繁育的。

第一批发育的蝌蚪应进行强化培育，力争在越冬前全部变态成幼蛙而且幼蛙的体重能达到 75～100 克，因此要以稀放为宜，主要是在稻田里的田间沟里饲养，每平方米可放养蝌蚪 800～1 000 只。10 天后随着个体长大，摄食能力增强，密度应逐步降低，一般每平方米放养 300～400 只，30 天后至变态前每平方米放养 100～200 只。

第二批蝌蚪经过正常培育在当年越冬前 80% 左右也能变态成为幼蛙，但是当它们在变态后，由于气温降低，几乎很少摄食，导致个体偏小、体质虚弱，越冬死亡率很高。因此在生产上通常是采用密度控制法来控制蝌蚪的生长与变态，不让它们在当年变态成幼蛙，而是让它们仍以蝌蚪的形式越冬，第二年春末夏初再变态为幼蛙，因此密度就需要大，主要在稻田的田间沟里放养，每平方米可放养蝌蚪 2 000～2 500 只，到第二年清明前后进行分养一次，每平方米放养 200～300 只。

蝌蚪放养时要注意以下几点：①蝌蚪放养前用 3%～4%食盐水溶液浸浴 15～20 分钟，或用 5～7 毫克/升硫酸铜、硫酸亚铁合剂（5：2）浸浴 5～10 分钟。②稻田的温度与运输容器里的温度差不要超过 3 ℃；③蝌蚪质量要求规格整齐，无伤、无疾病，体质健壮，能逆水游动，离水后跳动有力；④放养蝌蚪时的动作要轻，不要碰伤蝌蚪；⑤在放养时，要将容器轻轻地斜放入稻田的浅水区，此时稻田的田面上要保持 10 厘米左右的水位，然后让蝌蚪自行慢慢地游入稻田和田间沟中。

3. 蝌蚪的投喂

孵化后的前 6 天，蝌蚪主要靠体内卵黄囊提供营养，6 天后随着卵黄囊消失，开始摄食浮游生物和人工饵料，因此在蝌蚪培育前先施肥，培育浮游生物，解决蝌蚪开口饵料，能提高蝌蚪成活率。每亩施粪肥 300 千克，或绿肥 400 千克。有机肥须经发酵腐熟并用 1%～2%的生石灰消毒，培育前期，保持水深约 50 厘米。

蝌蚪的开口饵料可以用蛋黄，其他可以用来投喂的人工饵料主要有田螺肉、鱼肉、动物内脏、水蚤、豆饼、米糠等。孵化出膜 3 天后，首天每万只蝌蚪投喂一个熟蛋黄，第二天再稍增加些，7 日龄后日投喂量为每万只蝌蚪 100 克黄豆浆；15 日龄后，逐步投喂豆渣、麸皮、鱼粉、鱼糜、配合饲料等，日投喂量每万只蝌蚪为 400～700 克，其中动物性饵料占 70%；30 日龄后至变态前，日投喂量每万只蝌蚪为 600～800 克，其中动物性饵料占 45%。粉状饲料要煮熟后搓成团投喂，鱼肉、鱼肠等要切碎。投饵次数一般为每天 1～2 次，每日投饵时间为上午 9：00～10：00、下午 4：00～5：00，每次投喂后以 3 小时内吃完为宜。蝌蚪投喂也要在培育池中搭设饵料台，将饲料放在饵料台上，既减少饵料的散失，又能及时检查蝌蚪的吃食情况。一般每 4 000 只蝌蚪可以搭一个饵料台。

在投饵时还要注意：饵料必须新鲜、清洁、多样化，投饵应根据外界环境条件、蝌蚪生育期及健康状况而相应改变，有雷阵雨时要少投或不投饵；早晨蝌蚪浮头现象特别严重，甚至出现个别蝌蚪死亡现象时，要控制投饵。

4. 蝌蚪的管理工作

（1）保持适宜的水温 蝌蚪要求的适宜水温是 26～30 ℃，变态适宜水温是 23～32 ℃，盛暑高温要搭设凉棚，适当加深水位，勤换新水。

（2）换注新水 蝌蚪培育过程中每 3～5 天换水一次，每次 10～15 厘米，每次换水时水温差不能越过 3 ℃。每天要定时清洗食台。

（3）提高变态率 蝌蚪经 80～110 天培育变成幼蛙，变态前这一阶段死亡率较高，因此要加强管理，在蝌蚪变态早期适量增加动物性饵料，促进变态，而当其尾部吸收消失时，需及时减少投饵，并渐渐停止投喂，保持环境安静，努力提高变态期蝌蚪成活率。

（4）及时杀灭敌害　肉食性鱼类、蜻蜓幼虫、水蛇、龙虱幼虫等均会吞食幼蛙和蝌蚪，一旦发现，要及时清除。

（5）其他管理工作　定期巡池，做好记录，经常保持田水清洁卫生，经常做好蝌蚪病虫害的防治工作，认真做好蝌蚪饵料的养殖与加工工作，及时处理蝌蚪严重浮头问题，及时做好分田疏密养殖工作，保持适宜的放养密度，做好蝌蚪越冬管理工作。

二、幼蛙在稻田里的饲养

蝌蚪经过变态后就变成了幼蛙。养好幼蛙是为商品蛙提供良好的苗种，因此必须重视幼蛙的饲养。

1. 幼蛙的放养

幼蛙由于个体小，而且喜欢集群生活，因此放养密度宜高不宜低，在稻田里放养时，每平方米（按田间沟的面积计算）可放养变态后在 30 日龄以内的幼蛙 200 只左右，放养变态后在 30 日龄以上的幼蛙 100～150 只。

幼蛙放养时要注意以下几点：①幼蛙放养时用 3‰～4‰食盐水溶液浸浴 15～20 分钟，或用 5～7 毫克/升硫酸铜、硫酸亚铁合剂（5∶2）浸浴 5～10 分钟。②稻田的温度与分养前的池子里的温度差不要超过 3 ℃；③幼蛙的质量要求规格整齐，体质健壮，体表无伤痕、无疾病，无畸形，身体富有光泽，用手捉时，幼蛙挣扎有力，放在地上后跳动有力；④放养幼蛙时的动作要轻，不要碰伤幼蛙；⑤在放养时，要将容器轻轻地斜放入稻田的田面上，让幼蛙自行慢慢地跳入田间沟中。

2. 幼蛙的饲料

幼蛙的饲料有直接饲料和间接饲料两大类。直接饲料就是直接给蛙吞食的各种活体饲料，主要有摇蚊幼虫、黄粉虫、蝇蛆、蚯蚓、水蚯蚓、蜗牛、飞蛾、各种昆虫、小鱼、小虾等。间接饲料就是各种死饲料，主要有蚕蛹、猪肺、猪肝、鸡鸭内脏、碎肉、死鱼块等，通常是将它们做成颗粒饲料供幼蛙摄食，人工配合的颗粒饲料也是死饵料，也是间接饵料的一种。

3. 死饵的驯食

幼蛙自从变态以后，在自然界就是以各种活饵料为食，不吃死饵。这在小规模养殖经济蛙类时，只要条件适合，基本上是能满足蛙的活饵需求的，那么就能省下一大笔饵料钱。但是进行人工大规模稻田养殖时，自己培育或捕捉的活虫等天然饲料无法解决所有的蛙饲料，这时就要人工解决这个问题。解决的最有效方法就是让蛙吃人工配合饲料等死饵，但是幼蛙自己是不会主动吃这些死饵的，怎么办呢？这就涉及死饵的驯食问题。只要驯食成功了，幼蛙的饲养密度还可以增加，单位体积的养殖效益也能大大增加，更重要的是，从刚变态的幼蛙就开始驯食，以后成蛙的养殖、亲蛙的养殖都很方便了，因此在蛙类的养殖过程中，从幼蛙就需要驯食，这是一个非常关键的技术措施。

幼蛙的驯食首先需要在固定的场所进行，这个场所就是蛙的饵料台，可以利用当地的资源，自己制作。至于幼蛙的驯食技巧，主要有拌虫驯食、活鱼驯食、抛投食物驯食、滴水驯食和震动驯食等多种方式。

4. 幼蛙的投喂

幼蛙的投喂要坚持以下几个原则：

① 必须进行科学的驯食，让幼蛙养成吃死饵的好习惯。

② 驯食时的活饵要鲜活，不能腐烂，不能有霉变；饲料的配方要科学，各种营养要丰富。

③ 幼蛙的食欲十分旺盛，应采取少量多次的投喂原则，让它们吃好吃饱。

④ 投饲时要坚持"四定"投饲技术。

⑤ 当幼蛙移养到一个新的稻田环境时，由于它们一时对稻田环境不适应，会躲在秧苗处或蛙巢内很少活动，有时也不取食。一旦遇这种情况时，就要采取果断措施促进幼蛙的捕食，一是增加活饲料的投喂量，刺激幼蛙的捕食欲望，待它们正常摄食后，再进行专门的驯食；二是将不吃食的幼蛙捉住，用木片或竹片强行撬开它的口，将蚯蚓、黄粉虫填塞进口，促进开食。

5. 幼蛙的管理

（1）防止高温　蛙是变温动物，自身对温度的调节能力非常低，加上幼蛙的体质比成蛙更脆弱，因此幼蛙特别惧怕日晒和高温干燥。幼蛙适宜的生长温度为 $23\sim28\,^{\circ}\mathrm{C}$，当温度长期高于 $30\,^{\circ}\mathrm{C}$ 或短时间处于 $35\,^{\circ}\mathrm{C}$ 的高温干燥的空气中暴晒 0.5 小时，幼蛙就会产生严重的不适应反应，食欲减退，导致生长停止，甚至会被热死。

幼蛙在高温环境下热死的原因主要有两点，一是高热反应导致幼蛙体内的新陈代谢严重失衡，造成死亡；二是高温的环境，一般都是湿度较低的时候，这时幼蛙会因严重脱水而导致死亡。因此，在夏季的一个主要管理工作就是要防止高温，采取适当措施来降低温度，使池内水温控制在 $30\,^{\circ}\mathrm{C}$ 以下，保证蛙的正常生活和生长。这些措施包括以下几点：

① 及时更换部分田水，可以每 5 天左右更换一次田水，更换量为 1/3 左右，要注意的是新水与原池水的温差不要超过 $3\,^{\circ}\mathrm{C}$。

② 创造条件，使稻田里的水保持缓慢流动的状态。

③ 在田间沟靠近田埂的一侧搭设遮阴棚，可以用芦苇席、木架、竹帘子等作为搭建材料，遮阴棚的面积宜大一点，要比饵料台大 $2\sim3$ 倍，高度要比饵料台高 1 米以上，防止幼蛙借助遮阴棚而攀爬逃跑。这种方式既能有效地降低田间沟里的水温，

又能通风通气，效果是比较理想的。

④ 种植经济农作物。可以在田间沟靠近田埂的一侧种植一些经济作物，这些经济作物最好具有较强的攀缘性能，通常是种植葡萄、丝瓜、豇豆、南瓜、扁豆等长藤植物或玉米、向日葵等高秆植物，既为幼蛙遮阴，又能收获经济作物。

⑤ 对稻田而言，若高温时秧苗很小可以采取以上的几种方法，若秧苗很壮很大，可以在喂饵时将部分饵料投在秧苗里，让蛙自己钻到秧苗里捕食，使它们躲避高温。

（2）保持养殖环境的清洁　保持养殖环境的清洁，是预防蛙类疾病的重要措施之一，通常要做好以下的工作：

① 及时清除残饵。在稻田里养蛙，虽然有稻田里的活饵料供应，可以不投喂饵料，但是不投饵料蛙的产量就非常低，养殖效益也差，因此为了确保稻田养殖的效益好，我们还是建议做好投喂工作。蛙在人工投喂的稻田养殖条件下，吃食量大，养殖管理人员投喂给它们的饵料多，可能没吃完的残存饵料也多，因此要经常清扫饵料台上的剩余残饵，同时洗刷饵料台。

② 及时消毒饵料台。在晴天，可将洗刷干净的饵料台拿到田埂上，让饵料台接受阳光暴晒 3 小时后再放回田间沟内，在重新安放时，有一个小技巧，最好是每次将饵料台的位置向一侧移动 2 米。如果在清洁饵料台时遇到连续阴雨天，可以将洗刷干净的饵料台放在石灰水中浸泡 1 小时，再将其捞起，用洁净的清水冲洗两次，晾干后放回田间沟内，这样就可以彻底杀灭黏附在饵料台上的病原体。

③ 保持田间沟里的水质清洁。每天多巡田几次，发现稻田内有病蛙、死蛙以及其他腐烂物质时，一定要及时捞出，病蛙要及时对症治疗，死蛙要在查明病情后及时掩埋。另外，一旦发现幼蛙田间沟里的水或稻田的水开始发臭变黑，则应立即灌注新水，换掉臭水、黑水，保持田水的清洁。

（3）及时分养　分养就是按蛙体大小适时分级、分田饲养。在人工高密度饲养条件下，幼蛙饲养一个阶段后，因为饵料投喂不匀以及个体间体质强弱的差异，会出现个体大小不一的现象，有时这种差异也很悬殊。例如同期孵出、同期变态的幼蛙，经两个月饲养，大的个体可达 120 克左右，小的个体还不到 25 克。由于一些蛙有大吃小的恶习，所以要及时将其按大小进行分田饲养，以提高蛙的成活率。

另外，对蛙进行及时分养，经常将生长快的大蛙拣出，也有利于蛙的摄食和生长，促进同一块稻田里饲养的幼蛙生长同步、大小匀称，也能避免弱肉强食、大蛙吞吃小蛙的现象发生。

分养时，养殖的数量与规格密切相关，例如一块稻田当初的幼蛙个体重量是25～50 克，在田间沟里每平方米放养 60～80 只；当规格达到 100 克时，就可以适时分养了，将密度调整为每平方米 30～40 只；当规格继续达到 150 克时，可以再一次进行分养，将密度调整为每平方米 20～30 只。

（4）防害除害 老鼠、蛇、鸟、鼬鼠和一些野杂鱼等是蛙类的天敌，对幼蛙的危害是非常严重的，要经常观察有无蛇、鼠等敌害，一经发现要及时捕杀，可以用鼠药灭鼠和人工捉蛇、驱赶蛇、草人吓鸟等常用的有效方法来防害除害。

（5）检查防逃设施 蛙善于爬跳，所以要经常检查防逃设施，有破损的要及时修补，以保证蛙的安全生长。

三、成蛙在稻田里的饲养

成蛙的养殖又可称为商品蛙的养殖，幼蛙经过一段时间的培育后，个体长到50～100克，就可进行成蛙养殖。

1. 营造成蛙生长的环境

① 为成蛙提供干旱不干涸、洪水不泛滥的环境。以潮湿、温暖背阳的地方较好，当然如果田间沟里有少量的挺水植物就更好了。

② 养殖成蛙的田间沟的水深要适宜。浅水区和深水区都要有，一般来说，浅水区就是稻田里栽秧的田面，它们是蛙栖息、隐蔽以及遮阴的场所，平时保持水深10厘米左右。深水区就是田间沟，养殖成蛙的田以要稍微深一点，比养殖幼蛙的田间沟深20厘米左右为宜，深水区是蛙游泳和接纳排泄污物的区域，也是设置饵料台供蛙摄食的地方。平时深水区水深50～70厘米，在冬季水深和盛夏时要能保持在1～1.2米。

③ 做好遮阴降温工作。稻田里除了秧苗可以为蛙提供遮阴外，还可以在田间沟中种植莲藕及其他叶大叶多的挺水植物，也可种植水花生、菱藕、睡莲等水草，在田间沟靠近田埂的一侧可种花草、蔬菜、葡萄、丝瓜、果树等，促使蛙快速生长，充分发挥生态养殖、立体养殖的效益。

④ 做好防逃工作。由于成蛙的活动能力和跳跃能力强，因此应特别注意防逃工作，另外夏季暴风雨多，蛙受惊后会爬越障碍或掘洞逃跑，因此在这种天气要特别注意做好防逃工作。稻田的周围要用芦帘、竹篱笆或铁丝网、尼龙网、砖墙等制成的围栏围起来，围栏要人土15～20厘米，高1.8米以上，防止成蛙外逃。

2. 科学投饵与补充活饵

成蛙的个体大，摄食量多，若保证供应充足的优质适口饵料，控制适宜的环境温度，其体重增长是比较快的，每月个体增重30～50克。

随着温度的升高，蛙食量增大，投饵量也应逐渐增加，投饵时更要注意"四定"技术，以避免发生弱肉强食的现象，此时的投饵量一般应达到蛙总体重的20%左右。

可采取以下措施来补充活饵料。

① 灯光诱虫。用30瓦的紫外灯或40瓦的黑光灯诱虫效果较好，天黑即开灯，可看到蛙群集在灯下跳跃吞食昆虫的热闹情景。

② 补充小鱼虾。平时向田间沟里定期投入一些鲜活的小鱼虾，让蛙自行捕食，以补充饵料不足；也可采用木、竹制成的槽状饵料盘，其底钉上尼龙纱布，盘中水与田水相接，固定在田间沟的荫凉处，放入活的小鱼虾。

③ 人工捕捉蝗虫、螳螂、蝼蛄等昆虫放入稻田的田面上，让蛙自然摄食。

3. 管理工作

（1）控制温度和湿度 最适宜的水温为 23～30 ℃，要做好遮阴、防夏天高温、防烈日光的照射等工作。

（2）控制水质 坚持换水，成蛙摄食多，排泄的废物也多，要经常换水保持水质不被污染，一般在炎热的夏季，有条件的要定期为稻田换水，每次换水量为原水量的1/6 就可以了，也可以用小型潜水泵把田间沟里的水抽到田面上，让水流经过秧苗的吸收后再进入田间沟里，当然了，如果能让稻田形成微流水状态，那就更好了。

（3）及时分养 成蛙的养殖密度一般为每平方米 20～50 只（以田间沟的面积计算），密度的大小随成蛙体型大小及养殖管理水平、水温、水质等因素而酌情调整。

（4）做好敌害的防范工作 蛇、鼠、猫等都是蛙的天敌，这些天敌夏季活动特别猖獗，必须建立巡视制度并采取清除措施。

（5）做好疾病预防工作 成蛙的养殖基本上都是在高温季节进行的，而高温的夏季正是蛙疾病的多发季节，每天要清洗饵料台，及时清除腐败变质的饵料，每半个月用漂白粉对田间沟消毒一次，使沟里水的药物浓度达 1 毫克/升。一旦发现蛙得病，应及早采取治疗措施，以防疾病蔓延。

第十一节　稻-青虾生态综合种养技术

青虾又名河虾，是在我国广泛栖息的沼虾属中的一种。由于青虾是一种纯淡水虾，几乎在全国各地都有分布，其中以河北白洋淀地区、江苏太湖一带所产的青虾最为有名。青虾属纯淡水水产，生活于江河、稻田、湖沼、池塘和沟渠内，冬季栖息于水深处，春季水温上升后，开始向岸边移动，夏季在沿岸水草丛生处索饵和繁殖。

利用早稻田轮养青虾，4 月上旬至 7 月中旬生产一季早稻，8 月初至春节前后养殖一季青虾，亩均增产商品青虾 53 千克，经济效果显著，促进了农业增产和农民增收。

一、稻田的选择与整理

应选择一些水源清新、管理方便的稻田进行青虾的养殖。稻田必须进行适当改造后才能用来养殖青虾，改造工程包括开挖虾沟、集虾潭、加固加高田埂、完善进排水系统。

结合农田整修，加固加高田埂，埂高要求 30~50 厘米，超过正常水位 25 厘米左右。在稻田沿田埂内侧且离埂 1~2 米处开挖"田"字形或"井"字形鱼沟，沟宽 2~3 米，沟深 60~80 厘米，面积在 10 亩以上的田块还需要在稻田中间开挖"十"字形的宽 0.5~1 米、深 0.6~0.8 米的田间沟；在鱼沟的交叉处或田的四角和稻田进水口附近开挖鱼溜，宽 160 厘米，深 100 厘米，沟、溜总面积占水稻田面积的 6%~8%；在靠近排水口一侧开挖方形或圆形集虾潭，集虾潭面积 50~60 米²，深度在 1 米左右，虾沟和集虾潭坡比皆为 1:(2.5~3)，并且互相连接相通，虾沟向集虾潭倾斜；利用挖出的泥土加固加高田埂，田埂要求层层夯实，以防田埂渗漏甚至塌方，田埂呈梯形，埂宽 2.5 米，坡比为 1:(2.5~3)，田埂高出田面 0.5~0.6 米；进水口、排水口在原来的基础上进行适当改造和加固，按照高灌低排的格局，进水口与田面平齐，出水口与集虾潭底部平齐，进水口和出水口要用密眼铁丝网或铁栅栏围住，以虾苗不能顺水或逆水逃逸为准，进水时需要用 60~80 目双层筛绢网布兜住进水口，以防可以捕食青虾苗种的敌害生物（如野杂鱼、蛙卵等）顺水进入稻田。

二、稻田的清整

稻田的底泥和稻茬中容易滋生各种寄生虫类、细菌类等病原微生物和藏匿着各种敌害生物及其卵（如黑鱼、黄鳝、泥鳅、蛙类及水蛭等），它们对青虾的健康生长构成了很大威胁。在青虾苗种放养前，向稻田虾沟和田面注入 5~10 厘米的过滤清新水，用呈块状的生石灰 75~100 千克/亩化浆趁热全田泼洒，可彻底杀灭病原微生物、病毒、寄生虫及其卵茧，同时也可以改良水质和增加钙质，以减少养殖过程中青虾疾病的发生。2~3 天后，用茶粕 30~35 千克/亩浸泡后全池泼洒，彻底杀死稻田中的野杂鱼类、蛙类、黄鳝、泥鳅及蚂蟥、鼠等敌害生物，避免青虾遭到捕食而减产。由于 8 月水温较高，消毒 7 天后，一次性将稻田水加满，进水时必须用 60~80 目双层筛绢布进行过滤，以防蛙卵及野杂鱼卵进入稻田危害幼虾。

三、稻沟虾巢

虾也具有占领栖息地的生活特点，加上虾需要经过蜕壳才能生长的特性，因此在田间沟里隐蔽物的设置显得尤为重要。在稻田里养殖虾时采用多栽水草的方式，另外，还可以通过适当放入经煮沸消毒过的棕榈皮、柳树枝来人工设置虾巢，或者利用闲置的地笼、多余的网片等设置虾巢，模拟天然栖息环境。多处生产实践表明，设置好虾巢，为青虾提供适宜的生存环境是提高幼虾成活率、增加产量的关键措施之一。

四、移植水草

有鱼谚："虾多少，看水草""虾大小，看水草"。水草是青虾生存的关键生态因素：①水草丛和水草根须可以为青虾提供栖息和蜕壳隐蔽的场所；②水草吸收稻田底层的腐殖质，增加水体中的溶解氧含量，净化了水质，减少了青虾疾病的发生；③水草可以提高稻田的虾载量，可以提高放养密度，增加单位产量；④水草为青虾良好的青饲料来源。水草的设置分为水底和水面，在集虾潭和虾沟水底主要种植苦草、伊乐藻、轮叶黑藻等沉水植物，沿稻田围沟四周及稻田中央无沟区水面种植水花生、水葫芦等水生植物。水草移栽前，需要用漂白粉浸泡消毒 10 分钟后方可下塘，水草面积占整田面积的 30%～40%，养殖过程中若水草过分疯长则需要及时清除过多的水草。

五、稻田的施肥

稻田的施肥分为基肥和追肥两个阶段，遵循"以基肥为主、以追肥为辅"的原则。除了稻茬沤制肥水外，基肥还要在稻田四角浅水处堆放经过发酵的有机粪肥150～200 千克/亩，用来培育虾苗喜食的轮虫、枝角类及桡足类等浮游动物，使青虾苗种一下塘就可以捕食到充足的、营养价值全面的天然饵料生物，增强体质，增强对新环境的适应能力，提高放养成活率。随着青虾苗种的长大，田中的天然饵料生物会逐渐减少，需要视田水肥度适时换清新水或追肥，最好采取少量多次的追肥办法，每次追施经过发酵的粪肥 50 千克/亩左右。

六、早稻的生产

1. 早稻的直播

早稻种宜选择耐肥、矮秆抗倒伏和分蘖力强的优良品种（如早籼 15、早稻浙辐001 等）。4 月初，提前 5～6 天进行稻种浸种催芽，同时施足基肥，化肥用量为尿素15 千克/亩、五氧化二磷 35 千克/亩、氯化钾 9 千克/亩，有条件的农户，还可以适当增施有机粪肥；基肥施完后，对田块进行精耕细作，尽量做到与育秧田标准相同，并开好田沟，待浮泥沉实后，将催好芽的早稻种均匀播撒于稻田中，亩播种量 3.5～4 千克。

2. 秧苗的培育

（1）适时追肥　追肥是基肥的必要补充，可不断补充田间养分，促进秧苗苗壮成长，使得稻秆壮、穗大而结实，追肥的方法是每亩稻田需追施尿素 15 千克、氯化钾9 千克，尿素在秧苗 1 叶 1 心期施 10% 的断乳肥，3 叶期施 20% 的促蘖肥，拔节期施10% 的壮秆肥，孕穗期施 10% 保花肥，钾肥按照同样比例与尿素配合追施，追施时要求保持田面表层湿润或浅水。

（2）合理排灌　秧苗培育早期，由于温度低，播种后直至 4 叶期不需要进水，保持田面湿润即可，4 叶期后向稻田灌浅水促分蘖，分蘖足够时排水烤田，烤田后保持稻田干湿交替，抽穗前后灌 2 次浅水，收割前 1 周左右断水。

（3）病虫草综合防治　秧苗培育过程中的病虫害主要有纹枯虫、稻蓟马、三化螟、二化螟、稻纵卷叶螟等，对此类病虫害则要求及时用市场上销售的高效、低毒、低残留的农药进行防治，用法、用量参考商品农药使用说明书，仔细配制使用，稻田杂草可以通过人工直接拔除或喷洒除草剂清除。

3. 早稻的收割

7月中旬，早稻基本上已经成熟，选择晴好天气及时收割，为青虾养殖争取时间，收割时留下深茬，以便淹稻茬肥水养殖青虾。

七、青虾的虾苗来源

传统上来讲，青虾养殖虾苗是通过繁殖季节，在江河、湖泊、水库等自然水域的青虾生长栖息区捕捞获得，但此方式往往受到地理环境、季节、数量等条件限制，远不能适应青虾养殖生产的需要。因此，目前青虾养殖的虾苗主要是通过以下两种方式获得：

一是放养抱卵虾孵育虾苗，这种方式主要是利用其他的养殖场所进行虾苗繁育，可通过建立虾苗繁育场、虾苗培育基地等形式，从长江水系中选择野生青虾，经过选育后，将其放入专池中培育，获取抱卵虾，再将其投放到虾苗繁育池中繁育虾苗，实施规范化、规模化虾苗生产，最后将繁育并培育好的大规格虾苗放养到稻田里进行养殖。

二是在养殖青虾的稻田里直接投放抱卵虾，繁殖出来的虾苗基本上满足本稻田的养殖条件。

八、虾苗放养

1. 放养时间

青虾苗的放养一般是在插（抛）秧1周后开始，在施基肥5～7天后，稻田中轮虫、枝角类及桡足类等浮游生物的数量达到高峰期，可适时进行青虾苗种的投放，宜选择晴天的早晨、傍晚或阴雨天进行放养，以避免阳光直射、温度过高，影响虾苗放养的成活率。

2. 放养的规格

放养的规格为每千克2 000～5 000尾。

3. 放养的密度

每亩稻田可放1万～1.5万尾。也可在6月底至7月初放亲虾，任其自繁、自育、自养。一般每亩放雌虾500～800只，雄虾300～500只。

4. 虾苗的质量

选购的虾苗要求体质健康、行动活泼、体色晶莹透亮、规格整齐、无病无伤。

5. 放养方法

① 经过运输的虾苗，运至稻田后，需要将装载虾苗的充氧塑料袋投到田间沟的水中，然后将其捞出，如此反复 2～3 次，以平衡水温，使投放前后的温差不宜超过 ±2 ℃。

② 虾苗不要堆放在一起，而应分开散放。

③ 青虾放养在稻田时，最好不要放在田间沟里，而是放在离田间沟不远处的稻田田面上或者是田间沟里的水草上；虾苗投放时，由两个人配合操作，一个人轻轻将食盐水和虾苗一起缓缓倒入稻田上风口围沟的水草旁，另一人不断打起水花增氧，让虾苗栖息在水草根须下，消除应激反应，迅速恢复体质，提高苗种放养成活率。

④ 放入同一稻田里的虾苗要求规格、大小一致，体质健壮，无病无伤，肢体完整，一次放足。

⑤ 虾苗放养时，应坚持带水作业，动作要轻，虾苗不宜在容器内堆压。

⑥ 在虾苗下田前，需要用田水配制浓度为 3‰ 左右的食盐水浸泡消毒虾苗 3～5 分钟，浸泡时间视当天的水温和虾苗的忍受程度灵活掌握。

6. 防止混入杂虾种

在江浙地区的自然水域，除青虾外，捕捞的天然虾苗中往往混杂有大量白虾、米虾等。这些杂虾对环境的适应力强，繁殖力也强，但生长规格小，经济价格低，如混入青虾苗种放养，将导致饵料和水体空间的竞争，直接影响到养殖产量、质量及经济效益。因此，在放养时一定要注意将此类杂虾及时发现并剔除。

7. 双季放养

青虾可采取双季放养法：第一季可在 5 月上旬放养，7 月底前起捕；第二季可在 7 月底放养，年底起捕。

8. 搭配鱼类

对于稻田工程建设得比较好，尤其是田间沟开挖得比较宽阔的稻田，也可采用稻田鱼虾混养，鱼种最好选择鲢，不宜选择与青虾食性相似的鳙，虾苗放养 15～20 天后，投放鲢夏花 100～200 尾，用以调节水质。鱼种放养也是在单季或双季稻的栽秧后，冬水田可先放鱼后栽秧，以延长鱼类生长期。

九、饲料投喂

青虾属于杂食性动物，喜动物性饵料，除摄食天然饵料生物外，还需要投喂人工配合饲料。

在幼虾入田前，应用鸡粪培肥水质，使水体中含有丰富的浮游生物供幼虾食用，同时每天投喂蛋白质含量为 36% 的专用全价配合颗粒饲料。投喂按照"四定""四看"原则，养殖早期沿稻田四周均匀投撒饲料，养殖中后期逐渐将饲料投撒在稻田四周浅水区固定的 5～6 个饲料点上，以便于观察青虾的摄食情况。8～10 月是青虾的摄食生长期，8 月和 9 月是生长旺季，每天分 2 次投喂，上午 8:00 和下午 5:00 左右各投喂一次，下午的投喂量占全天投喂量的 70% 左右。若选用全价配合颗粒饲料，8 月和 9 月，按照青虾总体重的 4%～5% 投喂；10 月，按照青虾总体重的 2%～3% 投喂；11 月以后，水温逐渐下降，可以隔天投喂 1 次，并观察青虾摄食情况，若摄食不多，可以停止投喂。整个饲养过程中，视天气、水质变化、青虾的摄食和活动情况酌情增减投喂量，以让青虾吃饱、吃好且第二天无残饵剩余为准。一般情况下，天气晴朗，水质良好，青虾活动正常，应适当多投饵，阴雨闷热天气应少投饵。具体掌握的方法是：虾池投饵 1 小时后，检查青虾吃食情况，如在 1～2 小时内将饵料吃完，第二天应适当增加投饵量，如吃不完，则应减少投饵量。

十、水质管理

青虾对水质要求比较严格，因而创造一个良好的水质环境是夺取高产丰收、提高青虾养殖产量和上市品质的首要条件。

青虾对水质条件要求较高，维持水体溶解氧在 4 毫克/升以上、透明度为 30～40 厘米、水色以茶褐色或油绿色为好。养殖过程中，8～9 月水温高，青虾摄食和代谢旺盛，每隔 7～10 天换清新水 1 次；10 月，每隔半个月换水 1 次，每次换水 10～15 厘米，采取边排边灌的换水方式，以保持水温平衡和水位相对稳定。8～10 月，每隔 15～20 天施用 10～15 千克/亩生石灰 1 次，将其兑水化浆后趁热全池泼洒，隔天再用 0.15～0.2 克/米³ 二溴海因全池泼洒，连用 2 天，以消毒防病、澄清水体、调节水质及增加钙质，增进青虾蜕壳生长。定期施用光合细菌、EM 菌等水质改良剂，是现代渔业调节水质和生态防病的重要手段，每个月施用 1 次水质改良剂（浓度为 1.0～1.4 克/米³），可以促进水体中硅藻、绿藻等有益藻类和酵母菌等有益微生物的大量繁殖，从而增加了溶解氧，降解了底层有机物，降低了水中氨态氮、亚硝酸盐等有害物质的含量，同时，注意水质改良剂不可以和二溴海因等消毒剂同时使用，最好在消毒剂使用后 1 周待毒性消除后施用，否则会影响水质改良剂的使用效果。

十一、疾病防治

对稻虾疾病的防治应遵循"以防为主、防治结合，无病早防、有病早治"的方针，采用药物防治和生态防治相结合的方法，严禁使用禁用鱼药。药物防治主要包括稻田的清整消毒、青虾苗种的消毒、自配饲料的消毒、定期施用生石灰和二溴海因进行水体消毒等。生态防治主要采用定期加换水和施用光合细菌、EM 菌等水质改良剂，可为青虾生长创造优良的水环境。若发现青虾发病，应及时对病虾进行诊断，对症下药。施药前应加深田水 7～10 厘米，以减弱农药对鱼虾的危害。施药时，喷嘴应横向或朝上，尽量将药喷在稻叶上。粉剂宜在早晨露水未干时施用，水剂应在露水干后施用，注意下雨前不宜施药。

十二、日常管理

日常管理主要有"五勤"，即勤巡塘，预防虾池泛塘及防逃虾、防偷盗；勤检查饵料，合理调整投饵量；勤捕杀敌害，如老鼠、蛙、鸟、蛇等，提高青虾的成活率；勤调节水质，确保水质"肥、活、嫩、爽、清"，促进青虾的快速生长；勤调节水的深度，保持沟溜水系的畅通。

十三、捕捞

由于青虾生长快，性成熟早，繁殖能力强，故在青虾养殖一段时间后，一部分青虾就会产卵孵苗，出现几代同池的现象，造成虾池密度过大，相互争食，影响青虾正常生长，因此，实行常年轮捕，捕大留小，是青虾养殖生产上的一条重要增产措施。

常年轮捕的好处：①可以确保稻田里青虾的合理密度，大规格的成虾捕出后，可促进小规格的青虾快速生长，提高产量；②可以节约生产成本，提高稻田尤其是田间沟和饵料的利用率；③可以避开集中上市高峰，提高经济效益，同时也加快了资金周转，为扩大再生产创造了条件；④可以均衡上市，满足市场需求。

如果是放养青虾的亲虾，经过一段时间的养殖后，可以随时捕捞；如果是当年放养的虾苗，一般经一个半月的生长后就可开始轮捕，将规格达到 5 厘米以上的大规格虾起捕上市。

一般在稻田养殖时，主要是用地笼进行捕捞，选用直径为 6 毫米的钢筋，将其加工制成 40 厘米的正方形框架，每 50 厘米一个用钢绳连接起来，外面再用聚乙烯网片包缠，地笼网的一端或两端作成网兜，在每一个框架与框架的网片上制作须门，使青虾只能进不能出，地笼网的长度可根据池塘的长宽度来决定，地笼网为定置工具，可以常年作业，将地笼网置于池塘中，每天早晨将地笼网提起收虾，取大放小，捕捞效果较好。

在起捕时要掌握以下几个技巧：①轮捕的次数和每次的起捕量，应因地制宜，科学安排；②要采用将多种工具相结合的捕捞方法进行轮捕，除了用地笼网捕捞外，也可用手抄网、虾笼、虾罾等工具进行轮捕；③要注意提高轮捕的质量，捕捞技术要熟练，操作要规范标准，动作要轻快敏捷，不得伤及虾体，尤其是需回放的小虾；④要搞好商品虾的暂养，通常可用网箱、大规格虾笼等工具，选择水质条件较好的稻田、池塘、河道等水域，将轮捕上来的商品虾集中暂养，并加强管理，待集中到一定数量时，运往市场销售。

第十二节 稻-蟹生态综合种养技术

河蟹是我国的特产，也是我国产量最大的淡水蟹类。根据其行为特征与身体结构，河蟹又被称为"横行将军"或"无肠公子"。

以辽宁"盘山模式"和上海崇明区为典型代表，2011年河蟹在全国推广养殖面积达130万亩，河蟹平均规格在100克以上，亩产25千克以上，"水稻＋河蟹"经济效益合计可达2 500~3 000元/亩。

一、稻田培育蟹苗

1. 大眼幼体的选购及放养

蟹苗成活率的高低，蟹苗质量是关键。要选择日龄足、淡化程度好、游泳快的健壮大眼幼体。由于稻田育苗面积比较大，天然饵料丰富，光照条件好，植物光合作用旺盛，水体溶氧丰富，每亩可放养1.25~1.75千克规格为15万~16万只/千克的大眼幼体，或者投放经Ⅰ期变态后的规格为5万~6万只/千克的仔幼蟹0.75~1.25千克。

2. 大眼幼体质量的鉴别

大眼幼体（即蟹苗）因其一对较大的复眼着生于长长的眼柄末端，显露于眼窝之外而得名，它不但具有发达的游泳肢，而且有较强的攀爬能力，经过一次变态就蜕皮成第Ⅰ期幼蟹。所谓培育仔幼蟹，就是把购进的大眼幼体在培育池中进行培育，经变态、蜕壳成Ⅴ~Ⅵ期幼蟹。

据调查分析，有不少育苗户由于购买蟹苗不当，造成严重的经济损失，因此正确鉴别蟹苗质量非常重要。若要购买到优质蟹苗，可用以下几种方法选购。

（1）查询法　购买人工繁殖的蟹苗时，若有可能，最好是查询雌蟹亲本的个体大小及发育程度，判断蟹苗的孵化率及个体发育状况。同时也要仔细询问蟹苗的日龄、饵料投喂情况、水温状况、淡化处理过程及池内蟹苗密度。若一般饲养管理较好，蟹苗日龄已达5~7天，且经过多次淡化处理，淡化浓度在0.2%~0.4%，说明该池蟹苗质量较好，反之，购买时应慎重考虑。

（2）观察判断法　在人工繁育的蟹苗池边，注意观察池内蟹苗的活动情况，包括游泳能力、攀爬能力及趋光性的敏锐度，同时观察池内蟹苗的密度。如果蟹苗游泳姿态正常，游动能力、攀爬能力及对光线的趋向性强，池内蟹苗密度大，每立方米水体蟹苗为8万~10万只，说明该池蟹苗质量较好，反之，购买时应慎重考虑。

（3）称重计数法　将准备出池的蟹苗用长柄捞网或三角抄网任意捞取一部分，沥干水分，用天平称取1~2克，逐只过数。折算后规格达到12万~16万只/千克，说明蟹苗质量较好；如果苗龄过短，个体过小，超过18万只/千克，则说明蟹苗太嫩，不能出池。

（4）观察体表　体格健壮的蟹苗，一般规格比较整齐，体表呈黄褐色，游泳活跃，爬行敏捷。检查时，进行目测的标准是：用手抓一把已沥去水分的大眼幼体，轻轻一握，甩一下，然后松开手撒在苗箱，看蟹苗活动情况，如蟹苗立即四处逃走，爬行十分敏捷，说明蟹苗质量较好，放养成活率较高。

（5）室内干法或湿法模拟实验　室内干法模拟实验是将池内的蟹苗称取 1～2 克，用湿纱布包起来或撒在盛有潮湿棕榈片的玻璃容器内，放在室内阴凉处，经 12～15 小时后检查，若 80% 以上的蟹苗都很活跃，爬行迅速，说明蟹苗质量较好，可以运输；湿法模拟实验是将蟹苗称取 1～2 克放在小面盆或小桶内，加少量水，观察 10～15 小时，若成活率在 80% 以上，说明蟹苗质量较好。

3. 田间沟的开挖

（1）稻田的选择　养蟹稻田必须选择灌排水畅通、水质清新、地势平坦、保水保肥性能好、无污染的田块，土质以黄黏土为好，面积 8～10 亩为宜。

（2）水源要得到保证　水源要得到保证是稻田养殖河蟹的物质基础，要选择水源充足、水质良好、无污染的地方，要求雨季水多不漫田、旱季水少不干涸、排灌方便、无有毒污水流入。进行稻田养蟹，一般选在沿湖沿河两岸的低洼地、滩涂地或沿库下游的宜渔稻田。

（3）开挖蟹沟　开挖蟹沟是稻田养蟹的重要技术措施。稻田水位较浅，夏季高温对河蟹的影响较大，因此必须在稻田四周开挖环形沟，面积较大的稻田，还应开挖"田"字形或"川"字形或"井"字形的田间沟。环形沟距田间 1.5 米左右，环形沟上口宽 3 米，下口宽 0.8 米；田间沟宽 1.5 米，深 0.5～0.8 米。蟹沟既可防止水田干涸和作为烤稻田、施追肥、喷农药时河蟹的退避处，也是夏季高温时河蟹栖息、隐蔽、遮阴的场所，沟的总面积应占稻田面积的 8%～15%。

（4）加高加固田埂　抓好田块整理关，是河蟹高产高效的基本条件，为了保证养蟹稻田达到一定的水位，增加河蟹活动的立体空间，须加高加固田埂，可将开挖环形沟的泥土垒在田埂上并夯实，要求做到不裂、不漏、不垮，确保田埂高为 1～1.2 米，宽 1.2～1.5 米。

（5）防逃设施　河蟹的逃跑能力比较强，一般来讲，河蟹逃跑有以下几个特点：①由于生活和生态环境改变而引起河蟹大量逃跑。蟹种刚刚投放到稻田里时，由于它们对新环境不适应，傍晚会爬出稻田，沿着田埂到处乱窜，寻找逃跑的机会。这种逃跑，通常持续时间 1 周，以前 3 天最多。待它们适应好了新环境后就会安居下来，因此对于稻田养殖河蟹的农户来说，必须先建好防逃设施后再投放蟹苗，万万不可先放蟹苗后再补做防逃设施。②稻田里尤其是田间沟里的水质恶化迫使河蟹寻找适宜的水域环境而逃跑。有时天气突然变化，特别是在盛夏暴风雨来临前，由于天气闷热、气压较低，田间沟里的溶解氧量会降低，这时河蟹就会想法逃跑，先是逃到田面上，大多数会在秧苗上趴着，也有少数直接爬到田埂上，试图向外逃跑。③在饵料严重匮乏时，河蟹会逃跑，它们会为了寻找适口的饵料而在夜间爬出田间沟，到处乱窜，当发现防逃设施不严密时就会向外逃跑。④在稻田里放养的密度过大时，河蟹会逃跑；⑤在稻田排水时（例如需要降水晒田、施药治水稻疾病时），河蟹会逃跑。另外，在暴雨汛期，河蟹也会大量逃跑。这是因为河蟹具有较强的趋流性，当稻田排水或暴雨引起稻田内的水位流动时，稻田里的河蟹就会异常活跃，在夜晚就会顺着水流爬向出水方向，有时也逆水爬向进水口处从水口逃跑。因此，在河蟹放养前一定要做好防逃设施。

防逃设施有多种，常用的有两种，第一种是安插高 55 厘米的硬质钙塑板作为防逃板，埋入田埂泥土中约 15 厘米，每隔 75～100 厘米处用一根木桩固定，注意四角应做成弧形，防止河蟹以叠罗汉的方式或沿夹角攀爬外逃；第二种防逃设施是采用网片和硬质塑料薄膜共同防逃，在易涝的低洼稻田主要以这种设施防逃，用高 1.2～1.5 米的密网围在稻田四周，在网上内面距顶端 10 厘米处再缝上一条宽 25～30 厘米的硬质塑料薄膜即可。

稻田开设的进水口、排水口应用双层密网防逃，该网也能有效地防止蛙卵、野杂鱼卵及幼体进入稻田危害蜕壳蟹；同时为了防止夏天雨季冲毁堤埂，稻田应设一个溢水口，溢水口也用双层密网过滤，防止幼河蟹乘机逃走。

（6）放养前的准备工作　及时杀灭敌害，可用鱼藤酮、茶粕、生石灰、漂白粉等药物杀灭蛙卵、克氏原螯虾、鳝、鳅及其他水生敌害和寄生虫等；种植水草，营造适宜的生存环境，在环形沟及田间沟种植沉水植物〔如聚草、苦草、喜旱莲子草（水花生）等〕，并在水面上养漂浮水生植物（如芜萍、紫背浮萍、凤眼莲等）；培肥水体，调节水质，为了保证河蟹有充足的活饵供取食，可在放种苗前一个星期施有机肥（常用的有机肥有干鸡粪、猪粪），并及时调节水质，确保养蟹水质保持肥、活、嫩、爽、清。

4. 科学投饵

提高蟹苗成活率，投饵环节至关重要，初放的 10 天内一般投喂丰年虫，效果较好，也可投喂豆浆、鱼糜、红虫等鲜活适口饵料，投饵量为河蟹体重的 50% 左右，随着幼蟹生长速度的加快和变态次数的增多，投饵量逐渐下降至河蟹体重的10%，一个月后，幼蟹已完成Ⅲ～Ⅴ期蜕壳，规格为 1.5 万～2 万只/千克，此时开始停喂精料，以投喂水草为主，并辅以少量的浸泡小麦，这样有利于控制性早熟；进入 9 月中旬，气温渐降，幼蟹应及时补充能量，以适应越冬之需，开始投喂精饲料，投饵率为河蟹体重的 5%～10%，到 11 月中旬，确保幼蟹规格达到 80～150 只/千克。

5. 水质调节

幼蟹对水质尤其是水中溶解氧的要求比较高,初放时水深应超过田面 5～10 厘米,7～8 月高温季节应及时补充新水,并加高水位,以控制水温,改善水质。在早稻收获后,一方面稻桩腐烂会败坏水质,另一方面此时尚处于高温季节,因此要特别注意水温的调控措施,定期泼洒生石灰浆,水源充足时,可在每天下午 3:00～5:00 换冲水,并使田水呈微流动状态。

6. 捕获

利用稻田培育蟹苗,在捕获时可采用以下几种方法:流水刺激捕捞法、地笼张捕法、灯光诱捕法、草把聚捕法,尤其以流水刺激和地笼张捕相结合法效果最佳。在捕捞时,将地笼张开放在流水的出入口处,隔 10 米放置一个,将田水的水位缓慢下降,使蟹苗全部进入蟹沟,再利用微流水刺激或水位反复升降来刺激捕捞。最后放干田水,将少部分(占 2%～5%)的蟹种人工挖捕。

二、在稻田里利用扣蟹养殖成蟹

1. 扣蟹的鉴别与放养

扣蟹的质量优劣直接决定成蟹的养殖效益,因此正确鉴别优质扣蟹是养殖生产的关键环节。笔者总结了鉴别扣蟹的几个方法:①鉴定扣蟹种源,目前市场上蟹种种质资源十分紊乱,其中以长江蟹种稳定性能好、生长速度快、成活率及回捕率高,鉴定时主要从河蟹的前额齿的尖锐程度、疣突的形状、步足的扁平程度及附肢刚毛等几个方面进行。②选择品系纯正、苗体健壮、规格均匀、体表光洁无污物、色泽鲜亮、活动敏捷的蟹苗。③投放的蟹苗要求甲壳完整、肢体齐全、无病无伤、活力强、规格整齐、同一来源,选择一龄扣蟹,不选性早熟的二龄蟹苗和老头蟹。④对蟹苗进行体表检查。随机挑 3～5 只蟹苗把背壳扒去,鳃片整齐无短缺、鳃片淡黄色或黄白色、无固着异物、无聚缩虫、肝呈菊黄色、丝条清晰的为健康无病的优质蟹苗;如果发现蟹苗的鳃片有短缺、黑鳃、烂鳃等现象,同时蟹苗的肝明显变小、颜色变异、无光泽的则为劣质蟹苗、带病蟹苗。⑤剔除伤病蟹苗,虽然伤残附肢可以再生,但会影响成蟹规格,更重要的是缺少附肢的蟹苗,成活率明显降低,因此必须剔除肢体残缺、活动能力不强、体表有寄生虫的蟹苗。⑥挑出性早熟蟹苗,性早熟蟹苗已经没有任何养殖意义,应及时挑选并处理。早熟蟹苗的剔除,主要是从大螯绒毛环生的程度、蟹脐圆与尖的比例、雌蟹卵巢轮廓的大小、雄蟹交接棒(生殖器)的硬化程度及附肢刚毛密生程度等进行筛选。

扣蟹的放养时间以 2 月中旬至 3 月上旬为主,此时温度低,扣蟹活动能力及新陈代谢强度低,有利于提高运输成活率。每亩稻田宜放养规格为 120～200 只/千克的蟹苗 400～600 只。

由于扣蟹放养与水稻移植有一定的时间差，因此暂养蟹苗是必要的。目前常用的暂养方法有网箱暂养及田头土池暂养，由于网箱暂养时间不宜过长，否则蟹苗会折断附肢且互相残杀现象严重，因此建议在田头开辟土池暂养，具体方法是蟹苗放养前半个月，在稻田田头开挖一条面积占稻田面积2‰～5‰的土池，用于暂养扣蟹。

2. 不宜投放的蟹苗

（1）早熟蟹苗不要投放　有的蟹苗虽然看起来很小，只有20～30克，但是它们的性腺已经成熟，如果把这种蟹苗放养在池塘里，在开春后直至第二次蜕壳时会逐渐死去。这种蟹苗前壳呈墨绿色，雄蟹螯足绒毛粗长发达，螯足一步足刚健有力，雌蟹肚脐变成椭圆形，四周有小黑毛，是典型的性早熟蟹苗，这类蟹苗没有任何养殖意义。

（2）小老蟹不要投放　人们在生产上通常将小老蟹称为"懒小蟹""僵蟹"，因为它们已在淡水中生长二秋龄，因某种原因未能长大，之后也很难长大，也就是我们常说的"养僵了"。一般其性腺已成熟，所以背甲发青，腹部四周有毛，夏季易死亡，回捕率很低。

（3）病蟹不要投放　病蟹四肢无力，动作迟钝，入水再拿出后口中泡沫不多，腹部有时有小白斑点，这样的蟹苗不要投放；蟹种肢体不全者或有其他损伤尤其是大螯不全者最好不要投放，断肢河蟹虽能再生新足，但商品档次下降，所以也不要投放；蟹苗的鳃片有短缺、黑鳃、烂鳃等现象不要投放；蟹苗活动能力不强，同时蟹苗的肝明显变小，颜色变异、无光泽的也不要投放。

（4）咸水蟹苗不要投放　这种蟹在海边长大，它的外表和正宗蟹苗没有明显区别，但如果把咸水蟹放在淡水中一段时间，则有的死亡，有的爬行无力，有的则体色改变。

（5）氏纹弓蟹苗不要投放　氏纹弓蟹苗又称铁蟹、蟛蜞，淡水河中生长较多，这是一种长不大的水产动物，最大50克左右，品质差。由于它的幼体外形和中华绒螯蟹非常相似，所以常有人捕来以假乱真。稍加注意，不难发现：氏纹弓蟹背甲方形，步足有短细绒毛，色泽较淡。

3. 小老蟹的鉴别方法

养殖户在选择蟹种的时候，一定要避免性早熟蟹。河蟹性早熟就是在其尚未达到商品规格时，已由黄蟹蜕壳变为绿蟹，这时它们的性腺已经发育成熟，如果在盐度变化的刺激下，是能够交配产卵并繁殖后代的，这种未达商品规格就性成熟的蟹通常被称为小老蟹。

小老蟹个体规格为每千克20～28只，由于它们的大小与大规格蟹苗基本一样，所以有的养殖户特别是刚刚从事河蟹养殖的人是难以将它们区分开来的。如果将这种小老蟹作为蟹种第二年继续养殖，不仅生长缓慢，而且易因蜕壳不遂而死亡，更重要的是它们几乎不可能再具有生长发育的空间了，将会给养殖生产带来损失。因此，我们一定要杜绝小老蟹在池塘里的养殖，这就是我们在编写本书时特别将小老蟹的鉴别方式做重点介绍的原因。现介绍一些较为简便易行的鉴别方法供养殖生产者参考。

我们通常将鉴别小老蟹的方法简称为"五看一称"法。

（1）看腹部　正常的蟹种，在处于幼年期，不论雌雄个体，它们的腹部都是呈狭长状的，略呈三角形。随着河蟹的蜕壳生长，雄蟹的腹部仍然保持三角形，而雌蟹的腹部将随着蜕壳次数的增加而慢慢变圆，到了成熟时就成为相当圆的脐了，所以成熟河蟹有"雌团雄尖"的说法。因此我们在选购蟹苗时，要观看蟹苗的腹部，如果都是三角形或近似三角形的蟹苗，即为正常蟹苗；如果蟹苗腹部已经变圆，且圆的周围密生绒毛，那么就是性腺成熟的蟹苗，就是明显的小老蟹，不要购买。

（2）看交接器　观看交接器是辨认雄蟹是否成熟的有效方法，打开雄蟹的腹部，发现里面有两对附肢，着生于第一至第二腹节上，其作用是形成细管状的第一附肢，在交配时 1 对附肢的末端紧紧地贴吸在雌蟹腹部第五节的生殖孔上，故雄蟹的这对附肢被称为交接器。正常的蟹种，由于它们还没有达到性成熟，性激素分泌有限，因此在交接器的表现上为软管状，而性成熟的小老蟹的交接器则在性腺的作用下，变为坚硬的骨质化管状体，且末端周生绒毛，所以说交接器是否骨质化就是判断雄蟹是否成熟的条件之一。

（3）看步足　正常蟹苗步足的前节和胸节上的刚毛短而稀，不仔细观察根本就不会注意到，而在成熟的小老蟹上则表现为刚毛粗长，稠密且坚硬。

（4）看性腺　打开蟹苗的头胸甲，如果只能看到黄色的肝，那就说明是正常的蟹苗。若是性腺成熟的雌蟹，在肝区上面有 2 条紫色长条状物，这就是卵巢，肉眼可清楚地看到卵粒。若是性成熟的雄蟹，肝区有 2 条白色块状物，即精巢，俗称蟹膏。一旦出现这些情况就说明河蟹已经成熟了，就是小老蟹，当然是不能放养的。

（5）扣蟹的背甲颜色和蟹纹　正常蟹种的背甲的颜色为黄色，或黄里夹杂着少量淡绿色，其颜色在蟹种个体越小时越淡；性成熟的小老蟹背部颜色较深，为绿色，有的甚至为墨绿色，这就是性成熟蟹被称为"绿蟹"的原因，当然绿蟹就是小老蟹了，是没有任何养殖意义的；蟹纹是蟹背部多处起伏状的俗称，正常蟹苗背部较平坦，起伏不明显，而性成熟蟹苗背部凹凸不平，起伏相当明显。

（6）称体重　生产实践表明，个体重小于 15 克的扣蟹基本上是没有性早熟的；"小老蟹"体重一般都在 20～50 克。因此在选择蟹种时，为了安全起见，在没有绝对判断能力时，可以通过称重来选购蟹苗。在北方宜选择体重 10～15 克的蟹种，即每千克蟹苗的个数为 60～100 只，在南方可选用 5～10 克的，即每千克蟹苗的个数在 100～200 只，这样既能保证达到上市规格，又可较好地避免选中小老蟹。

4. 放养蟹苗的"三改"措施

由于稻田养殖河蟹一般都是一年养殖，为了达到当年养大蟹、养健康蟹的目的，在蟹苗投放上应坚持"三改"措施，改小规格为大规格放养、改高密度为低密度放养、改别处购蟹种为自育蟹苗。尽量选择土池培育的长江水系中华绒螯蟹蟹苗，为保证蟹苗质量，可自选亲本到沿海繁苗场跟踪繁殖再回到内地自育自养。

5. 蟹苗移养

待秧苗移植一周且禾苗成活返青后，可将暂养池与土池挖通，并用微流水刺激，促进幼苗（扣蟹）进入大田生长，此法通常称为稻田二级养蟹法。利用此法可以有效地提高螃蟹成活率，也能促进螃蟹适应新的生态环境。

6. 投放螺蛳

螺蛳是河蟹很重要的动物性饵料，由于一般的稻田里并没有丰富的螺蛳，因此在放养前需要人工投放螺蛳，一般是在清明前每亩放养鲜活螺蛳 100 千克就可以了。投放螺蛳既可以改善稻田的底质、净化底质，又可以补充动物性饵料。

7. 投饵管理

稻田养成蟹，一般以人工投饵为主，饵料种类较多，有天然饵料（如稻田中的野草、昆虫）、人工投喂饵料（如野杂鱼虾）、配合颗粒饲料及投喂的浮萍、水草等。日投饵量应为蟹体重的 5%～7%，饵料主要投喂在环形沟边。

8. 管理措施

（1）水位调节 水位调节是稻田养蟹过程中的重要一环，应以稻为主，前期水位宜浅，保持在 10 厘米左右；后期宜深，保持在 20～25 厘米。在水稻有效分蘖期采取浅灌，保证水稻的正常生长；进入水稻无效分蘖期，水深可调节到 20 厘米，既增加螃蟹的活动空间，又促进水稻的增产，夏季每隔 3～5 天换冲水一次，每次换水量为田间水位的 1/4～1/3。

（2）施肥 养蟹稻田一般以施基肥和腐熟的农家肥为主，促进水稻稳定生长，保持中期不脱力，后期不早衰，群体易控制，每亩施农家肥 300 千克，尿素 20 千克，过磷酸钙20～25 千克，硫酸钾 5 千克。放蟹后一般不施追肥，以免降低田中水体溶解氧，影响螃蟹特别是蟹种的正常生长。如果发现脱肥，可少量追施尿素，每亩不超过 5 千克。施肥的方法是：先排浅田水，让蟹集中到蟹沟中再施肥，有助于肥料迅速沉积于底泥中并为田泥和禾苗吸收，随即加深田水到正常深度；也可采取少量多次、分片撒肥或根外施肥的方法。

（3）施药 稻田养蟹特别是养殖成蟹能有效抑制杂草生长；螃蟹摄食昆虫，降低病虫害，所以要尽量减少除草剂及农药的施用。在插秧前用高效、低毒农药封闭除草，蟹苗入池后，若再发生草荒，可人工拔除。

（4）晒田 水稻生长过程中必须晒田，以促进水稻根系的生长发育，控制无效分蘖，防止倒伏，夺取高产。农谚对水稻用水进行了总结，那就是"浅水栽秧、深水活棵、薄水分蘖、脱水晒田、复水长粗、厚水抽穗、湿润灌浆、干干湿湿"因此有经验的老农常常会采用晒田的方法来抑制无效分蘖，这时的水位很浅，这对养殖螃蟹是非常不利的，因此要做好稻田的水位调控工作是非常有必要的，生产实践中我们总结一条经验，即"平时水沿堤，晒田水位低，沟溜起作用，晒田不伤蟹"。解决河蟹与水稻晒田矛盾的措施是：缓慢降低水位至田面以下5厘米处，轻烤快晒，2～3天后即可恢复正常水位。

（5）病害 螃蟹的病害采取"预防为主"的科学防病措施。常见的敌害有水蛇、老鼠、黄鳝、泥鳅、克氏原螯虾、水鸟等，应及时采取有效措施驱逐或诱灭之；在放养蟹苗初期，稻株茎叶不茂盛，田间水面空隙较大，此时幼蟹个体也较小，活动能力较弱，逃避敌害的能力较差，容易被敌害侵袭，同时，螃蟹每隔一段时间需要蜕壳生长，在蜕壳或刚蜕壳时，最容易成为敌害的适口饵料。蟹病主要有抖抖病、蜕壳不遂、黑鳃、烂鳃、腹水、肠炎等，预防措施主要有：勤换水，保持水质清新；多种水草，模拟天然环境；科学投饵，增强体质等。一旦发病治疗时，要对症下药，科学用药，及时用药。

9. 捕捞

稻谷收获一般采取收谷留桩的办法，然后将水位提高至40～50厘米，并适当施肥，促进稻桩返青，为河蟹提供遮阴场所及天然饵料来源，稻田养的成蟹捕捞时间在10～12月为宜，蟹苗收获在春节前后进行，可采用夜晚岸边捉捕法、灯光诱捕法、地笼张捕法，最后放干田水挖捕。

三、当年蟹苗在稻田里养殖成蟹

由于当年蟹苗养殖成蟹规格小、口感差、价格低、效益不高，近年来虽然有逐渐被淘汰的趋势，但是这种模式生产成本低，当年就能长成商品蟹，从而能实现当年投入当年收益的效果，虽然价格要比大蟹低一点，但是整体效益要比单纯种植水稻要强得多，因此还是有一定市场的，其养殖方法及步骤如下：

1. 蟹苗的培育

主要是选购大眼幼体进行温棚强化培育成Ⅳ～Ⅴ期幼蟹，关键技术是做好"双控"工作：一是抓好控温保温措施，采用双层塑料薄膜保温，使培育期的温度保持在20～22℃；二是做好饵料的调控工作，刚变态时饵料宜少而精，只占蟹苗体重的15%～20%，不能多喂，否则易使水质腐败，进入Ⅰ期变态后投饵量可上升至50%～100%。另外，水质的调控、氧气的充足、水草的保证、天敌的清除也要抓好。购苗时间宜在3月中、下旬，购苗时间过早成活率太低，影响效益；购苗时间过晚当年养成的河蟹规格太小，没有市场。

2. 幼蟹的移养

通常在 5 月上、中旬即可将 V 期幼蟹移养到大田中强化饲养。由于幼蟹娇嫩，起捕时要小心操作，可采用草把聚捕与微流水刺激相结合的方法，经过多次捕捞后可以起捕 95% 左右的幼蟹。

3. 强化培育

这是幼蟹进入大田后生长的关键时期，要加强饵料的供应，确保质量尤其是蛋白质含量要充足，田内水草和螺蚬资源要丰富，以满足螃蟹摄食和栖居的需要，水质要清新。

我们经过调查发现，在水草种群比较丰富的条件下，螃蟹摄食水草有明显的选择性，爱吃沉水植物中的伊乐藻、菹草、轮叶黑藻、金鱼藻，不吃聚草，苦草也仅吃根部。因此，要在稻田的田间沟里及时补充一些螃蟹爱吃的水草。

在螃蟹进入生长季节，应坚持每天投饵，投饵应坚持"四定"投喂原则。3～5 月以植物性饵料为主，6～8 月以动物性饵料为主（如小杂鱼、螺蚬类、蚌肉等），9 月促肥长膘，应加大动物性饵料的投喂量。

4. 收获

收获时间在 10～12 月为宜，方法与扣蟹养殖成蟹的捕捞方法一样。由于受市场冲击较大，建议这种小规格的螃蟹起捕后最好在专池中暂养，待价而沽。

第二章
稻田高效种植模式与关键技术

第一节　安徽稻区主要种植模式

一、沿淮和江淮稻区

沿淮和江淮稻区地处暖温带与亚热带的过渡地带，全年太阳总辐射量 460～506 焦耳/米^2，平均日照时数 2 200 小时。年平均温度 15 ℃左右，≥0 ℃积温 5 400～5 700 ℃，≥10 ℃积温 4 800～5 000 ℃，无霜期 210～230 天，年平均降水量 1 000 毫米左右。降水量年际和月际变率大。本区雨量充沛，雨热同期，适宜水稻生长，但雨量分布不均。江淮丘陵地形起伏，地表水径流量大，引水、提水困难，常易发生干旱，故以水稻为主（水田面积占耕地面积 70%～80%），辅之旱作，是全省水稻、小麦、油菜的水旱兼作农业区。

本区种植制度夏收作物以油菜、小麦为主，秋收作物以一季中稻为主的一年两熟，复种指数约 170%。水田主要种植制度以油菜-中稻、小麦-中稻为主，其他种植模式有小麦/棉花、油菜/棉花、油菜/西瓜-中稻、席草-荸荠-水稻、大棚蔬菜-水稻、马铃薯-水稻-雪里蕻、草莓-水稻、油菜/鲜食玉米-中稻、鲜食玉米-中稻、黑麦草-水稻等。旱地主要种植制度以小麦（油菜）-玉米为主，其他种植模式有小麦（油菜）-大豆、小麦（油菜）-甘薯、小麦（油菜）-花生、小麦/棉花、马铃薯-水稻、马铃薯-棉花/青蒜、蚕豆（豌豆）-水稻、黑麦草（小黑麦）水稻、小麦（油菜）-红麻等。

二、沿江平原稻区

沿江平原农业区跨长江两岸，北界大致西起大别山南缘向东经肥东梁园至滁河一线，南界沿皖南山地的北部边缘，耕地面积约占全省的 16.8%，人均 0.7 亩左右。该区属亚热带气候区，年平均温度 15.6～17.0 ℃，≥0 ℃积温 5 800～6 100 ℃，≥10 ℃积温 5 000～5 300 ℃；全年日照总时数 1 900～2 200 小时，无霜期 240 天左右，降水量1 000～1 400毫米，地貌以圩畈平原和低缓丘岗为主。土壤为水稻土和灰潮土，有机质含量较丰富，潜在肥力较高。丘岗土壤多为红壤，耕层浅，有机质含量较低。水田面积占耕地面积的80%，可种植双季稻。本区是全省人口密度最大的水稻、油菜、棉花的水旱兼作农业区。

本区种植制度夏季以油菜为主，秋季以水稻、棉花为主，是全省双季稻和棉花的主要产区，一年两熟和一年三熟，复种指数约180%。种植制度以油菜-稻-稻、油菜（小麦）-中稻为主，其他种植模式有绿肥-早稻-晚稻、油菜/棉花、小麦-棉花、油菜（小麦）/西（甜）瓜-晚稻、油菜-早稻-番茄、春马铃薯-早稻-晚稻、马铃薯-水稻-雪里蕻、早稻-白菜-大蒜、番茄-晚稻、早稻-荸荠、席草-晚稻、早稻-蔬菜、早稻-豆类（玉米）、春玉米-晚稻等，种植制度有一定发展，带动了经济作物发展，提高了种植业的整体效益。

第二节 安徽稻田高效种植模式与技术

一、"油菜（＋冬菜）/西瓜/黑大豆（水稻、大豆）"模式

"油菜（＋冬菜）/西瓜/黑大豆（水稻、大豆）"模式适宜推广地区主要为沿淮、江淮地区和沿江江南地区。该模式经济效益较好，存在的主要问题是西瓜、蔬菜受市场影响较大，种植模式效益不够稳定，同时机械化水平不高，缺少轻简化栽培技术。该模式以西瓜生产为核心，油菜定植后田间采取预留行（带）套种西瓜。一般畦宽300厘米，沟宽33厘米，畦面两边侧各移栽6～8行油菜，中间留预留带67厘米，可间种冬菜（如大蒜、白菜、菠菜、黄心乌、萝卜等），冬菜收后春季套种1行西瓜。西瓜穴距30～33厘米，每亩定植600株左右。待油菜收获后在距离瓜行30厘米处种6行大豆，大豆行株距35×25厘米，每穴双株，每亩1.33万株左右。或者在西瓜畦面全畦点播黑大豆，亩播2 000穴，也可翻耕后栽插水稻。

1. 选用良种

因地制宜合理选择具有高产、优质、抗病、抗倒、含油量高的油菜主推品种。西瓜选用京新1号、京欣、8424、黑美人等品种。大豆选用皖豆24、中黄13、皖豆15等。

2. 适时播种，及时移栽

西瓜3月中旬采用营养钵育苗，催芽下种，4月上、中旬3～4片叶时移栽，6月下旬至7月上旬收获；瓜田间种大豆，5月下旬播种，9月上中旬收获。

3. 整地施肥

预留瓜行清除前茬、杂草，深翻整地，每亩施腐熟饼肥50千克，土杂肥1 000千克，三元复合肥或西瓜专用肥40千克，然后作垄覆盖地膜，移栽时把地膜划开，让

西瓜苗露出膜外，苗周围用土覆盖紧实。西瓜在幼果期（直径约 8 厘米），每亩施饼肥 50 千克，加尿素 15 千克，6 月上旬看苗施好瓜果接力肥，一般每亩施尿素 7.5 千克。大豆亩基施土杂粪 2 担，碳铵 10 千克，过磷酸钙 25～35 千克。

二、黑麦草/鲜食玉米-水稻模式

黑麦草/鲜食玉米-晚稻模式属粮经饲结合型种植模式，适宜在沿淮、江淮和沿江稻区，尤其是在城市郊区、大中型养殖场周边推广。具有较好的生态效益和经济效益。一般畦宽 280 厘米，沟宽 20 厘米，9 月至 10 月上旬整好地，播种黑麦草，翌年 3 月下旬第一次刈割，在 4 月中旬进行第二次刈割后，先在畦两边各翻耕平整 80 厘米的畦面，4 月中、下旬各移栽 2 行玉米，每亩 4 000～4 500 株。黑麦草于 5 月上旬全部收割。鲜食玉米于 6 月下旬至 7 月上旬采收，耕翻后移栽水稻。

1. 选用良种

黑麦草选用俄勒冈黑麦草品种，鲜食玉米选用苏玉糯 1 号等，水稻选用武香粳 99-15、秀水 59。

2. 黑麦草栽培技术

（1）精细整地、适时播种　按要求做成畦 2.8 米，沟 20 厘米，于 9 月中旬至 10 月上旬播种，每亩用种 1.5～2.0 千克。

（2）施足底肥，及时追肥　底肥每亩用粪肥 1 000 千克，复合肥 20 千克。每刈割一次，每亩施尿素 10 千克。

（3）清沟排水　要保证排水畅通，做到雨后田间无积水。

3. 鲜食玉米栽培

（1）培育壮苗，适时移栽，及时收获　鲜食玉米 3 月中旬育苗。4 月中下旬移栽，6 月下旬至 7 月初采收。

（2）合理施肥　每亩基施粪肥 500～1 000 千克、复合肥 30 千克，在玉米大喇叭口期重施穗肥，每亩用尿素 20～22 千克。

（3）防治病虫害　移栽后，用菜饼拌敌百虫诱杀地下害虫。在玉米大喇叭口期防治玉米螟。

三、大棚草莓-中稻模式

大棚草莓-中稻模式适宜推广地区主要为安徽全省稻区。草莓属经济作物，单位面积的经济效益较好。存在的主要问题是大棚草莓种植成本较高，劳动强度大，污染问题亟待解决；经济收入受市场影响也较大，效益不稳定。一般做成垄宽 70 厘米，沟宽 30 厘米，每垄栽 2 行草莓，行距 50 厘米，株距 15 厘米。

1. 选用良种

草莓选用宝交早生、丰香、春香等早中熟品种等。水稻宜选用协优 63、两优培九、扬稻 6 号等。

2. 草莓栽培技术

（1）育苗　从大田中选择优良单株作为母本，移入苗床，每亩 600 株左右。

（2）定植　定植前要整好地，一般畦宽 70 厘米，畦高 0.15 厘米，沟宽 30 厘米。结合整地施足基肥，每亩施人畜粪 1 000～1 500 千克，饼肥 50～100 千克，优质复合肥 20～25 千克。每畦栽两行，行距 50 厘米、株距 15 厘米，每亩 6 000 株左右。

（3）管理　做好草莓查苗补苗、肥水管理和病虫害防治工作。

四、紫菜薹-玉米-晚粳模式

紫菜薹-玉米-晚粳模式属粮经结合型种植模式，适宜推广地区主要为沿江江南地区。该模式具有经济效益好的优势，但存在种植成本较高、经济收入受市场影响较大等问题。紫菜薹一般 9 月中、下旬育苗，10 月底移栽，冬前至翌年 3 月采收。玉米 3 月中旬播种育苗，4 月上旬定植，7 月上旬采收让茬。晚粳 6 月中旬育秧，7 月下旬移栽，10 月下旬收获。

1. 选用良种

玉米选用郑单 958、中玉 4 号、中科 4 号等早中熟品种；水稻选用皖稻 48、当武香粳 99-15、秀水 59 等品种；紫菜薹选用武昌胭脂红、南京小叶子等品种。

2. 紫菜薹栽培技术

（1）育苗、定植　每亩播种 0.5～7.5 千克，可移栽大田 10～15 亩。苗龄达 25～30 天即可移栽，行株距（33～60)厘米×（20～23）厘米为宜。

（2）施肥　每亩基施 1 000～1 500 千克农家肥或人畜粪 1 500 千克，大田生长期看苗追肥。

（3）采摘　当紫菜薹长到叶片顶端高度，且先端有初花时，为适宜采收期。

五、马铃薯-水稻-雪里蕻模式

该模式适宜在沿淮、江淮丘陵和沿江平原地区推广种植，具有广阔的发展前景。

1. 品种选用

马铃薯品种选用克新 1 号、费乌瑞它、郑薯 5 号等，水稻品种选用丰两优 1 号、丰两优 6 号、两优培九等。雪里蕻选用鸟轩 1 号、鸟轩 2 号等。

2. 种植技术

（1）水稻　水稻于 4 月底开始播种，采用旱育秧和宽窄行栽培，加强肥水管理和病虫害防治。

（2）雪里蕻　9月底、10月初，水稻收获后，立即整地进行移栽，施足基肥，合理追肥，加强冬前管理，提高产量，12月底、元月初，雪里蕻开始收获，目标为亩产量3000千克。

（3）马铃薯　马铃薯于元月中、下旬开始播种，采用免耕稻草覆盖新技术，施足基肥，增施钾肥，减少氮肥使用量，加强中后期病害的防治，注意使用生物调节剂。马铃薯于5月中、下旬采收上市，目标为亩产量2000千克。

六、水稻一种两收（再生稻）模式

该模式是利用水稻的再生特性，在头季稻收割后，采用适当的栽培管理措施，使收割后的稻桩上存活的休眠芽萌发再生蘖，进而抽穗成熟的一季水稻，适宜在安徽省推广种植，具有广阔的发展前景。

1. 头季稻栽培技术

（1）头季稻主要栽培方式与品种选择　再生稻生产的头季稻，主要采用水（旱）育秧人工栽插和工厂化育秧机插两种播栽方式。

安徽再生稻品种，多选择优质高产、分蘖力和再生能力强、综合抗性好、耐肥抗倒、不早衰的早熟中粝杂交稻品种，如丰两优香1号、晶两优1212、甬优4901、隆两优华占、C两优华占、徽两优898、旱优73、株两优120、陵两优7713等。

（2）适期播栽，合理密植　安徽地区再生稻头季育秧的播种期要力求早播，可根据3月中、下旬天气情况，争取在3月中旬末至下旬中期，抓住"冷尾暖头"播种。头季稻毯苗机插，中粝杂交稻品种行株距30厘米×13厘米，亩栽1.7万穴，每穴栽2~3个种子苗。

（3）科学肥水管理　头季稻机插和手栽，中粝杂品种大田期每亩施纯氮12~13千克、P_2O_5 6~6.5千克、K_2O 10~13千克。氮肥基施50%，蘖施20%，穗粒肥施30%；磷肥一次基施；钾肥基施50%，拔节期施30%，孕穗后施20%。

采取薄皮水栽秧，浅水活棵、分蘖，封行前保持水层抑草；当大田苗数（茎蘖总数）达到目标有效穗数80%时，立即排水烤田；对于大田基本苗多、够苗早的田块，要早烤、重烤，干湿交替搁田到拔节后复水，防止分蘖过多造成群体恶化和病虫害加重。孕穗和抽穗灌浆期间，保持浅水层，若遇高温热害天气，有条件的可灌深水护苗。灌浆期后，采取间歇灌溉，干干湿湿，以利养根保叶，防止早衰。收割前7~10天，要加强排水晒田，达到收割时田块干硬，减少碾压毁茬。

（4）病虫草害绿色综合防控　病虫草害的管理基本同常规高产水稻栽培方式；采用农业防治、生物防治、物理防治与无公害药剂防治相结合，药剂施用采用机械低喷与飞防相结合。头季稻特别注意纹枯病、稻曲病和稻瘟病的防治，再生季稻重点防治稻瘟病和稻飞虱。

（5）适时收割，合理安排留桩高度　当头季稻达到九成熟时，抢晴天采用稻麦联合收割机收割。收割时最好采用窄履带宽割台的收割机，行走路线为回字形，轻仓收割，就近卸谷，尽量减少碾压毁蔸。收割后，及时将部分明显堆积在稻桩上的切碎秸秆分散开，防止影响再生苗抽出。

2. 再生季栽培技术要点

（1）施好促芽肥　在头季收割前 10 天左右，每亩施尿素 5～7 千克和钾肥 5 千克，促进腋芽萌发。

（2）早施促蘖提苗肥　在头季收获后立即灌水湿润软化土壤，然后留浅水层促蘖提苗肥，用量为每亩施尿素 7.5～10 千克。

（3）合理管水　头季稻收割后，及时灌水湿润软化土壤，保持浅水施促蘖提苗肥，施肥后让其自然落干，以后采取湿润灌溉，干湿交替至成熟。

（4）补施粒肥　再生稻抽穗期，用喷施宝＋磷酸二氢钾进行根外追肥，促进抽穗整齐，提高结实率，增加粒重，达到提质增产。

（5）实施病虫害绿色综合防控　重点防治稻瘟病和稻曲病。

（6）适时收割　当再生稻达九成熟时，及时收割。

七、中稻-观赏油菜模式

1. 合理安排茬口

中稻-观赏油菜模式属农旅结合模式，适宜在全省稻区尤其是旅游景区推广，具有较好的生态效益和经济效益。一般 10 月上旬整好地，10 月中、下旬油菜移栽，翌年 5 月上旬收割。耕翻后移栽中稻。

2. 品种选择

油菜应选择早熟品种，要求用主花序长、分枝力强、株型紧凑、抗倒、抗病性好、耐低温和耐渍性较好的双低油菜品种。

3. 适时播栽

油菜育苗移栽一般在日平均气温 16～20 ℃时播种，亩用菜种量约 0.5 千克，注意早间苗、定苗和病虫害防治。10 月中、下旬选择 30～40 天秧龄的健壮秧苗移栽。考虑到观赏油菜的特点，应适时早栽，可延长本田营养生长期，同时增强植株的抗寒性等，提高植株分枝能力。

4. 合理密度

油菜宽窄行移栽条件下宽行 40～50 厘米，窄行 30 厘米左右，株距 20 厘米；等行距移栽条件下行距 40 厘米，株距 20 厘米，亩栽插 1 万株左右。

5. 科学肥水管理

油菜氮、磷、钾肥亩用量分别 15～18 千克、8～10 千克、8～12 千克，硼肥用量

1.2~1.3 千克；磷钾肥作为底肥施入，60％的氮肥作为基肥施入，10％作为提苗肥，30％作为蕾苔肥。

6. 适时收获

适宜的收获时间为油菜开花结束 30 天左右，以全田 2/3 的角果呈黄绿色为宜，机械收割的田块收获时间应推迟 3~5 天。

八、浅水藕-晚稻模式

本模式适合在沿江江南农区推广。莲藕于 3 月底至 4 月中旬定植，7 月上旬开始采收青藕上市，7 月下旬采挖结束；双季晚稻于 6 月中旬播种育苗，7 月下旬移栽，10 月下旬收割。

1. 选用良种

浅水藕选用鄂莲 1 号、鄂莲 5 号、鄂莲 6 号、鄂莲 7 号等早中熟品种；晚稻选用武香粳 99-15、秀水 59 等品种。

2. 浅水藕栽培技术

（1）整田施肥　深翻细耙，春后定植前，每亩施农家肥 5 000 千克，复合肥 20 千克（占总施肥量的 70％左右）。

（2）科学定植　每亩用种量 150~200 千克，定植行距 2~2.5 米，穴距 1~1.2 米，每亩 300 穴左右，每穴种植藕 1~2 支。

（3）田间管理　做好水分管理、中耕追肥和病虫害防治等工作。